92
164
155
90
193
42
160
168
168, 180
229
260
278
278
256
119
112
42
32
258
301
260
301
205
301

Vollrath Wiese

Die Landschnecken Deutschlands

Finden – Erkennen – Bestimmen

3., durchgesehene Auflage

Quelle & Meyer Verlag Wiebelsheim

Die Angaben in diesem Buch sind vom Autor und dem Verlag sorgfältig erwogen und geprüft, dennoch kann keine Garantie übernommen werden. Eine Haftung des Autors bzw. des Verlags und seiner Beauftragten für Personen-, Sach- und Vermögensschäden ist ausgeschlossen.

Bibliografische Information der Deutschen Nationalbibliothek
Die Deutsche Nationalbibliothek verzeichnet diese Publikation in der Deutschen Nationalbibliografie; detaillierte bibliografische Daten sind im Internet über https://portal.dnb.de abrufbar.

3., durchgesehene Auflage

www.quelle-meyer.de

Druck und Verarbeitung: Print Consult GmbH, München
Printed in Europe/Imprimé en Europe
ISBN 978-3-494-01992-5

1. Zu diesem Buch

Zehn Jahre nach dem ersten Erscheinen dieses Buches wird jetzt die dritte Auflage vorgelegt. Sie ist wie die zweite geringfügig verändert und verbessert worden, unter anderem wurden einige Fotos ausgetauscht und einige kleinere Textänderungen vorgenommen. Auch im Artenspektrum gab es einige Verschiebungen.

Dieses Buch ist ein Schritt zu einer aktuellen Darstellung der deutschen Landschneckenfauna. Es bildet alle heimischen Arten ab, erklärt die bestimmungsrelevanten Gehäusemerkmale und zeigt auf, wo weiteres Spezialwissen erforderlich ist, um zu einer sicheren Determination zu gelangen.

Die Zielrichtung des vorliegenden Buches ist, einen Überblick zu vermitteln sowie den Vergleich und das Nachschlagen zu ermöglichen. Es enthält keinen Bestimmungsschlüssel, denn für konsequente Anwendung eines Schlüssels für jeden Bestimmungsschritt bieten sich heute interaktive Lösungen an, bei denen das manuelle Hin- und Herblättern im Schlüssel entfällt, die Text und Bild kombinieren und die bei Veränderungen schnell zu ergänzen sind. Einen gut funktionierenden Online-Schlüssel bietet das Naturportal Südwest, nichtsdestotrotz braucht man für Schlüssel wie für Bücher möglichst etwas Erfahrung.

„Die Landschnecken Deutschlands“ stellt alle in Deutschland heimischen oder heimisch gewordenen Arten vor, insgesamt 244, darunter zwei, deren Auftreten in Kürze zu erwarten ist. Enthalten sind auch die im Freiland etablierten Neozoen und die in den letzten Jahren neu beschriebenen Arten. Nicht erfasst sind die bisher ausschließlich in Gewächshäusern bzw. in Gefangenschaft in Terrarien gehaltenen Tiere und temporär mit Gemüse, Obst, Schnitt- oder Gartenblumen und -pflanzen eingeschleppte Arten. Beim Fund solcher Exemplare wird empfohlen, Kontakt mit einem der Molluskenspezialisten aufzunehmen, die gerne beratend Auskunft geben (Informationen z. B. unter *https://mollusca.de*). Viele der Spezialisten sind in der Deutschen Malakozoologischen Gesellschaft organisiert (*https://dmg.mollusca.de*).

Die dringend wünschenswerte anatomische Darstellung derjenigen Arten, bei denen anatomische Merkmale zur Bestimmung wichtig oder unerlässlich sind, konnte in dem begrenzten Rahmen des vorliegenden Buches weiterhin noch nicht realisiert werden. Um trotzdem zusätzliche Informationen zur Verfügung zu stellen, sind bei jeder Art Hinweise auf gut zugängliche weiterführende Literatur angegeben. Insbesondere verweisen diese auf verfügbare anatomische Daten. Leider ist der Bestand der Verbreitungsdaten von Mollusken in einigen Bundesländern noch sehr unzureichend, entsprechend wurde entschieden, weiterhin noch keine vergröberten Karten zu veröffentlichen. Karten und anatomische Daten werden voraussichtlich in einem erweiterten Folgeband publiziert. Karten gibt es bereits für einige Bundesländer online, als Datensammlung für Deutschland steht das Datenportal „Mollusken Deutschlands“ beim Rote-Liste-Zentrum zur Verfügung, mit dessen Daten Karten generiert werden können. Sie können Ihre Funde dort eintragen und damit wesentlich zur besseren Kenntnis der Verbreitung der heimischen Mollusken beitragen.

2. Die Namen der Landschnecken

Um auch Laien den schnellen Zugang zur Kenntnis der heimischen Arten zu ermöglichen, wurde zu jeder Art der deutsche Name mit angegeben. Weil sich die Verwendung von Trivialnamen bei Mollusken jedoch noch nicht allgemein durchgesetzt hat (und vermutlich im täglichen Gebrauch der Malakozoologen langfristig nicht durchsetzen wird), wird auch den Laien empfohlen, nach und nach den Gebrauch der wissenschaftlichen Namen zu erlernen.

2.1 Zu den wissenschaftlichen Namen

Der wissenschaftliche Name eines Lebewesens ist binominal, das heißt, er besteht aus zwei Namensteilen: Der erste Teil, der Gattungsname, wird groß geschrieben, während der zweite Teil, der Artname, klein geschrieben ist. An den Gattungs- und Artnamen wird der Name des Beschreibers mit einer Jahreszahl angehängt. Dieser Autorenname und die Jahreszahl beziehen sich auf den Autor und das Publikationsjahr der Einführung des betreffenden Artnamens in Zusammenhang mit einer Beschreibung der Art, meist ist dies die sogenannte „Erstbeschreibung".

Ist der Autorenname ohne Klammern angegeben, so hat der Autor den Artnamen in der jetzigen Kombination mit dem Gattungsnamen eingeführt. Steht der Name in Klammern, hat der Autor ursprünglich einen anderen Gattungsnamen verwendet und die Art wurde inzwischen durch eine Revision einer anderen Gattung zugeordnet.

Bsp: *Cepaea nemoralis* (LINNAEUS 1758)

Der Artname *nemoralis* wurde vom schwedischen Naturforscher CAROLUS LINNAEUS, der später CARL VON LINNÉ hieß, im Jahr 1758 eingeführt, allerdings hat LINNAEUS noch nicht den aktuellen Gattungsnamen *Cepaea* verwendet, sondern die Art als *Helix nemoralis* beschrieben.

Für die Namengebung, die Verwendung von Namen und die Autorschaft gibt es verbindliche Regeln, die als „Internationale Regeln für die zoologische Nomenklatur" veröffentlicht sind (Internationale Kommission für Zoologische Nomenklatur 2000).

Formal gilt nach den Nomenklaturregeln immer der älteste Name, soweit dieser nicht von der Verwendung ausgeschlossen ist. Wird durch neuere Forschungen ein älterer Name für eine unter einem jüngeren Namen bekannte Art gefunden, so kann (bzw. muss in vielen Fällen) eine Namensänderung erfolgen. Die individuellen Begründungen für die Verwendung oder Nichtverwendung von Namen sind im Einzelfall nachzuschlagen, denn über Namen, Autoren und Jahreszahlen wird von verschiedenen spezialisierten Wissenschaftlern intensiv diskutiert. Einführende Bücher sind nicht der Ort, diese Diskussionen zu führen. Im vorliegenden Band wurde deshalb überwiegend der Stand aus MolluscaBase verwendet. Dies ist eine Online-Datenbank, die von zahlreichen Spezialisten administriert wird. Die Angaben in MolluscaBase bleiben weiterhin Meinungen

und subjektiv, sind allerdings üblicherweise sehr gut und aktuell recherchiert. In Fällen, die noch nicht abschließend entschieden wirken, wurde im vorliegenden Band manchmal konservativ entschieden und die etablierte Benutzung verwendet.
Für die hier genannten „weiteren Namen" (teilweise Synonyme im eigentlichen Sinne, teilweise aber auch anders einzuordnende Namen) gilt eine wesentliche Vorbemerkung: Die Nennung von weiteren Namen bei den behandelten Arten bedeutet in diesem Band weder eine wissenschaftliche Identität, noch, dass es sich im engeren Sinne um „Synonyme" handelt. Gerade in populären Werken wird der Begriff Synonym oft unkritisch oder unrichtig benutzt. Allerdings ist es für die praktische Verwendung und für den Vergleich verschiedener Fachbücher teilweise notwendig, die dort (möglicherweise nicht korrekt) benutzten Namen zu erkennen und zuzuordnen. Als solche Zuordnungshilfe sind die in diesem Buch genannten weiteren Namen zu verstehen. Exakte Verzeichnisse von Synonymen würden jeweils zu jeder Kombination von Gattungs- und Artnamen den Erstautor und die nachfolgenden zitierenden Autoren mit Jahreszahl aufführen und gegebenenfalls unrichtige Verwendungen in jedem Einzelfall erklären. Dies ergäbe für viele Arten einen Wust von Namens- und Autorenangaben, die für die Benutzung dieses Buches wenig oder keine Relevanz hätten. Aus diesem Grunde wurde hier auf diese eigentlich notwendige Exaktheit verzichtet.

Die Nennung von Unterarten erfolgte nur in wenigen Fällen, in denen es für die einfache Erkennung der Arten sinnvoll und nötig erschien und der Übersichtlichkeit nicht abträglich war. Aus dem gleichen Grunde wurden Untergattungsnennungen nicht durchgeführt.

Bsp.: *Cochlodina orthostoma* (Menke 1803)

Die Art könnte stattdessen eigentlich als *Cochlodina (Paracochlodina) orthostoma orthostoma* (Menke 1803) bezeichnet werden, weil *Paracochlodina* als Untergattung innerhalb der Gattung *Cochlodina* von vielen Autoren abgetrennt wird und weil außerhalb Deutschlands auch die Unterart *C. orthostoma filiformis* (Bielz 1861) bekannt ist.

Beim Vergleich von Namen in verschiedenen Publikationen fallen manchmal Geschlechtsunterschiede auf. Die wissenschaftlichen Artnamen werden im Geschlecht den Gattungsnamen angepasst, jedoch nur, wenn sie als Adjektive benutzt werden. In manchen Publikationen wurden aus Unkenntnis falsche Geschlechtszuordnungen gemacht und in einigen Fällen kann die Geschlechtszuordnung sogar strittig sein. Es kann sehr schwierig sein, zu erkennen, ob ein Artname ein Adjektiv oder ein Substantiv sein soll. Substantivisch benutzte Artnamen werden nicht gebeugt („der Wald" als Artname wird nicht zu „die Wald", nur weil der Gattungsname grammatikalisch feminin ist). Ein Fall, der zum Beispiel von einigen Autoren diskutiert wird, betrifft Namen mit der Endung „...icola", was üblicherweise als „der Bewohner" übersetzt wird. Es gibt Argumentationen, dass hier auch „die Bewohnerin" gemeint sein kann, wenn sich aus der ursprünglichen Zuordnung eines Artnamens eine weibliche Einordnung schließen lässt.

2.2 Was sind verschiedene Arten?

Nach dem klassischen Artbegriff in der Zoologie gehören zu einer Art alle Tiere, die sich miteinander (uneingeschränkt) fruchtbar fortpflanzen könnten, wenn sie an einem Ort vorkämen. Dies ist leider nicht immer überprüfbar und insbesondere bei Wirbellosen gibt es sehr unterschiedliche biologische Barrieren, so dass eine Abgrenzung teilweise schwierig ist. Die den früheren Konzepten zugrunde liegenden morphologischen oder ethologischen Unterschiede kann man leichter beobachten und sie sind durchaus hilfreich, Argumente zur Trennung von Arten zu finden. In der heutigen Zeit zahlreicher molekulargenetischer Untersuchungen wird oft mit phylogenetischen (stammesgeschichtlichen) Ergebnissen argumentiert. Sie sind teilweise sehr sinnvoll, um Zusammenhänge zu verstehen und Verwandtschaften zu bestätigen oder zu widerlegen. Allerdings gibt es dabei immer noch methodische Schwierigkeiten.

Die Problematik bei den unterschiedlichen Abgrenzungen soll – auch bei den einzelnen Arten – im Rahmen dieses Buches nicht genauer diskutiert werden. Es wird allerdings bei den Arten darauf aufmerksam gemacht, wenn Abgrenzungsprobleme existieren. Da für eine Art jeweils der älteste Name der gültige ist, bedeuten Wechsel in der Artauffassung häufig auch Veränderungen in der Namensgebung: Wenn Artgleichheit von zwei zuvor mit verschiedenen Namen bezeichneten Tieren festgestellt wird, wird der jüngere der beiden Namen ein Synonym des älteren. Ein einfaches Beispiel: Die früher als eigenständige Art *Chondrina clienta* (Westerlund 1883) bezeichnete heimische Haferkornschnecke wird seit einigen Jahren als Unterart der südosteuropäischen *Chondrina arcadica* (Reinhardt 1881) angesehen. Da der Name *arcadica* älter ist als *clienta*, tragen auch die mitteleuropäischen Tiere jetzt als Art den Namen *Chondrina arcadica*. Nur wenn man auf ihre Identität als Unterart eingehen möchte, wird noch der zusätzliche Unterartname berücksichtigt: *Chondrina arcadica clienta*.

2.3 Verwendung der deutschen Namen

Grundsätzlich wird für alle Publikationen und alle rechtsverbindlichen Äußerungen die Verwendung der wissenschaftlichen Namen empfohlen. In manchen Fällen hat sich (zum Beispiel in der Naturschutzpraxis) der deutsche Name eingebürgert. Unter anderem dafür wurden Listen mit Vorschlägen zur Vereinheitlichung publiziert (Jungbluth & Knorre 2008).

Es bleiben einige Streitfälle, selbst bei sehr häufigen Arten, wie zum Beispiel den allbekannten Schnirkelschnecken:

Cepaea nemoralis war traditionell die Hain-Schnirkelschnecke, später die Hain-Bänderschnecke, dann die Schwarzmündige Bänderschnecke und in der Roten Liste 2009 (Jungbluth & Knorre 2009) wieder die Hain-Schnirkelschnecke, zwar übereinstimmend mit dem wissenschaftlichen Namen, aber nicht mit ihrem Vorkommen, denn sie lebt überwiegend in Gärten, während die Garten-Schnirkelschnecke am Hain vorkommt.

Manche der Namen sind tatsächlich nicht besonders treffend: So ist die Berg-Schließmundschnecke keine typische Art der Berge oder neben der Vierzähnigen Windelschnecke gibt es mehrere weitere Arten, die oft oder fast immer vier Zähne aufweisen. Wenn man sich über Schmale, Schlanke oder Blanke Windelschnecken mit Malakozoologen unterhalten möchte, müssen auch diese manchmal erst nachschlagen, welche der *Vertigo*-Arten denn gemeint sind.

Nicht zuletzt gab es von mehreren Autoren unterschiedliche publizierte Vorschläge. Hier seien nur zwei Beispiele genannt: *Macularia sylvatica* heißt bei Kerney, Cameron & Jungbluth 1983 Fleckenstreifige Bänderschnecke, bei Fechter & Falkner 1990 Berg-Bänderschnecke, in der Arbeitsgruppe Mollusken BW 2008 Fleckenstreifige Bänderschnecke und bei Jungbluth & Knorre 2009 Wald-Schnirkelschnecke.

Acicula, *Platyla* und *Renea* werden trotz der Verwechslungsmöglichkeit mit der gleichnamigen Meeresschneckenfamilie oft als „Nadelschnecken" bezeichnet und nicht, viel treffender, mit dem ebenfalls eingeführten Begriff „Mulmnadeln".

Im vorliegenden Buch wurden die Namen aus der aktuellsten Roten Liste (Jungbluth & Knorre 2012) verwendet und nur in Ausnahmefällen ergänzt.

3. Landschneckenvielfalt in Deutschland

Die 37 Familien heimischer Landschnecken umfassen eine überraschende Variabilität. Winzige Exemplare von unter 2 mm Gehäusegröße stehen der Weinbergschnecke gegenüber, die über 50 mm Gehäusedurchmesser erreichen kann. Wenn man diese Arten im Volumen vergleicht, passen in das Gehäuse einer einzigen Weinbergschnecke etwa 70.000 Exemplare der kleinsten heimischen Arten. Mit bis zu 30 cm Körperlänge können Landnacktschnecken (als größte Art *Limax cinereoniger*) erstaunliche Dimensionen erreichen.

Die Variabilität der Gehäuse ist bei den Landschnecken weltweit ähnlich faszinierend wie bei den Meeresarten. In Deutschland kommen immerhin auch scharfrandige und rundliche, linsenförmige, kugelige, nadel-, spindel-, walzen- oder tonnenförmige Exemplare in unterschiedlichen Färbungen und unterschiedlicher Skulptur vor. Ebenso kann man behaarte, gerippte, genarbte oder glatte Gehäuse finden, Tierkörper in verschiedener Färbung, leuchtend gelb, leuchtend rot, kräftig blau, und Gehäuse mit sehr unterschiedlicher Mündungsform und Mündungsarmatur. Rechtsgewundene und linksgewundene Arten kommen vor und auch Halbnacktschnecken, die sich nicht mehr vollständig in ihr reduziertes Gehäuse zurückziehen können.

4. Lebensräume der Landschnecken

Landschnecken besiedeln in Deutschland fast alle Lebensräume, von trockenen Felsen oder Mauern bis zu Überflutungsflächen an Gewässern, von bodensauren Nadelwäldern der Gebirge bis zu den Salzmarschen der Meeresküste. Für zwischenzeitlichen Aufenthalt bei geeigneter Witterung werden sogar Extrem-Lebensräume ohne Versteckmöglichkeiten wie Teerstraßen oder moderne Hauswände genutzt. Etwas verallgemeinernd kann man feststellen, dass basische Untergründe mehr Arten und Individuen von Mollusken Lebensraum bieten als saure. Es gibt allerdings auch Arten, die saure Böden tolerieren oder sogar überwiegend dort anzutreffen sind, in aller Regel sind reine Sandböden oder saure Moorböden jedoch arten- und individuenarm.

In den unterschiedlichen dauerhaft besiedelten Biotopen in Mitteleuropa sind oftmals typische Arten miteinander vergesellschaftet und auch charakteristisch für ihren Lebensraum. Hierüber gibt es zahlreiche Publikationen, eine ältere umfangreiche Arbeit stammt z. B. von KÖRNIG (1966). Eine Tabelle zu vielen Landschnecken, die sich nicht nur auf ihre Ökologie beschränkt, wird von FALKNER et al. (2001) vorgestellt. Die Arbeitsgruppe Mollusken in Baden-Württemberg nahm eine detaillierte ökologische Typisierung für die Molluskenfauna Baden-Württembergs vor (Arbeitsgruppe Mollusken BW 2008).
Alle diese Einstufungen sind diskutabel, widersprechen sich teilweise bei den verschiedenen Autoren und die Definitionen der verschiedenen Biotoptypen in der Natur treffen nicht immer eindeutig zu. Deshalb wurde in diesem Band nur eine grobe Biotopzuordnung vorgenommen. Für eine exakte Einordnung müssten auch die vielen regionalen Unterschiede berücksichtigt werden.

5. Suchen, Finden und Aufsammeln von Landschnecken

Es ist selbstverständlich, dass alle naturkundlich Interessierten sich in der Natur so bewegen, dass sie möglichst keinerlei erkennbare Spuren oder Schäden hinterlassen. Entsprechend ist auch bei der Suche nach Landschnecken Rücksicht auf den Lebensraum und seine pflanzlichen und tierischen Bewohner das oberste Gebot. Alle Natur- und Artenschutzgesetze sind zu befolgen und lebende Tiere nur mit wissenschaftlicher Zielsetzung zu sammeln. Wer nicht eine wissenschaftliche Dokumentationssammlung als Ziel hat, dem kann für lebende Tiere auch dringend empfohlen werden, „mit dem Fotoapparat zu sammeln", denn die heutige Digitaltechnik ermöglicht es, auch im Freiland Makroaufnahmen zu machen und diese sofort auf ihre Qualität zu überprüfen. Wer leere Schneckengehäuse sammeln möchte, kann dies in aller Regel tun, ohne lebende Tiere zu beeinträchtigen, weil von fast allen Arten in ihren Lebensräumen Leergehäuse zu finden sind und bei sorgfältiger Suche auch gut erhaltene Exemplare aufgespürt werden können. Wenn man unter Steinen, Holz oder Laub gesucht oder sogar Bodenbereiche geöffnet oder Felsblöcke umgewälzt hat, ist es selbstverständlich, nach der Suche alles wieder in den Ursprungszustand zu bringen, also Holz oder Steine wieder an ihren Standort zu legen und gegebenenfalls Löcher in Laublagen oder in der Vegetation wieder zu verschließen. Bei solchen Eingriffen ist es ebenso selbstverständlich zu vermeiden, dass Tiere anderer Organismengruppen gestört oder verletzt werden.

Als Leitlinie für das Verhalten eines Schneckenforschers im Freiland kann der Ehrenkodex der Deutschen Malakozoologischen Gesellschaft verwendet werden (*https://dmg.mollusca.de*).

In einem Lebensraum kommen meist verschiedene Habitate für Landschnecken vor. Für das Finden einiger spezieller Arten ist eine genaue Kenntnis ihrer Ansprüche und ihrer Lebensweise nötig. Es gibt allerdings auch Bereiche, an denen ziemlich sicher viele Arten des Biotops nachgewiesen werden können und die sich zur allgemeinen Untersuchung somit als erstes anbieten.

Nach Hochwasser kann man zwischen angespülten Pflanzenteilen nach Schnecken suchen oder das Genist durchsieben.

Leergehäuse von Schnecken findet man meist zahlreich im Angespül nach Hochwasser. Auch Maulwurfshaufen sind eine gute Möglichkeit Gehäuse kleiner Arten zu erhalten, die vom Regen dort freigespült werden. Dabei ist jedoch nicht immer zuzuordnen, wie alt diese Gehäuse sind. Am Fuß von Felsen, Böschungen oder Hängen, oder auf Simsen und in Spalten an diesen Standorten findet man häufig sehr viele leere Schneckengehäuse. Darunter sind oft auch Arten, die sonst schwer zugänglich oberhalb dieser Stellen siedeln. Lebende Tiere können ebenso am Fuß von Erhöhungen oder in Spalten gefunden werden. Außerdem kann am Grund von Bäumen gesucht werden, ebenso an deren Stämmen, unter Steinen oder unter liegendem Holz, unter loser, alter Borke, in Astlöchern, unter Laub, zwischen Gras oder Moos, im Rohhumus am Boden, zwischen Pflanzenwurzeln und an den Blattunterseiten von Kräutern bzw. Stauden. Einige Arten klettern an Sumpfpflanzen in Riedflächen. Wenn man einen Lebensraum mehrfach besuchen kann, bietet es sich oft an, Holzstücke, Steine

Am Fuß von Felsen oder Hängen sucht man sehr effektiv nach Schneckengehäusen oder lebenden Schnecken.

oder große Blätter von Pflanzen als Verstecke auszulegen, die von den Schnecken gerne genutzt werden.

Die Witterung ist zur Schneckensuche für viele Arten nur teilweise von Bedeutung. Manche sind allerdings ausschließlich während oder nach Regen aktiv, so dass lebende Tiere nur bei dieser Witterung zu beobachten sind. Dies betrifft in Norddeutschland z. B. so große und bekannte Arten wie den Steinpicker *Helicigona lapicida*, der bei Regen offen an Buchenstämmen kriecht, jedoch bei Trockenheit so gut versteckt ist, dass man von einer großen Population höchstens Einzeltiere findet. Einige Arten, vor allem Nacktschnecken, kann man bevorzugt nachts in ihrer Aktivitätsphase suchen. Dazu genügt es, mit einer einfachen Taschenlampe zu leuchten. Das auffälligste Beispiel ist hier der seltene Bierschnegel *Limacus flavus*, von dem erst seit intensiveren nächtlichen Suchexkursionen wieder vermehrt Vorkommen bekannt geworden sind. Nacktschnecken kann man außerdem mit speziellen Substanzen aus ihren tiefen Erdspalten-Verstecken heraustreiben. Aufgrund der Giftigkeit und Umweltgefährlichkeit der betreffenden Stoffe kommt diese Methode für den Privatgebrauch nicht in Frage.

Totholz ist ein attraktiver Lebensraum für viele Schneckenarten.

Mehr als die Witterung spielt für das Auffinden einiger Arten auch die Jahreszeit eine Rolle. So ist es nahezu zwecklos, den Pilzschnegel *Malacolimax tenellus* im Frühjahr zu suchen, während man ihn im Herbst an gleicher Stelle häufig beobachten kann. Da sich die meisten Schnecken in der wärmeren Jahreszeit fortpflanzen, sind von vielen Arten im Herbst größere Individuendichten anzutreffen. Um erwachsene Tiere mancher Arten anzutreffen, muss man ihren Lebenszyklus kennen. Viele Glasschnecken der Familie Vitrinidae haben ihr Aktivitätsmaximum beispielsweise im Winterhalbjahr, teilweise unter dem Schnee.

In den verschiedensten Biotopen kann man auch kleine kletternde Schnecken durch Abklopfen der Pflanzen finden.

Einige der heimischen Gehäuseschnecken sind sehr klein, viele unter 3 mm, manche unter 2 mm. Da sie oft die Farbe des Untergrundes haben, ist die manuelle Suche auch bei hellem Tageslicht und günstiger Witterung schwierig, selbst wenn man die Verstecke der Tiere kennt. Kletternde Schnecken kann man von ihren Pflanzen in eine Schüssel, einen Klopfschirm oder einen Streifkescher abklopfen. Kleine Exemplare kann man auch im Gelände mit einer Federstahlpinzette ergreifen. Zum Mitnehmen der Funde eignen sich Kunststoffröhrchen in verschiedenen Größen. Glasröhrchen, z. B. die als Laborbedarf erhältlichen Schnappdeckelgläser, werden wegen der Zerbrechlichkeit und des damit verbundenen Verletzungsrisikos nicht empfohlen. Sowohl während des Sammelns als auch während der späteren Aufbewahrung ist es wichtig, dass die Behältnisse nicht luftdicht verschlossen sind, winzige Löcher reichen oft aus. Lebende Tiere sollten getrennt von Leergehäusen aufbewahrt werden, weil kleine Tiere sich gerne in den Gehäusen verkriechen und später übersehen werden.

Bei Bodenbewohnern kann man die Fundrate verbessern, indem man eine Substratprobe aufnimmt und diese dann zu Hause bearbeitet. Für viele Arten reicht das Lockersubstrat, für einige muss man auch die oberste Bodenschicht mit abtragen. Man kann die Probe mit verschiedenen Siebstärken trocken durchsieben oder ausschlämmen, die erhaltenen Fraktionen, gegebenenfalls mit Hilfe einer Stereolupe, durchsortieren und die gefundenen Schnecken dann mit einer Federstahlpinzette, einer angefeuchteten Präpariernadel oder einem Pinsel heraussortieren. Wenn keine Möglichkeit des Transports größerer Substratproben besteht, kann das Volumen auch durch Einsatz eines Reiter-Siebs im Freiland reduziert werden, allerdings ist die Ausbeute beim Sieben des in der Regel feuchten Substrats geringer. In Deutschland erhält man alle erwachsenen Tiere, wenn man als feinstes Sieb eine Maschenweite von 0,7 mm wählt. In anderen Regionen ist dies nicht möglich, dort kommen teilweise noch kleinere Arten vor.

Analysensiebe

Um besonders aussagekräftige und vergleichbare Ergebnisse zu erzielen, sollten die Substratproben von Flächen definierter Größe genommen werden. Bei gleicher Methodik lassen sich die Individuendichten dann exakt vergleichen. Allerdings braucht man, um die Arten eines Lebensraumes vollständig zu erfassen, teilweise Probeflächen von mehr als einem Quadratmeter. Bei Substratproben ist ebenso wie bei Handaufsammlungen immer zu beachten, dass dabei der Lebensraum und die Tiere nicht unnötig geschädigt werden.

Um den wissenschaftlichen Wert der gefundenen Exemplare zu erhalten, ist es unerlässlich, die Funddaten genau zu notieren. Wichtige Angaben sind der genaue Fundort (gegebenenfalls mit GPS-Koordinaten und Höhenangabe), Charakteristika des Biotops (wie Vegetation, Exposition/Ausrichtung, Feuchtigkeit, Bodenverhältnisse), das Funddatum und der oder die Sammler. Solche Angaben müssen eindeutig und möglichst direkt bei den Stücken notiert sein. Dabei ist zu beachten, dass Papier auf keinen Fall mit lebenden Schnecken zusammen aufbewahrt werden darf, weil lebende Schnecken Papier fressen.

6. Bearbeiten und Bestimmen, Methodik und Literatur

Gefundene Leergehäuse können mit Wasser gereinigt werden, dabei erleichtert der Zusatz von etwas Spülmittel die Entfernung von verklebten Krusten. Kleine Pinsel (auch Borstenpinsel) oder gegebenenfalls Nadeln sind zum vorsichtigen Reinigen oft sehr nützlich. Um die Details am Gehäuse erkennen zu können, ist oft eine Lupe nötig. Am besten geeignet ist eine Stereolupe (unter Biologen oft einfach als „Binokular“ bezeichnet). Unter Kontrolle mit der Stereolupe kann man auch manuelle Säuberungen sehr sorgfältig vornehmen. Die Verwendung von Ultraschall-Reinigungsgeräten ist zwar prinzipiell möglich, allerdings risikoreich, da empfindliche Gehäuse vor allem durch anhaftende oder im Gehäuse verborgene Fremdkörper zerschlagen werden können. Zum Handhaben der Gehäuse haben sich weiche, an der Spitze breit abgerundete Pinzetten aus Federstahl am besten bewährt.

Auslesen und Bestimmen von kleinen Schnecken mit Hilfe der Stereolupe.

In Sammlungen werden Gehäuse meist in kleinen Kunststoff- oder Glasgefäßen aufbewahrt. Traditionell wurden sogar Pappschachteln mit Glasdeckel verwendet, für sie sind allerdings die Preise unverhältnismäßig hoch. Offene Schachteln oder Gefäße sind wegen der Gefahr des Herausfallens und Verwechselns von Stücken und Etiketten weniger geeignet. Bei der Auswahl der Behältnisse ist zu beachten, dass die Materialien lange haltbar sind und keine Stoffe absondern, die den darin gelagerten Exemplaren schaden. Einfache Glasgefäße sind z. B. nicht geeignet, weil ihr herstellungsbedingter Anteil an alkalischen Substanzen, die die Gehäuse zerstören, zu hoch ist. Rategläser mit reduziertem Alkali-Anteil sind geeignet, alkalifreie Borosilikat-Gläser optimal, aber sehr teuer. Sehr kleine Gehäuse werden zumeist in durchsichtigen Hartgelatine-Kapseln aufbewahrt, wie sie zu medizinischen Zwecken gebräuchlich sind. Diese können dann zusammen mit dem Etikett in den Glasröhrchen oder Kunststoff-

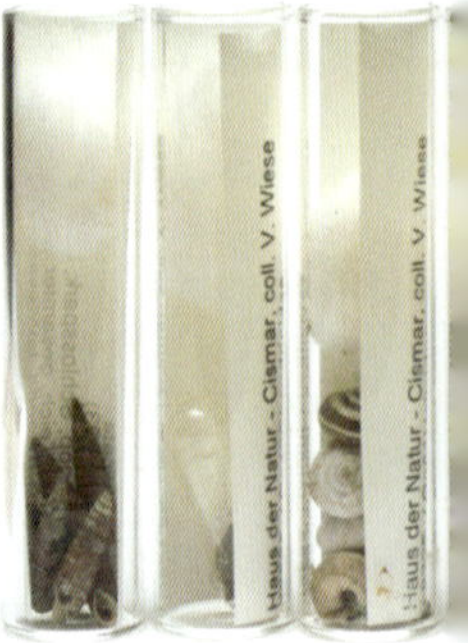

Dosen gelagert werden. Behälter für die trockene Lagerung von Gehäusen sollten nicht luftdicht verschlossen werden.
Dagegen sollten für wissenschaftliche Sammlungsteile, in denen Weichkörper der Tiere konserviert sind, möglichst dicht schließende Behältnisse verwendet werden. Weichkörper-Präparate werden in Alkohol aufbewahrt. Das für andere Organismengruppen verwendete Formalin sollte für Mollusken nicht benutzt werden, da sich, von gesundheitlichen Risiken ganz abgesehen, die Kalkgehäuse bei unzureichender Pufferung schnell auflösen. Für dauerhafte Lagerung von Ganzpräparaten ist 70–80%iger Ethyl-Alkohol (Ethanol) besonders geeignet. Von Isopropanol wird abgeraten, da es zu einer stärkeren Verhärtung der Gewebe führt und auch mit Bestandteilen von Gefäßen oder Etiketten in ungewollter Weise reagieren kann. Für Proben, an denen molekulare Untersuchungen durchgeführt werden sollen, ist reiner (unvergällter und unverdünnter) Alkohol besonders günstig. Es sei an dieser Stelle darauf hingewiesen, dass die beliebten kleinen Schnappdeckel-Gläschen für dauerhafte Lagerung von Alkoholpräparaten nicht geeignet sind, da die Deckel nicht dicht genug schließen. Bei Interesse am Anlegen einer „Nass-Sammlung" wird Nachwuchs-Wissenschaftlern jeden Alters empfohlen, genaueren Rat bei einer der Malakozoologischen Fachgesellschaften oder bei Museumskuratoren einzuholen.

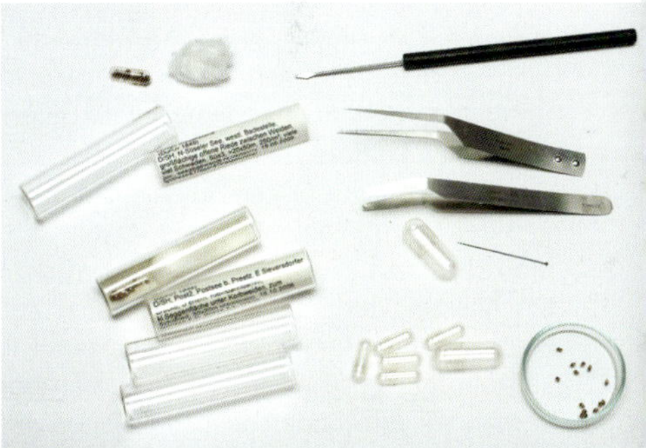

Einige Materialien für die Sammlungsarbeit: Federstahlpinzetten, Lanzettnadel, Petrischale, Flachbodengläser und Gelatinekapseln.

Für das Bestimmen der Mollusken wird üblicherweise mehr als ein Buch nötig sein. Der vorliegende Band gibt eine Übersicht mit Bildern und Vergleichsmöglichkeiten und wird in den meisten Fällen die Einordnung von Landschnecken aus Deutschland ermöglichen. Für Nord- und Mitteleuropa wird der klassische Bestimmungsband von Kerney et al. (1983) weiterhin sehr empfohlen, ebenso Fechter & Falkner (1989). Auch wenn dieses Buch nicht als Bestimmungsbuch konzipiert worden ist und nur eine Auswahl der vorkommenden Arten enthält, vermittelt es sehr viele Informationen, sowohl zum Erkennen und Unterscheiden der Arten als auch zu ihrer Biologie. Selbst auf die älteren Werke, wie Ehrmann (1933) mit Jaeckel (1962) und Zilch (1962) kann man kaum verzichten, auch Geyer (1927) ist

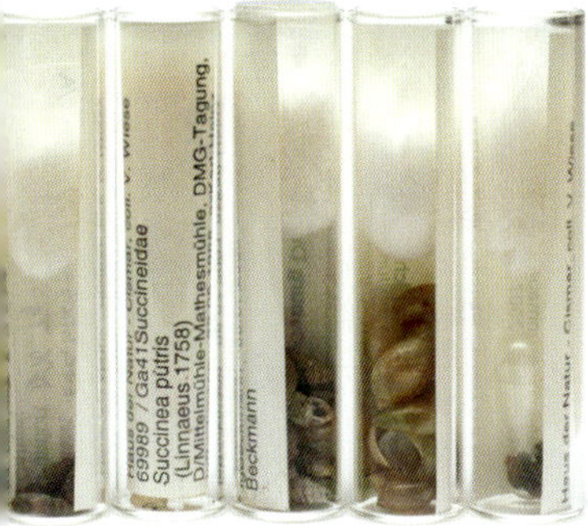

noch nützlich. Publikationen über Nachbargebiete sind ebenfalls sehr hilfreich, darunter sind teilweise sehr wichtige und aktuelle Grundlagenwerke, natürlich meist nicht in deutscher Sprache.

Das einzige aktuelle Werk für Land- und Süßwassermollusken ganz Europas von Welter-Schultes (2012) gibt einen sehr umfangreichen Überblick mit vielen Verweisen, es dient als Nachschlagewerk und weniger als Bestimmungsbuch. Für die Benutzung sind Vorkenntnisse und kritische Betrachtung vorteilhaft.

Viele Arten sind anhand der Gehäuse oder an ihren äußeren Körpermerkmalen nicht abschließend zu bestimmen. Einfache Anleitungen zur Sektion von Nacktschnecken bieten z. B. Reise (2013) oder Reischütz (1999). Für genaueres Kennenlernen der Anatomie kleinerer Gehäuseschnecken kann man am besten mit erfahrenen Malakozoologen Kontakt aufnehmen. Informationen über Literatur zur Anatomie sind bei den jeweiligen Arten in diesem Band angegeben. Sie sind jedoch nur als Hinweis auf weiterführende Quellen zu verstehen. Ihre Beurteilung verlangt oft Vorkenntnisse und gerade in verbreiteter Bestimmungsliteratur (z. B. Kerney et al. (1983)) sind die anatomischen Zeichnungen nicht immer ausreichend differenziert.

In einigen schwierigen Fällen, nicht nur zur Anatomie, sondern auch bei Fragen der Morphologie, Biologie, Ökologie oder Verbreitung, muss oder kann man sogar auf ganz alte Literatur zurückgreifen. Hier ermöglicht die digitale Erschließung der großen Bibliotheksbestände perfekte Möglichkeiten, auch zu Hause in alten Werken nachzuschlagen. Die Originale der alten Publikationen sind üblicherweise in den großen malakozoologischen Bibliotheken und Museen vorhanden und können dort eingesehen werden, wenn die digital zugänglichen Texte und Bilder nicht ausreichen.

Bei regionalen Fragestellungen variiert der Datenbestand enorm. Während die vorhandene Literatur fast flächendeckend recht gut erschlossen ist, gibt es nur für einige Bundesländer Verbreitungsatlanten, die von unterschiedlicher Aktualität und Datengrundlage sind (s. Literaturverzeichnis, Übersichten z. B. unter *https://mollusca.de*). Die malakozoologischen Landesbibliographien sind zum Teil nach Arten indiziert, so dass man für jede Art die sie betreffenden Publikationen individuell aufgelistet findet. Bei ernsthaftem Interesse an den heimischen Landschnecken kommt man nicht umhin, die aktuellen Fachzeitschriften zu verfolgen und sich mit Spezialisten zu vernetzen. Dazu ist der Anschluss an Fachgesellschaften und der Besuch entsprechender Fachtagungen, Kolloquien oder Workshops zu empfehlen.

7. Landschneckenbeobachtung und Terrarienhaltung

Die ungestörtesten Beobachtungsmöglichkeiten gibt es in der freien Natur. Allerdings haben nur wenige Menschen die Geduld, die sprichwörtlich langsamen Tiere im Biotop über längere Zeiträume zu beobachten, zumal oft optische Hilfsmittel notwendig sind. Bessere Beobachtungsmöglichkeiten kann man erreichen, wenn man die Tiere im Terrarium hält. Zur Einrichtung von einfachen Schneckenterrarien gibt es zahlreiche Anleitungen. Deshalb werden hier nur wenige Hinweise gegeben. Terrarien oder Beobachtungsschalen (z. B. große Petrischalen) müssen regelmäßig feucht (je nach Art meist nicht nass) gehalten werden und eine regelmäßige Luftzufuhr erhalten. Dies gilt insbesondere für höhere Terrarien, die keine Luftlöcher in Bodennähe haben. Hier muss dafür gesorgt werden, dass regelmäßig, z. B. einmal täglich, auch in Bodennähe eine Luftbewegung stattfindet. Als Feuchtigkeitsspeicher ist saugendes Papier (z. B. Küchenpapier) geeignet, für naturnähere Bedingungen auch Moos. Für viele Arten kann Nahrung auch im Freiland gesucht werden. Wenn man größere Tiere halten möchte, ist zu beachten, dass ihnen keine Gemüseabfälle aus konventioneller Landwirtschaft angeboten werden. Diese sind oft gezielt mit Molluskiziden behandelt. Gleichermaßen gilt für Wasser zum Besprühen (oder auch in Aquarien), dass es nicht zu lange in kupferhaltigen Leitungen gestanden haben darf, weil es die Schnecken sonst vergiftet. Ein zentraler Hinweis betrifft Haltungsversuche von Nacktschnecken: Die Tiere sind Ausbruchskünstler, das heißt, in ihren Behältnissen dürfen sich, außer millimeterkleinen Luftlöchern (z. B. Gaze), keine Öffnungen befinden.

Aus Tierschutzgründen wird empfohlen, die Tiere nach den (gegebenenfalls längeren) Beobachtungen wieder am ursprünglichen Fundort auszusetzen. Noch viel wichtiger ist, dass gebietsfremde Arten nicht im Freiland an anderer Stelle wieder ausgesetzt werden. Abtötung ist hier vorzuziehen, auch wenn es im ersten Moment widersinnig erscheint: gebietsfremde Tiere, sogenannte Neozoen, können unabsehbare Schäden anrichten und sind, wenn überhaupt, nur mit enormen Kosten wieder zu eliminieren.

Wer lebende Schnecken mit nach Hause nimmt, muss beachten, dass diese gegen Erwärmung und Austrocknung empfindlich sind. So kann schon der Transport des Sammelgefäßes in einer besonnten Mantel- oder Rucksacktasche oder im Auto tödlich sein.

8. Merkmale des Gehäuses

Die meisten Gehäuseschnecken kann man anhand von Merkmalen des Gehäuses unterscheiden. Auch ihre Größe ist oft charakteristisch. Die Maße werden normalerweise entlang der Gehäuseachse und senkrecht dazu gemessen, wobei die größte Gehäuseausdehnung in der jeweiligen Richtung angegeben wird. Für eine schnelle Messung oder Schätzung nur zum praktischen Vergleich zu anderen Arten ist der genaue Winkel nicht wichtig und die Größe kann einfach durch Anlegen einer Millimeter-Skala (Lineal oder Millimeterpapier) geschätzt werden. Genaue Messungen kann man mit einer manuellen oder elektronischen Schieblehre oder einer Mikrometerschraube vornehmen, kleine Exemplare werden z. B. mit dem Mikrometerokular einer Stereolupe gemessen.

Zum Verständnis der Gehäusebeschreibungen im systematischen Teil sind einige Begriffe nötig, die in den folgenden Abbildungen dargestellt sind.

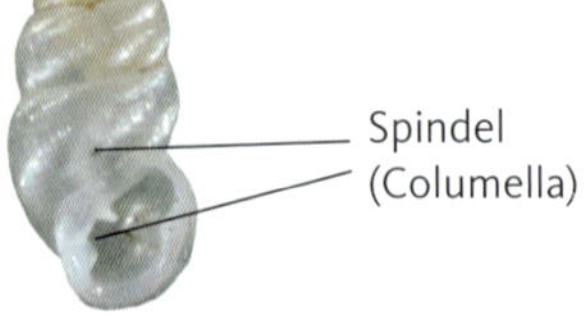

Basalansicht
Basis
Nabel
(verdickte) Lippe
Mündungsrand
Apikalansicht
Radiärrippen
Mündungsansicht
Spiralbänder
Mündung
Embryonalgewinde (Protoconch)
postembryonale Umgänge (Teleoconch)
axiale Rippen
Sinulus
Parietalwand
Palatalwand
Labialansicht
Nackenwulst

In der Mündung der Schließmundschnecken (Familie Clausiliidae) gibt es zahlreiche individuell benannte Falten, Lamellen und Verdickungen. In dieser Übersicht wird nur eine kleine Auswahl der wichtigsten Bestandteile der Mündungsarmatur vorgestellt.

9. Abkürzungen und Erklärungen zum systematischen Teil

Verwendete Abkürzungen und Begriffe:

auct. – Autor
auctt. – Autoren
endemisch – ausschließlich auf ein kleines Gebiet begrenzt
euryök – ökologisch sehr tolerant/anspruchslos
ICZN – International Commission on Zoological Nomenclature
Kallus – schwielenartige Verdickung des Gehäuses
partim – zum Teil
Periostracum – äußere organische Schalenhaut
RL-D – Rote Liste für Deutschland (JUNGBLUTH & KNORRE 2012)
s. str. – sensu stricto (= im eigentlichen/engeren Sinne)
s. l. – sensu lato (= im weiteren Sinne)
sympatrisch – gemeinsam vorkommend
synanthrop – mit Menschen, hier: in Siedlungsgebieten
ubiquist – überall vorkommend
VT – Verbreitungstyp

Im systematischen Teil wird für die Arten die Einstufung in der aktuellen Roten Liste für Deutschland angegeben (JUNGBLUTH & KNORRE 2012). Die verwendeten Kategorien sind:

0 – Ausgestorben oder verschollen
1 – Vom Aussterben bedroht
2 – Stark gefährdet
3 – Gefährdet
G – Gefährdung unbekannten Ausmaßes
R – Extrem selten
V – Vorwarnliste
* – Ungefährdet
D – Daten unzureichend
nb – Nicht bewertet

Die Rote Liste wird zur Zeit überarbeitet, aktualisierte Angaben können jedoch vor ihrer offiziellen Publikation noch nicht verwendet werden, um die Eindeutigkeit zu erhalten. Die Gefährdungskategorien sind in der Roten Liste (JUNGBLUTH & KNORRE 2012) deutschlandweit eingeschätzt, sie sind nicht als Häufigkeitsangaben für einzelne Regionen zu verwenden. Tiere, die in einigen Regionen sehr selten und gefährdet sind, können in anderen Gebieten häufig sein, die Rote Liste vergröbert dies auf ganz Deutschland. Arten mit isolierten Einzelvorkommen sind oft sehr gefährdet, an ihrem Fundort können sie durchaus häufig sein.

10. Systematischer Teil

Die systematische Reihung der Familien und Arten ist immer noch nicht ausreichend geklärt, mehrere der sehr etablierten Übersichten (BOUCHET & ROCROI 2005, *www.fauna-eu.org*) benutzen mindestens in der Listung der Familieneinheiten alphabetische Anordnungen. Diese sind leicht durchsuchbar, bieten aber keinerlei Aussage über die Verwandtschaftsverhältnisse. Da solche nicht für alle Gruppen aktuell und nachvollziehbar vorliegen, stellt die hier verwendete Reihung einen Kompromiss dar. Ein rein alphabetisches System ist ungünstig, weil es Vergleichsmöglichkeiten nicht ausreichend berücksichtigt und aufgrund der ständigen Namensänderungen die Übersichtlichkeit und Verständlichkeit leidet.

Im systematischen Teil sind sehr vereinzelt wissenschaftliche Namen in Anführungszeichen gesetzt. Dies soll auf den ersten Blick deutlich machen, dass die Verwendung dieses Namens problematisch ist, weil entweder die nomenklatorische Situation (Gültigkeit des Namens) zweifelhaft oder die Abgrenzung der betreffenden Schnecken gegenüber ihren Verwandten noch ungeklärt ist. Im dazugehörigen Text wird auf die individuelle Problematik hingewiesen.

Auf den Übersichtsfotos der Familien ist zur besseren Größenvorstellung ein handelsübliches Streichholz (Länge ca. 44 mm, Kopf ca. 5 mm) mit abgebildet.

Familie Cochlostomatidae

Walddeckelschnecken

Familie Cochlostomatidae: 1. *Cochlostoma septemspirale*, zum Vergleich: 2. Familie Pomatiidae

Die Cochlostomatidae besitzen ein sehr charakteristisches hochkegeliges Gehäuse. Als Vertreter der Architaenioglossa haben sie anatomische Besonderheiten, die sie von den Pulmonata (Landlungenschnecken) unterscheiden. Ihre Fühler sind konisch, an deren Basis befinden sich auf kleinen Erhöhungen die Augen. Der vordere Kopfbereich ist als rüsselartige Schnauze ausgebildet. Oben auf dem Hinterende des Kriechfußes ist ein Operculum (Gehäusedeckel) angewachsen. Dieses dient zum Verschließen des Gehäuses als Schutz gegen Verdunstung und Feinde. In Deutschland kommt nur eine Art vor, in Südeuropa leben zahlreiche ähnliche Arten.

Cochlostoma septemspirale

Cochlostoma septemspirale (Razoumowsky 1789)
Kleine Walddeckelschnecke

Merkmale: Das Gehäuse dieser Art ist in der heimischen Fauna unverwechselbar. Es ist konisch-turmförmig mit fast geraden Seitenlinien, deren Umgänge stark gewölbt und deren Nähte sehr tief sind. Das Gehäuse hat etwa 8½ Umgänge, die Mündung ist fast kreisrund, der Mündungsrand ist zusammenhängend, verdickt und weit krempenartig nach außen gebogen. Zusätzlich zum äußersten Rand, der eigentlichen Lippe, ist meist noch ein zweiter innerer kallöser Rand ausgebildet. Der Mündungsrand ist weiß, das Gehäuse ist grau-weißlich bis hell-bräunlich gefärbt und weist drei mehr oder weniger deutliche Spiralreihen brauner Flecken auf. Es ist kräftig und regelmäßig gerippt (6–8 Rippen pro mm). Das Operculum besteht aus Conchin.
Maße: 7–8 × 3,8 mm.
Formen im Gebiet und ähnliche Arten: Die Art ist in Deutschland wenig variabel, außerhalb des Bearbeitungsgebietes sind geographische Unterarten ausgebildet.
Lebensraum: *C. septemspirale* lebt auf Kalkgrund. Dabei bewohnt die Art sowohl trockenere Biotope mit Versteckmöglichkeiten als auch feuchte und dunkle Standorte.
Gefährdung (RL-D 2012): R – Extrem selten.
Verbreitung im Gebiet: *C. septemspirale* erreicht Deutschland am Alpenrand, weiter nördlich gibt es sehr sporadische Fundorte in Bayern und Baden-Württemberg. (VT: südeuropäisch).
Weiterführende Literatur: Prince 1967

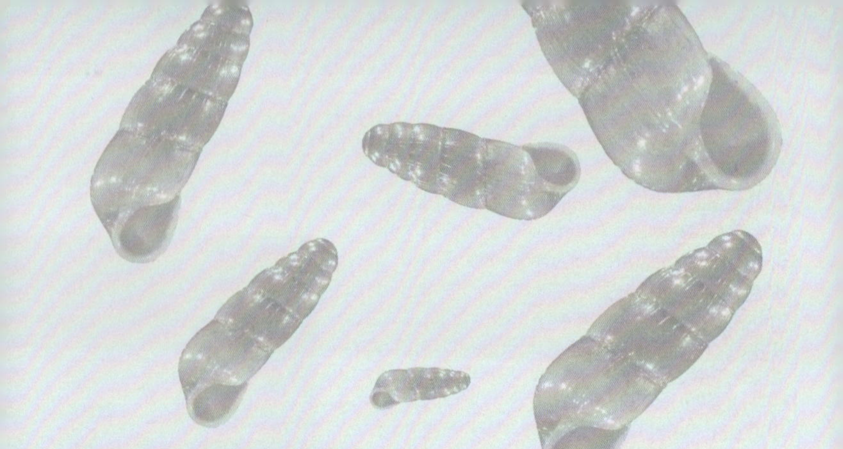

Familie Aciculidae

Mulmnadeln, „Nadelschnecken“

Familie Aciculidae: 1. *Acicula fusca*, 2. *Acicula lineata*, 3. *Acicula lineolata*, 4. *Platyla polita*, 5. *Platyla gracilis*, 6. *Renea veneta*

Die Arten der Familie sind durch kleine bis sehr kleine rotbraun glänzende, durchscheinende, nadelförmige Gehäuse gekennzeichnet. Sie leben sehr verborgen an feuchten Standorten unter Moos, im Bodensubstrat oder in Holzmulm. Ein auf dem oberen Hinterende des Kriechfußes angewachsenes Operculum (Gehäusedeckel) ermöglicht ihnen die Mündung ihres Gehäuses als Schutz gegen Verdunstung und Fressfeinde zu bedecken. Beim lebenden, zurückgezogenen Tier ist die Mündungsöffnung also durch das Operculum verschlossen. Früher wurden sie als „Prosobranchia“ in die Verwandtschaft der Wasserdeckelschnecken (Hydrobiidae) gestellt. Inzwischen rechnet man sie zur Ordnung der Architaenioglossa innerhalb der Caenogastropoda. Vertreter der Familie leben in Europa, Westasien und Nordafrika.

Der manchmal benutzte Trivialname „Nadelschnecke“ wird auch für eine weit verbreitete und artenreiche Familie von Meeresschnecken verwendet, deshalb wird empfohlen, für die Aciculidae den treffenderen und ebenfalls etablierten Namen „Mulmnadeln“ zu bevorzugen.

Acicula fusca (MONTAGU 1803)
Braune Mulmnadel

Andere Namen: *Acme lineata* (auctt. non DRAPARNAUD 1801, partim), *Acme inchoata* EHRMANN 1933

Merkmale: Das nadelförmige, etwas konische Gehäuse ist rotbraun bis gelblichrot und stark glänzend. Die Gehäuseoberfläche ist durch weitläufige, etwas unregelmäßige und eingesenkte feine axiale Rillen skulpturiert, die sich auf dem letzten Umgang bis zum Mündungsrand fortsetzen, der nicht durch einen Nackenwulst verstärkt ist. Die Mündung ist oval bis birnenförmig und oben etwas zugespitzt, ihr Rand ist über den sehr engen Nabel umgeschlagen. Die Lippe ist etwas krempenartig erweitert.
Maße: 2,2–2,8 × 0,85–1,0 mm.
Formen im Gebiet und ähnliche Arten: Die Art ist wenig variabel. Die frühere Verwendung des Namens *A. lineata* durch verschiedene britische Autoren bedingt eine Verwechslungsgefahr mit der eigentlichen *A. lineata* (DRAPARNAUD 1801) (s.u.).
Lebensraum: *A. fusca* ist feuchtigkeitsliebend und lebt sehr verborgen unter Laubstreu oder in Moos an Quellen.

Gefährdung (RL-D 2012): R – Extrem selten.
Verbreitung im Gebiet: *A. fusca* erreicht die Ostgrenze ihrer Verbreitung in Nordrhein-Westfalen, es liegen nur wenige Funde vor. (VT: westeuropäisch).
Weiterführende Literatur: Boeters, Gittenberger & Subai 1989, Anatomie Grossu 1986

Acicula lineata (Draparnaud 1801)
Gestreifte Mulmnadel

Andere Namen: *Acme sublineata* (Andreae 1833)

Merkmale: Das nadelförmige, fast zylindrische (weniger konische) Gehäuse ist gattungstypisch rotbraun und stark glänzend. Die Skulptur aus eingesenkten axialen Rillen ist ebenfalls gattungstypisch. Der Mündungsrand ist nicht krempenartig umgeschlagen, sondern hinter der Lippe durch einen Nackenwulst verstärkt und auch innen etwas kallös verdickt. Die Mündung ist etwas eckiger birnenförmig und das Gehäuse größer als bei *A. fusca*.
Maße: 3–3,5 × 1,1–1,2 mm.
Formen im Gebiet und ähnliche Arten: Die Art ist wenig variabel, im Bearbeitungsgebiet lebt die Nominatunterart, in den Südalpen *A. lineata sublineata*. Verwechslungen mit *A. lineolata* sind aufgrund der großen Ähnlichkeit möglich, die Beurteilung von älteren Literaturangaben ist zum Teil wegen der früheren nomenklatorischen Unklarheiten schwierig.
Lebensraum: *A. lineata* lebt im Bodenmulm von Wäldern und auf Geröllhalden.
Gefährdung (RL-D 2012): 2 – Stark gefährdet.
Verbreitung im Gebiet: In Deutschland kommt *A. lineata* nur im Süden vor, in den Alpen ist sie recht verbreitet, im sonstigen Süddeutschland zerstreut oder selten. (VT: alpin).
Weiterführende Literatur: Boeters, Gittenberger & Subai 1989

Acicula lineolata (PINI 1884)
Gestrichelte Mulmnadel

Andere Namen: *Acme lineata* (auctt. non DRAPARNAUD, partim), *A. lineolata banki* BOETERS, GITTENBERGER & SUBAI 1989

Merkmale: Das rotbraune und stark glänzende Gehäuse ist größer als bei den meisten verwandten Arten und gattungstypisch mit den axialen Rillen skulpturiert. Es ist deutlicher konisch und spitzer als das von *A. lineata*. Der Mundsaum ist leicht kallös verdickt, der Nackenwulst deutlich ausgebildet.
Maße: 3,3–4,2 × 1,3 mm.
Formen im Gebiet und ähnliche Arten: Im Bearbeitungsgebiet lebt die Unterart *A. lineolata banki* BOETERS, GITTENBERGER & SUBAI 1989. Verwechslungen mit *A. lineata* sind möglich, die Beurteilung älterer Literaturdaten ist eventuell schwierig, weil die Arten nicht immer korrekt getrennt wurden.
Lebensraum: *A. lineolata* lebt unter und zwischen Felsen im Bodenmulm von Wäldern und auf Geröllhalden.
Gefährdung (RL-D 2012): 1 – Vom Aussterben bedroht.
Verbreitung im Gebiet: In Deutschland kommt *A. lineolata* nur sehr vereinzelt in Baden-Württemberg vor. (VT: südalpin).
Weiterführende Literatur: BOETERS, GITTENBERGER & SUBAI 1989

Platyla polita (W. HARTMANN 1840)
Glatte Mulmnadel

Andere Namen: *Acme polita, Acicula polita*

Merkmale: Das nadelförmige, rotbraune und stark glänzende Gehäuse ist glatt und nicht skulpturiert, der Apex ist stumpf und gerundet. Die Umgänge sind etwas konvexer als in der Gattung *Acicula*. Der Mundsaum ist durch einen sehr kräftigen Kallus verstärkt, der dazugehörige Nackenwulst ist nach hinten zur Gehäusewand deutlich abgesetzt.
Maße: 2,6–3,4 × 1,05–1,25 mm.

Formen im Gebiet und ähnliche Arten: Die Art ist im Bearbeitungsgebiet wenig variabel und nur mit der kleineren *P. gracilis* zu verwechseln.

Lebensraum: *P. polita* lebt sehr verborgen im Boden- oder Holzmulm von feuchten Laubwäldern oder unter Moos an feuchten Felsen, sie bevorzugt basische Standorte.

Gefährdung (RL-D 2012): 3 – Gefährdet.

Verbreitung im Gebiet: In Deutschland ist die Art weit verbreitet, aber wenig häufig. (VT: europäisch).

Weiterführende Literatur: Boeters, Gittenberger & Subai 1989

Platyla gracilis (Clessin 1877)
Zierliche Mulmnadel

Andere Namen: *Acme gracilis, Acicula gracilis*

Merkmale: *Platyla gracilis* ist die kleinste der heimischen Mulmnadeln. Ihr Gehäuse ist rotbraun, stark glänzend, nadelförmig, glatt und nicht skulpturiert. Im Vergleich zu *P. polita* ist es nicht nur kleiner, sondern auch etwas schlanker, der kallös verdickte Mundsaum mit Nackenwulst ist schmaler.

Maße: 2,35–3,0 × 0,85–1,1 mm.

Formen im Gebiet und ähnliche Arten: Im Bearbeitungsgebiet ist *P. gracilis* we-

nig variabel und nur mit der größeren *P. polita* zu verwechseln.
Lebensraum: *P. gracilis* ist kalkliebend. Sie lebt zwischen Geröll und in Laubwäldern.
Gefährdung (RL-D 2012): R – Extrem selten.
Verbreitung im Gebiet: In Deutschland kommt *P. gracilis* nur im alpinen äußersten Südosten vor (Umgebung von Berchtesgaden). (VT: südostalpin).
Weiterführende Literatur: BOETERS, GITTENBERGER & SUBAI 1989

Renea veneta (PIRONA 1865)
Gerippte Mulmnadel

Andere Namen: *Pleuracme veneta*

Merkmale: Das Gehäuse ist innerhalb der Familie vergleichsweise groß, langgestreckt konisch und mit rundlichem, glattem Apex. Die Umgänge sind konvex, nehmen aber so gleichmäßig zu, dass das Gehäuse insgesamt fast gerade Seitenkanten aufweist. Charakteristisch ist eine sehr regelmäßige deutliche Rippung des braunen schwachglänzenden Gehäuses. Die Mündung ist eiförmig, der Mündungsrand etwas verdickt, der Sinulus ist deutlich ausgebildet und durch einen kleinen Kallus abgegrenzt. Zur Verstärkung des Mündungsrandes ist ein schwacher Nackenwulst ausgebildet.
Maße: 3,6–4,5 × 1,3–1,5 mm.
Formen im Gebiet und ähnliche Arten: *Renea veneta* ist im Bearbeitungsgebiet wenig variabel und nicht zu verwechseln.
Lebensraum: *R. veneta* ist kalkliebend, sie lebt zwischen Felsen und in Wäldern auf Kalk.
Gefährdung (RL-D 2012): R – Extrem selten.
Verbreitung im Gebiet: In Deutschland kommt *R. veneta* nur im alpinen äußersten Südosten vor (Umgebung von Berchtesgaden). (VT: südalpin).
Weiterführende Literatur: BOETERS, GITTENBERGER & SUBAI 1989

Familie Pomatiidae
Landdeckelschnecken

Familie Pomatiidae: 1. *Pomatias elegans*, zum Vergleich: 2. Familie Cochlostomatidae

Die Pomatiidae sind entfernte Verwandte der Strandschnecken der Meeresküste. Ihre rüsselartige Schnauze, das dicke Operculum (Gehäusedeckel) und die Augen an der Fühlerbasis zeigen diese Verwandtschaft. Die Kriechsohle der Tiere ist in Längsrichtung geteilt, die Tiere bewegen beide Längsteile nacheinander, so dass eine fast schreitende Fortbewegung entsteht.

Pomatias elegans

Pomatias elegans (O. F. MÜLLER 1774)
Schöne Landdeckelschnecke

Merkmale: Das große dickschalige Gehäuse mit 4½–5 gewölbten und ebenmäßig gerundeten Umgängen, zahlreichen gleichmäßigen Spiralrippen und fast kreisrunder Mündung machen die Art unverwechselbar. Eine sehr feine Zwischenrippenskulptur von axialen Rippenstreifen ist erkennbar. Die Mündung kann vom Tier mit dem dicken kalkigen Operculum (Gehäusedeckel, siehe Bildmitte) verschlossen werden. Die Gehäusefärbung ist matt gelblich-graubraun bis hell grauviolett, oft weist es ein Spiralmuster aus dunkleren Flecken auf.
Maße: 13–16 × 9–11,5 mm.
Formen im Gebiet und ähnliche Arten: Die Art ist wenig variabel.
Lebensraum: *P. elegans* lebt auf sehr kalkreichem Grund auf Geröllhalden, an Waldrändern, in lichten Wäldern oder unter Hecken. Lockerer Bodengrund wird bevorzugt.
Gefährdung (RL-D 2012): 3 – Gefährdet.
Verbreitung im Gebiet: *P. elegans* lebt im westlichen Teil des mittleren Deutschlands und im Südwesten. Obwohl die Art in Dänemark vorkommt, fehlt sie in Norddeutschland. (VT: mediterran-westeuropäisch).
Weiterführende Literatur: KILIAN 1951, GRAHAM 1988

Familie Assimineidae
Marschenschnecken

Familie Assimineidae: 1. *Assiminea grayana*,
im gleichen Lebensraum: 2.–3. Familie Ellobiidae

Die Assimineidae sind Wasserschnecken, die Landbiotope erschlossen haben. Ihre nächsten Verwandten sind die im Süß- und Meerwasser lebenden Wasserdeckelschnecken, mit denen sie natürlich auch die rüsselartige Schnauze, das Operculum (Gehäusedeckel) und die Augen an der Fühlerbasis gemeinsam haben. Marschenschnecken leben in den Salzwiesen der Meeresküste.

Assiminea grayana

Assiminea grayana FLEMING 1828
Marschenschnecke

Merkmale: Das Gehäuse ist recht dickschalig mit kegeligem Gewinde. Die 6–7 Umgänge sind nur sehr wenig gewölbt, die Nähte kaum eingeschnitten. Der Apex ist spitz. Die Gehäuseoberfläche hat zahlreiche feine Anwachsstreifen, teilweise auch undeutliche Spirallinien.

Die Mündung ist oval, der Mündungsrand wenig verstärkt, im Spindelbereich kallös verdickt. Ein Nabel ist nicht vorhanden. Das Gehäuse ist gelblich hornfarben oder bräunlich, manchmal ist ein rotbraunes Band auf dem letzten Umgang vorhanden.
Maße: 4–5 × 2,5–3 mm.
Formen im Gebiet und ähnliche Arten: Der Winkel der Gehäusespitze, und damit das Längen-Breiten-Verhältnis, ist etwas variabel. Das Gehäuse von *A. grayana* ist viel kürzer und kegeliger als das der Vertreter der verwandten Familie Hydrobiidae, deren Leergehäuse und teilweise auch lebende Exemplare mit ihr zusammen gefunden werden können.
Lebensraum: *A. grayana* lebt in Salzwiesen an der Meeresküste, sie kriecht oft auf Schlamm oder in brackigen Tide-Gewässern zwischen Pflanzen.
Gefährdung (RL-D 2009): 1 – Vom Aussterben bedroht (RL-D 2012, nicht genannt).
Verbreitung im Gebiet: *A. grayana* lebt an der Nordseeküste in Salzwiesen, im Ostseegebiet nur sehr vereinzelt. Es sind nur wenige der geeigneten Biotope von ihr besiedelt. (VT: west-mitteleuropäisch).
Weiterführende Literatur: BENTHEM JUTTING 1933, SANDER 1950, SANDER 1952, GRAHAM 1988

Familie Ellobiidae
Küstenschnecken

Familie Ellobiidae: 1. *Myosotella myosotis*, 2. *Leucophytia bidentata*, 3. *M. denticulata*, nahe verwandt: 4. Familie Carychiidae, im Lebensraum von *Myosotella*: 5. Familie Assimineidae

Früher wurden die Ellobiidae als Landbewohner zu den Wasserlungenschnecken gerechnet, heute ordnet man sie trotz der basal gelegenen Augen zu den ursprünglichen Stylommatophoren. Sie leben semiaquatisch oder aquatisch im direkten Brackwasser- oder Meerwassereinfluss an der Küste und sind durch spindelförmige Gehäuse mit nicht zusammenhängendem Mundsaum und ausgeprägten Spindelfalten gekennzeichnet. Ellobiidae leben weltweit in Küstenbiotopen.

Myosotella myosotis

Myosotella myosotis (DRAPARNAUD 1801)
Mäuseöhrchen

Andere Namen: *Ovatella myosotis*, *M. denticulata* (MONTAGU 1803), *Ovatella denticulata*

Merkmale: Das zugespitzt-eiförmige Gehäuse ist braun und hat 6–8 Umgänge. Die Mündung ist ebenfalls zugespitzt oval bis halbmondförmig, an der Spindel sind zwei Falten angelegt, die spiralig ins Innere des Gehäuses laufen. Die Nähte sind sehr flach, die Umgänge kaum gewölbt. Die Gehäuseoberfläche ist makroskopisch mehr oder weniger glatt, bei starker Vergrößerung sind auf den oberen Umgängen unterhalb des Embryonalgewindes gepunktete Spirallinien und eine Reihe von kurzen Haaren erkennbar. Die Lippe ist verdickt und etwas krempenartig umgebogen. Der Tierkörper ist beige bis hellgrau, die kleinen Augen des Tieres sitzen an der Fühlerbasis.
Maße: 5–11 × 3–5 mm.
Formen im Gebiet und ähnliche Arten: Das Gehäuse ist abhängig vom Salzgehalt recht variabel, höhere Salinitäten bedingen größere, langgestreckte und dickschalige Gehäuse mit kräftiger Bezahnung und Lippe (Foto links), während Brackwasserbiotope von rundlicheren, kleinen und dünnschaligeren Tieren bewohnt werden (Foto Mitte). Das ähnliche Bezahnte Mäuseöhrchen *M. denticulata* (MONTAGU 1803), im Bild rechts, ist durch schlankeres, helleres Gehäuse und gezähnelten Mündungsrand gekennzeichnet. Ihr Status ist noch nicht abschließend geklärt. Sie wurde in Deutschland zum ersten Mal 2018 nachgewiesen. Bisher liegen nur Funde auf Neuwerk vor. Vitale Bestände leben zerstreut in Westeuropa, die mögliche Identität mit den Mittelmeerformen ist noch fraglich.
Lebensraum: *M. myosotis* lebt in naturnahen Salzwiesen der Meeresküste unter Gras, liegenden Pflanzenteilen oder Angespül. Wenn sie vorkommt, kann sie zahlreich sein, besiedelt aber in Deutschland nur wenige der für sie geeigneten Biotope.

Gefährdung (RL-D 2009): 1 – Vom Aussterben bedroht, (RL-D 2012, nicht genannt, *M. denticulata* bisher nirgends genannt).
Verbreitung im Gebiet: *M. myosotis* lebt in Deutschland nur direkt an der Meeresküste, im Nordseebereich zerstreut, an der Ostsee nur an vereinzelten Standorten. (VT: mediterran-lusitanisch).
Weiterführende Literatur: MEYER 1955, GROSSU 1987 (auch Anatomie), GLÖER 2002, WIESE & RICHLING 2008; Weichtier des Jahres 2008, WIESE & HAACK 2019, WIESE & JANKE 2021.

Leucophytia bidentata (MONTAGU 1808)
Zweizahn-Küstenschnecke

Andere Namen: *Auriculinella bidentata*

Merkmale: Das langgestreckt-eiförmige bis spindelförmige Gehäuse ist weißlich oder gelblich gefärbt, die Umgänge sind nur wenig gewölbt, die Naht kaum eingetieft. Der Apex ist etwas abgerundet, in der langgestreckt-halbmondförmigen Mündung sind zwei deutliche Columellarfalten ausgebildet.
Maße: 5–6 × 2–3 mm.
Formen im Gebiet und ähnliche Arten: Die Art ist im Gebiet so selten, dass keine Variabilität nachgewiesen wurde.
Lebensraum: *L. bidentata* lebt unter Angespül und im Flachwasser der Meeresküste, auch in Felsspalten.
Gefährdung (RL-D 2012): R – Extrem selten.
Verbreitung im Gebiet: *L. bidentata* wurde trotz Vorkommen in den Niederlanden und Großbritannien in Deutschland nur einmal lebend auf Helgoland nachgewiesen. (VT: mediterran-lusitanisch).
Weiterführende Literatur: GLÖER 2002

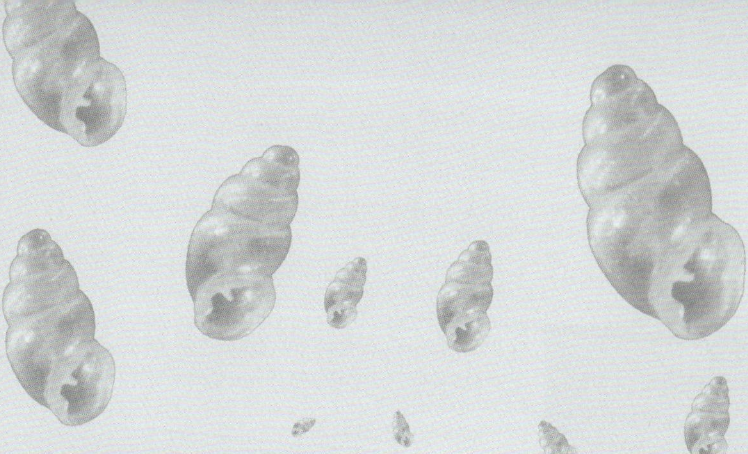

Familie Carychiidae

Zwerghornschnecken

Familie Carychiidae: 1. *Carychium minimum*, 2. *Carychium tridentatum*, nahe verwandt: 3.–4. Familie Ellobiidae

Die Carychiidae sind nahe mit den Ellobiidae verwandt und wurden früher zu dieser Familie gerechnet, heute sind sie als eigene Familie abgetrennt. Sie sind durch winzige, weiße, ovale bis längliche Gehäuse mit verdicktem Mündungsrand und ausgeprägten Mündungsfalten gekennzeichnet. Wie bei den Ellobiidae befinden sich ihre Augen an der Basis der Fühler. Die Gattung *Carychium* lebt im Bodenmulm, teilweise an sehr feuchten Standorten. Einige in Deutschland nicht vorkommende Vertreter der Carychiidae bewohnen Höhlen. Carychiidae sind aufgrund ihrer weißen oder sehr hellen Gehäusefärbung im dunklen Bodenmulm meist recht gut zu erkennen.

Carychium minimum

Carychium minimum O. F. Müller 1774

Bauchige Zwergschnecke

Merkmale: Das winzige ovale Gehäuse hat etwa 4½ gewölbte Umgänge. Es ist recht bauchig und im frischen Zustand glasig-transparent bis weißlich-opak, glänzend und nur wenig gestreift. Die Mündung umfasst meist mehr als ein Drittel der Gehäusehöhe. Der Mündungsrand ist kallös verstärkt, innen an der Lippe befindet sich eine zahnartige Verdickung. An der Spindel und an der Parietalwand ist je ein Zahn ausgebildet. Beide setzen sich nach oben ins Gehäuse fort und verlaufen dabei innen als spiralige Falte um die Spindel. Diese Spiralfalten sind zur Artunterscheidung geeignet. Bei *C. minimum* sind sie einfach s-förmig geschwungen und ziehen sich in mehr oder weniger gleichmäßigem Bogen ins Gehäuse. Um die Spindelfalten genau zu sehen, kann man frische Gehäuse von unterschiedlichen Richtungen beleuchten oder den letzten Umgang des Gehäuses mit einer feinen Nadel an der Mündungsseite aufpräparieren.

Maße: 1,6–2,2 × 0,9–1,1 mm.

Formen im Gebiet und ähnliche Arten: Die Art variiert etwas in der Bauchigkeit und in der Skulptur, typische Exemplare sind glänzend und wenig gestreift, es kommen aber auch deutlich gerippte Gehäuse vor. Die Gehäuse sind meist bauchiger als bei *C. tridentatum*, typische Exemplare weniger gestreift und durch die einfache s-förmige Spindellamelle gekennzeichnet. Molekulargenetische Untersuchungen haben allerdings gezeigt, dass die morphologischen Unterschiede nicht immer eindeutig sind.

Lebensraum: *C. minimum* lebt in feuchten bis nassen Biotopen im Bodenmulm oder unter liegendem Substrat, z. B. in feuchten Wäldern oder auf Sumpfwiesen und an Gewässerrändern. Die Art bewohnt sehr unterschiedliche Biotope, benötigt aber mehr Feuchtigkeit als das verwandte *C. tridentatum*. Beide Arten kommen auch gemeinsam vor.

Gefährdung (RL-D 2012): * – Ungefährdet.

Verbreitung im Gebiet: *C. minimum* ist in Deutschland weit verbreitet und in feuchten Lebensräumen manchmal zahlreich. Viele alte Fundmeldungen beziehen sich wegen der früher unzureichenden Trennung der Arten auf *C. tridentatum*. (VT: europäisch-sibirisch).

Weiterführende Literatur: z. B. Spindelfalten: Kerney et al. 1983., Gittenberger et al. 1984, Wiktor 2004, aktueller Status Weigand et al. 2011

Carychium tridentatum (RISSO 1826)
Schlanke Zwergschnecke

Merkmale: Das winzige langgestreckt-ovale Gehäuse hat 5 stark gewölbte Umgänge mit tiefer Naht. Insgesamt sind die Seitenkanten des Gehäuses wenig bauchig. Das Gehäuse kann glasig-durchsichtig sein, häufiger ist es weniger durchscheinend oder sogar milchweiß. Die Mündung ist im Verhältnis kleiner als bei *C. minimum*, der Mündungsrand ist dick kallös verstärkt. Ein Palatalzahn und die zwei Falten (columellar und parietal) sind kräftig ausgebildet. Die nach innen fortgesetzte Parietalfalte dreht sich mit starker zweifacher Krümmung um die Spindel und ist aus der Mündungsansicht unregelmäßig nach oben gewölbt. Allerdings gelingt es nur bei sehr durchsichtigen Gehäusen, diese Falten gut zu erkennen, ohne den letzten Umgang des Gehäuses mit einer feinen Nadel an der Mündungsseite aufzupräparieren.

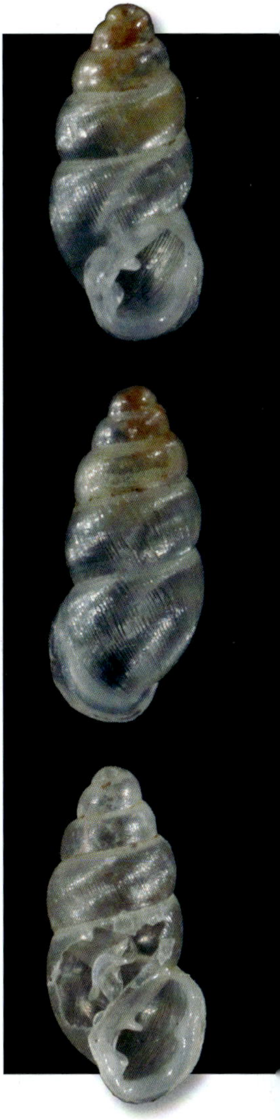

Maße: 1,8–2,3 × 0,8–0,9 mm.
Formen im Gebiet und ähnliche Arten: Die Art ist recht variabel in Bauchigkeit, Streifung des Gehäuses und im inneren Verlauf der Falten. Sie unterscheidet sich von *C. minimum* durch das meist langgestrecktere und kräftiger gestreifte Gehäuse sowie durch die zweifache Krümmung der inneren Parietalfalte. Nach molekulargenetischen Untersuchungen kommen Formen vor, bei denen die morphologischen Unterschiede nicht eindeutig zuzuordnen sind.
Lebensraum: *C. tridentatum* lebt im Bodenmulm oder unter liegenden Pflanzenteilen oder Steinen. Typische Habitate sind feuchte bis mäßig feuchte Wälder oder Wiesen. Die Art kann trockenere Biotope als das verwandte *C. minimum* besiedeln, die Arten kommen jedoch auch zusammen vor.
Gefährdung (RL-D 2012): * – Ungefährdet.
Verbreitung im Gebiet: *C. tridentatum* ist in Deutschland weit verbreitet und in manchen Lebensräumen häufig. Die Art wurde früher oft mit *C. minimum* verwechselt bzw. nicht von diesem getrennt, so dass sich zahlreiche alte Fundmeldungen von *C. minimum* auf *C. tridentatum* beziehen. (VT: europäisch).
Weiterführende Literatur: z. B. Spindelfalten: KERNEY et al. 1983, GITTENBERGER et al. 1984, WIKTOR 2004, aktueller Status WEIGAND et al. 2011

Familie Succineidae
Bernsteinschnecken

Familie Succineidae: 1. *Quickella arenaria*, 2. *Succinella oblonga*, 3. *Succinea putris*, 4–5. *Oxyloma elegans*, 6. *Oxyloma sarsii*.

Die Succineidae sind durch große, sehr dünnschalige, langgestreckte und wenig gewundene Gehäuse gekennzeichnet. Es gibt zwei Gruppen sehr schwierig zu unterscheidender Arten, für deren sichere Bestimmung anatomische Untersuchungen unerlässlich sind (die Tiere der Gattungen *Quickella* und *Succinella* beziehungsweise *Oxyloma* und *Succinea*). Die Abgrenzung einiger Formen ist nicht abschließend geklärt.

Oxyloma elegans

Quickella arenaria (POTIEZ & MICHAUD 1835)
Salz-Bernsteinschnecke

Andere Namen: *Succinea arenaria, Catinella arenaria*

Merkmale: Das Gehäuse von *Q. arenaria* ist hochgetürmt. Die drei sehr bauchigen Umgänge sind durch eine sehr tiefe Naht getrennt, in der Mündungsansicht macht das Gewinde etwa die Hälfte der Gehäusehöhe aus, die Mündung ist rundlich oval. Das Gehäuse ist orange-rötlich bis rötlich-bernsteinfarben und nur wenig transparent, es weist unregelmäßige und recht grobe Zuwachsstreifen auf. Der Tierkörper des lebenden Tieres ist grau bis schwarz. Die Art tarnt ihr Gehäuse meist mit einer Schmutzkruste.
Maße: 5–9 mm hoch.
Formen im Gebiet und ähnliche Arten: Die Art ist im Längen-Breiten-Verhältnis und in der Färbung und Textur des Gehäuses etwas variabel, entsprechend der großen ökologischen Unterschiede ihrer Lebensräume (allerdings nicht in Deutschland). Sie kann mit der sehr ähnlichen *Succinella oblonga* verwechselt werden, die anatomische Untersuchung ist nötig.
Lebensraum: *Q. arenaria* wurde in Deutschland nur im salzbeeinflussten Bereich der Küste nachgewiesen, zum Beispiel in feuchten Bereichen von Dünentälern oder an Steilküsten. Bei allen Meldungen aus anderen Biotopen handelte es sich bisher um Verwechslungen. In anderen Regionen kommt sie an frischen bis feuchten Kalkstandorten vor, im Hochgebirge auch an Kalksickerstellen.
Gefährdung (RL-D 2012): 0 – Ausgestorben oder verschollen.
Verbreitung im Gebiet: Anatomisch gesicherte Funde von *Q. arenaria* liegen nur sehr vereinzelt aus dem Küstenbereich der Nord- und Ostsee vor. Allerdings leben dort oft auch rötliche Exemplare von *Succinella oblonga*. Aktuelle Nachweise stehen noch aus. (VT: mediterran-westeuropäisch).
Weiterführende Literatur: Anatomie KERNEY et al. 1983 (grobe Skizze), GITTENBERGER et al. 1984, SCHILEYKO 2007

Succinella oblonga (Draparnaud 1801)
Kleine Bernsteinschnecke

Andere Namen: *Succinea oblonga*

Merkmale: *S. oblonga* hat ein dünnschaliges bis relativ dickes, opakes Gehäuse aus 3–3½ Windungen. Diese sind bauchig und durch eine sehr tiefe Naht getrennt. Oft ist die Mündung etwas höher als die Hälfte des Gehäuses. Die Gehäusefärbung ist gelblich, grünlich oder rötlich-bernsteinfarben. Die Zuwachsstreifen sind meist unregelmäßig und recht grob. Der Weichkörper des lebenden Tieres ist oft grau oder schwarzgrau, die Art kann ihr Gehäuse mit einer Schmutzkruste tarnen.

Maße: 6–8 mm hoch.

Formen im Gebiet und ähnliche Arten: Die Art ist in der Färbung, im Längen-Breiten-Verhältnis, in der Gehäusestruktur und der Größe sehr variabel. Es kommen sehr große und hohe überbildete Formen ebenso vor wie verkürzte Zwergformen. Die Art kann gehäusemorphologisch mit *Quickella arenaria* verwechselt werden, einige Exemplare sind von dieser nur anatomisch zu unterscheiden.

Lebensraum: *S. oblonga* lebt in Deutschland in den verschiedensten offenen Habitaten, auf Kalktrockenrasen ebenso wie auf überrieselten Küstensteilufern oder im nassen Überschwemmungsbereich der Binnengewässer.

Gefährdung (RL-D 2012): * – ungefährdet.

Verbreitung im Gebiet: *S. oblonga* ist in vielen Gebieten häufig, sie ist in Deutschland weit verbreitet. (VT: europäisch-sibirisch).

Weiterführende Literatur: Anatomie Kerney et al. 1983 (grobe Skizze), Gittenberger et al. 1984, Grossu 1987, Schileyko 2007

Succinea putris (LINNAEUS 1758)
Gemeine Bernsteinschnecke

Merkmale: Das große Gehäuse von *S. putris* ist dünnschalig, langgestreckt und hat eine sehr große ovale Mündung. Die Umgänge sind wenig bauchig, die Naht ist flach. Meist umfasst die Mündung etwa ⅔ der Gehäusehöhe. Die Gehäusefärbung ist meist grünlich-, gelblich- oder rötlich-bernsteinfarben, das Gehäuse ist sehr transparent. Grobe unregelmäßige Anwachsstreifen lassen es oft wie gerunzelt erscheinen. Der Tierkörper kann abhängig vom Lebensraum und der aktuellen Helligkeit der Umgebung weißlich bis schwarz gefärbt sein, helle Formen sind häufiger.
Maße: 10–25 mm hoch.
Formen im Gebiet und ähnliche Arten: Die Art ist in Weichkörperfärbung, im Längen-Breiten-Verhältnis und in der Größe sehr variabel. Meist ist sie etwas größer und im Verhältnis breiter als die ihr sehr ähnlichen *Oxyloma*-Arten, mit denen sie verwechselt werden kann. Die anatomische Untersuchung ist oft nötig.
Lebensraum: *S. putris* lebt in den verschiedensten Lebensräumen, auf frischen bis feuchten Wiesen ebenso wie in Mooren, Sümpfen und nassen Wäldern. Sie klettert gerne in der Vegetation, Trockenphasen überdauert sie oft hoch an Pflanzen sitzend.
Gefährdung (RL-D 2012): * – ungefährdet.
Verbreitung im Gebiet: *S. putris* ist in Deutschland fast überall verbreitet und häufig. (VT: europäisch-sibirisch).
Weiterführende Literatur: Anatomie KERNEY et al. 1983 (grobe Skizze), GITTENBERGER et al. 1984, GROSSU 1987, SCHILEYKO 2007

Oxyloma elegans (Risso 1826)
Schlanke Bernsteinschnecke

Andere Namen: *Succinea elegans* auctt. partim, *Succinea pfeifferi* Rossmässler 1835, *Succinea dunkeri* L. Pfeiffer 1865, *O. dunkeri*

Merkmale: *O. elegans* ist dünnschalig, langgestreckt und hat eine sehr große ovale Mündung, die meist etwa ⅔ der Gehäusehöhe einnimmt. Die Umgänge sind wenig bauchig, die Naht ist flach, die Seitenlinie des Gehäuses ist meist weniger konvex als bei *S. putris*, auch wenn die oberen Umgänge etwas stärker gewölbt sind. Die Gehäusefärbung ist bernsteinfarben, das Gehäuse ist sehr transparent mit kräftigen, unregelmäßigen Anwachsstreifen. Der Tierkörper kann abhängig vom Lebensraum und der aktuellen Helligkeit der Umgebung weißlich bis schwarz gefärbt sein, dunkle Formen sind häufiger.
Maße: 9–20 (selten bis 25) mm hoch.
Formen im Gebiet und ähnliche Arten: Die Art ist in Tierkörperfärbung, im Längen-Breiten-Verhältnis und in der Größe sehr variabel. Es können aufgrund der schnellen Generationsfolge im selben Lebensraum Tiere sehr unterschiedlicher fortpflanzungsfähiger Größenklassen vorkommen. Meist ist *O. elegans* kleiner als *S. putris*.
Sie kann mit dieser und mit den anderen Arten der Gattung *Oxyloma* verwechselt werden. Die anatomische Untersuchung ist immer nötig. Aus der pontischen Region wurde *O. dunkeri* beschrieben, auch aus Deutschland liegen einzelne ältere Angaben vor. Die Stellung von *O. dunkeri* ist unklar, wahrscheinlich handelt es sich um eine Variante von *O. elegans* mit sehr schlankem, langgestrecktem und in sich etwas verdrehtem Gehäuse (s. Abb. rechte Seite). Entsprechend sind auch die Meldungen von *O. dunkeri* in Deutschland vermutlich ohne Bedeutung. Eine endgültige Klärung steht noch aus.
Lebensraum: *O. elegans* lebt in sehr unterschiedlichen offenen Lebensräumen, im Uferbereich der Gewässer ist sie oft häufig. Sie klettert in der Vegetation und

bevorzugt sehr nasse Standorte, auch im Überflutungsbereich. Allerdings wird sie auch an trockeneren kurzrasigen Stellen nachgewiesen, wenn an diesen genügend Feuchtphasen auftreten, um das Austrocknen der Tiere zu verhindern und die Entwicklung der Eier und Jungen zu ermöglichen. Die Art kommt seltener unter Gehölzen vor. O. elegans wird mit Kräutern oder Stauden aus Gärtnereien verschleppt und dadurch auch in geeigneten Gärten angesiedelt.
Gefährdung (RL-D 2012): * – ungefährdet.
Verbreitung im Gebiet: *O. elegans* ist in Deutschland verbreitet und recht häufig. Es liegen nicht in allen Gebieten genügend anatomisch gesicherte Daten vor. (VT: holarktisch).
Weiterführende Literatur (incl. *O. dunkeri*): Anatomie KERNEY et al. 1983 (grobe Skizze), VAN REGTEREN ALTENA 1958, GITTENBERGER et al. 1984, GROSSU 1987, WIKTOR 2004, SCHILEYKO 2007. Weichtier des Jahres 2012

Oxyloma sarsii (Esmark 1886)
Rötliche Bernsteinschnecke

Andere Namen: *Succinea elegans* auctt. partim, *Succinea sarsi*

Merkmale: Das Gehäuse von *O. sarsii* ist dünnschalig, meist sehr langgestreckt, in sich etwas verdreht und hat eine sehr große ovale Mündung, die oft mehr als ⅔ der Gehäusehöhe einnimmt. Die Umgänge sind wenig bauchig bis bauchig, die Naht ist flach. Die Seitenlinie des Gehäuses ist im allgemeinen weniger konvex als bei *S. putris*. Die Gehäusefärbung ist meist rötlich-bernsteinfarben, das Gehäuse ist sehr transparent mit kräftigen unregelmäßigen Anwachsstreifen. Der Tierkörper kann abhängig vom Lebensraum und der aktuellen Helligkeit der Umgebung weißlich bis schwarz gefärbt sein, bei genauer Betrachtung ist der Tierkörper oft mit sehr zahlreichen regelmäßigen dunklen Punkten gezeichnet. Maße: 12–20 mm hoch.
Formen im Gebiet und ähnliche Arten: Die Art ist in Tierkörperfärbung, im Längen-Breiten-Verhältnis und in der Größe variabel. Meist ist die Art kleiner als *S. putris*. Sie kann mit dieser und mit den anderen Arten der Gattung *Oxyloma* verwechselt werden, die anatomische Untersuchung ist immer nötig.
Lebensraum: *O. sarsii* lebt meist an sehr nassen Standorten, zum Beispiel im direkten Überflutungsbereich der Gewässer an der Wasserlinie. Wie die anderen Arten der Gattung meidet sie zu starke Beschattung durch Gehölze.
Gefährdung (RL-D 2012): D – Daten unzureichend. (Möglicherweise wurde sie mit *O. dunkeri* verwechselt, sinnvoll wäre 2 – stark gefährdet.)
Verbreitung im Gebiet: *O. sarsii* scheint in Deutschland recht verbreitet, aber selten zu sein. Es liegen zu wenige anatomisch gesicherte Daten vor, um genaue Aussagen zu machen. (VT: nordeuropäisch-boreal).
Weiterführende Literatur: Anatomie Kerney et al. 1983 (grobe Skizze), Gittenberger et al. 1984, Wiktor 2004

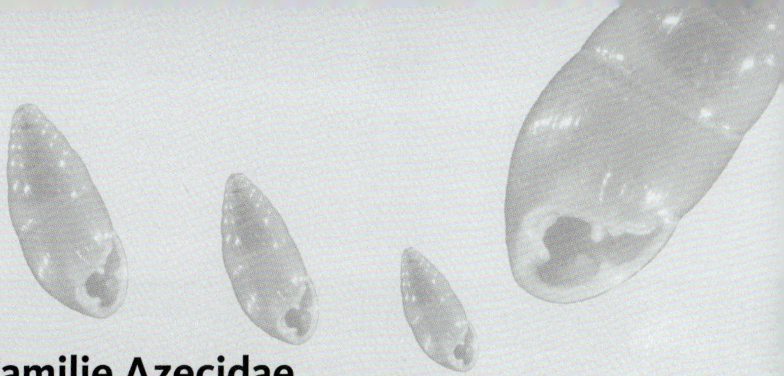

Familie Azecidae

Bezahnte Glattschnecken

Familie Azecidae: 1. *Azeca goodalli*, zum Vergleich: 2.-5. Familie Cochlicopidae

Die Arten der Familie sind durch ungenabelte länglich-ovale bis spindelförmige Gehäuse mit Mündungsbezahnung gekennzeichnet. Die verwandten Cochlicopidae haben ebenso glatte und glänzende Gehäuse mit flachen Umgängen, jedoch keine Mündungszähne. Aufgrund genetischer Untersuchungen hat sich herausgestellt, dass die Azecidae, die früher als Unterfamilie der Cochlicopidae betrachtet wurden, als eigenständige Familie zu betrachten sind. Zu den Azecidae gehören in Europa zum Beispiel noch die Arten der Gattung *Hypnophila*. Die Abgrenzung und Verbreitung der Azecidae ist noch nicht abschließend geklärt.

Azeca goodalli

Azeca goodalli (FÉRUSSAC 1821)
Bezahnte Glattschnecke

Andere Namen: *Azeca menkeana* (C. PFEIFFER 1821)

Merkmale: Das gelblich- oder rötlichbraune, durchscheinende und stark glänzende Gehäuse ist bauchig-spindelförmig mit 6½–7½ sehr flachen Umgängen. Der Nabel ist wenig ausgeprägt und erscheint meist nur als flache Rinne. Der Mundsaum ist nach innen lippig verdickt, weißlich und basal etwas eingebogen. Die Mündung weist charakteristische, in der Anzahl etwas variable Falten und Zähne auf, von denen meist 6 (1–2 palatal, 2–3 parietal, 1–2 columellar) sichtbar sind.
Maße: 5,8–6 × 2,6 mm, Mündung 2 mm hoch.
Formen im Gebiet und ähnliche Arten: Die Art ist wenig variabel.
Lebensraum: *A. goodalli* lebt unter feuchtem Laub in der Bodenstreu und zwischen Moos in aufgelockerten Wäldern. In Westeuropa kommt sie auch unter Buschwerk und Hecken vor, in Deutschland gilt sie als Waldart und besiedelt oft felsige Standorte.
Gefährdung (RL-D 2012): 3 – Gefährdet, die Bestände nehmen ab.
Verbreitung im Gebiet: In Deutschland kommt *A. goodalli* vom Westen her einstrahlend bis zum Harz und nach Thüringen vor, ostwärts bis Weimar. Sie fehlt im Süden und Osten. Die Vorkommen sind eher zerstreut und lokal. Das bereits seit nacheiszeitlichen Wärmephasen belegte isolierte Fundgebiet in Schleswig-Holstein ist erloschen. (VT: westeuropäisch).
Weiterführende Literatur: Anatomie SCHILEYKO 1998

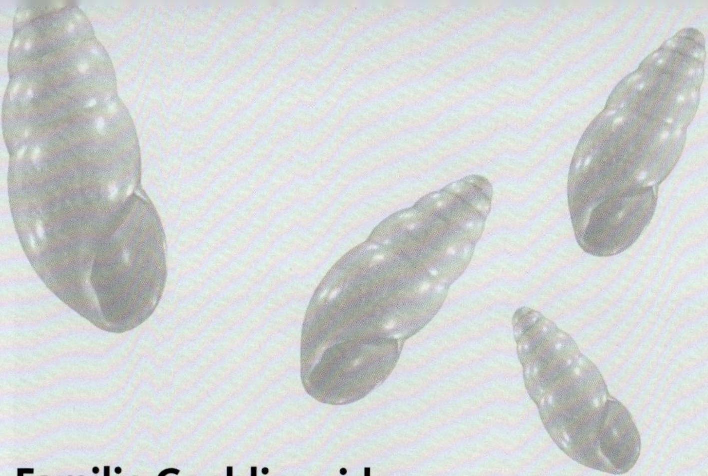

Familie Cochlicopidae
Glattschnecken

Familie Cochlicopidae: 1-2. *Cochlicopa lubrica*, 3. *Cochlicopa lubricella*, 4. *Cochlicopa nitens* zum Vergleich 5. Familie Azecidae

Die Vertreter der Cochlicopidae sind von den sehr ähnlichen Azecidae durch das Fehlen der Mündungsbezahnung unterschieden. Ihre Gehäuse sind glatt, glänzend und länglich oval mit nur wenig gewölbten Umgängen. Die Artabgrenzung ist teilweise noch ungeklärt, einige Autoren diskutieren die Abgrenzung von Formen bzw. Arten und selbst die Abgrenzung aufgrund anatomischer Merkmale sehr kontrovers.
Leider weisen die Gehäusemerkmale innerhalb der Gruppe zahlreiche Übergänge auf. Charakteristische Exemplare sind gut zuzuordnen, untypische Vertreter sind teilweise morphologisch kaum bestimmbar.

Cochlicopa lubrica (O. F. MÜLLER 1774)
Gemeine Glattschnecke

Andere Namen: Die als Mittlere Glattschnecke unter dem Namen „*Cochlicopa repentina* HUDEC 1960" lange Zeit in Mitteleuropa separat betrachtete Art wird jetzt unter *C. lubrica* geführt.

Merkmale: Das Gehäuse ist länglich-oval bis kegelförmig und weist einen stumpfen bis kugeligen Apex auf. Die unbezahnte ovale Mündung mit mäßig verdickter Außenlippe erscheint etwas langgestreckt. Das mittelbraune bis hornfarbene Gehäuse ist meist durchscheinend und hochglänzend, die bisher als „*C. repentina*" bezeichneten Tiere (Fotos rechte Seite) sind meist etwas kleiner und weniger langgestreckt, oft auch heller und weniger transparent.
Maße: 5–7,5 × 2,3–2,9 mm, Mündung gut 2 mm hoch.
Formen im Gebiet und ähnliche Arten: Die Art ist sehr variabel.
Lebensraum: *C. lubrica* bewohnt mäßig feuchte Lebensräume aller Art. Ihr Gehäuse ist in feuchteren und naturnäheren Biotopen, wie Sümpfen, Wiesen und Wäldern, meist dunkler und langgestreckter, in sehr feuchten kalkreichen Sümpfen manchmal auch klein und kurz. In mäßig feuchten bis trockeneren Lebensräumen kommen oft Tiere mit helleren und kegelförmigeren Gehäusen vor. Sie lebt auch in naturnahen Gärten oder Parks.
Die Art klettert, vor allem im Herbst, gerne an geeigneten Untergründen oder Pflanzen nach oben, teilweise mehr als 1 m hoch, und bleibt dort exponiert in der Trockenstarre sitzen.
Gefährdung (RL-D 2012): Für die Gesamtart gilt * – Ungefährdet.
(„*C. repentina*" war mit „D – Daten unzureichend, eine Gefährdung kann noch nicht abgeschätzt werden" eingestuft worden).
Verbreitung im Gebiet: In Deutschland kommt *C. lubrica* von der Ebene bis ins Gebirge vor. Häufigkeit und exakte Verbreitung sind aufgrund der unklaren Trennung der Arten noch nicht im Detail bekannt, insbesondere die Identität

der Gesamtheit der als „*C. repentina*" bezeichneten Formen ist noch nicht klar.

Einige dieser Formen sind sicherlich nur ökologische oder jahreszeitlich bedingte Varianten. Es wurden in der Gattung *Cochlicopa* allerdings auch neue Arten beschrieben und auch die Identität einiger anderer Formen (zum Beispiel aus dem Formenkreis von *Cochlicopa lubricella*) ist noch nicht geklärt. (VT: holarktisch?).
Weiterführende Literatur: Anatomie Grossu 1987, Armbruster 1994, Schileyko 1998, Diskussion Armbruster 1995

Cochlicopa lubrica

Cochlicopa lubricella (ROSSMÄSSLER 1834)
Kleine Glattschnecke

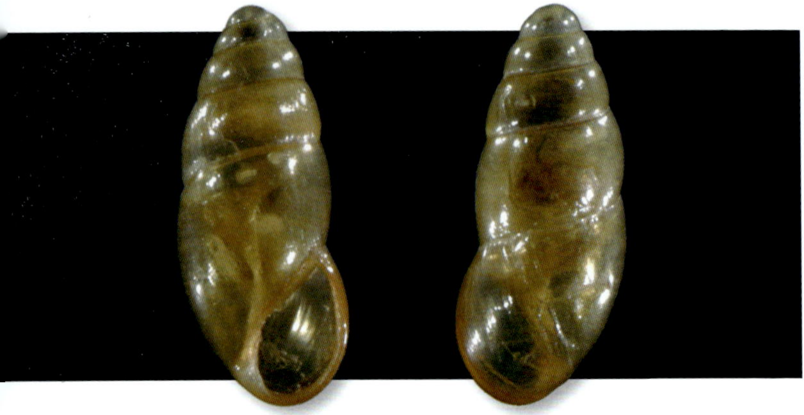

Merkmale: Das Gehäuse ist kleiner und schlanker als das der anderen Arten der Gattung, seine Form ist weniger konisch, eher zylindrisch-oval, der Apex ist ebenfalls stumpf. Das Gehäuse ist hornfarben und häufig etwas heller als das der anderen Arten. In feuchteren Biotopen kommen allerdings auch dunklere Exemplare vor.
Maße: 4,5–6,8 × 2,1–2,5 mm, Mündung knapp 2 mm hoch.
Formen im Gebiet und ähnliche Arten: Die Art ist etwas variabel, die gehäusemorphologische Trennung von *C. lubrica* ist nicht in jedem Fall eindeutig. Es ist auch noch nicht geklärt, ob alle schlanken und kleinen Populationen in Deutschland der gleichen Art *C. lubricella* angehören.
Lebensraum: *C. lubricella* lebt in eher trockenen und meist offenen Lebensräumen. Sie ist teilweise mit anderen Arten der Gattung vergesellschaftet, jedoch wärmeliebend und lebt gerne auf Kalkgrund. Typische Fundgebiete sind trockene Wiesen oder echte Trockenrasen, Trockenfelsen oder Geröllhalden, wobei in allen Biotopen ein basischer Untergrund bevorzugt wird.
Gefährdung (RL-D 2012): V – Vorwarnliste.
Verbreitung im Gebiet: In Deutschland ist die Art durchgängig verbreitet, jedoch weniger flächendeckend und weniger häufig als *C. lubrica*. (VT: mitteleuropäisch?).
Weiterführende Literatur: Anatomie z. B. GITTENBERGER et al. 1984, GROSSU 1987, Diskussion ARMBRUSTER 1995

Cochlicopa nitens (Gallenstein 1848)
Glänzende Glattschnecke

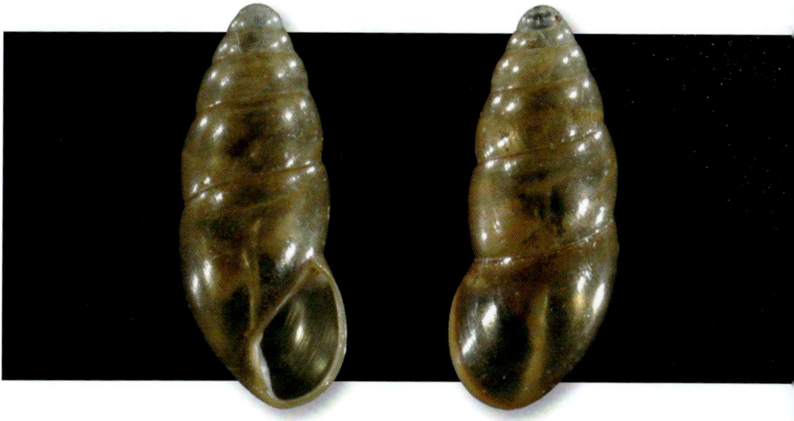

Merkmale: Das Gehäuse ist größer und dunkler als das der anderen Arten der Gattung, seine Umgänge sind durch eine etwas tiefere Naht getrennt und wie das gesamte Gehäuse stärker gewölbt, die Lippe ist weniger kallös verdickt. Das Gehäuse ist dunkel-hornfarben und besonders hochglänzend und durchsichtig, das lebende Tier erscheint mit seinem schwarzen Tierkörper, der durch das Gehäuse scheint, auffällig dunkel.
Maße: 6,2–7,5 × 2,8–3,2 mm, Mündung gut 2 mm hoch.
Formen im Gebiet und ähnliche Arten: Die Art ist wenig variabel, die gehäusemorphologische Trennung von sehr bauchigen *C. lubrica* ist manchmal schwierig.
Lebensraum: *C. nitens* lebt in Kalksümpfen und Mooren mit basischem Untergrund, sie wurde auch in sehr nassen Wäldern auf Kalkgrund gefunden und ist ökologisch die offensichtlich anspruchsvollste und am meisten spezialisierte heimische Art der Gattung.
Gefährdung (RL-D 2012): 1 – vom Aussterben bedroht.
Verbreitung im Gebiet: In Deutschland sind von *C. nitens* nur isolierte Vorkommen bekannt, überall nur sporadisch und meist selten oder sehr selten. Die Art erreicht in der Westschweiz und in Baden-Württemberg die Westgrenze ihrer insgesamt östlichen Gesamtverbreitung. (VT: ost-mitteleuropäisch?).
Weiterführende Literatur: Anatomie Grossu 1987, Armbruster 1994, Diskussion Armbruster 1995

Familie Vertiginidae

Windelschnecken

Die winzigen Arten der Familie sind durch das mehr oder weniger tonnenförmige Gehäuse mit stark gewölbten Umgängen gekennzeichnet. Bei vielen Windelschnecken ist die Mündung durch eine komplizierte Bezahnung verstärkt und verengt. Diese Mündungsarmatur ist für die Arten charakteristisch. Die meisten Tiere sind dadurch recht leicht bestimmbar, für die Gattung *Columella* und einzelne *Vertigo*-Arten ist Erfahrung und manchmal Vergleichsmaterial nötig. Die Familie Vertiginidae ist eine der artenreichsten unserer Molluskenfauna, in Deutschland kommen 22 Arten vor. Vier Vertreter der Familie sind nach der FFH-Richtlinie international geschützt und ihre Bestände werden in der EU intensiv untersucht.

Vertigo moulinsiana

Familie Vertiginidae: 1. *Columella edentula*, 2. *Columella aspera*, 3. *Columella columella*, 4. *Truncatellina cylindrica*, 5. *Truncatellina callicratis*, 6. *Truncatellina claustralis*, 7. *Truncatellina costulata*, 8. *Truncatellina monodon*, 9. *Truncatellina algoviensis*, 10. *Vertigo pusilla*, 11. *Vertigo antivertigo*, 12. *Vertigo substriata*, 13. *Vertigo pygmaea*, 14. *Vertigo heldi*, 15. *Vertigo moulinsiana*, 16. *Vertigo modesta*, 17. *Vertigo ronnebyensis*, 18. *Vertigo lilljeborgii*, 19. *Vertigo genesii*, 20. *Vertigo geyeri*, 21. *Vertigo alpestris*, 22. *Vertigo angustior*

Columella edentula (Draparnaud 1805)
Zahnlose Windelschnecke

Merkmale: Als typischer Vertreter der Gattung *Columella* weist *C. edentula* keine Mündungszähne auf. Das Gehäuse ist walzenförmig zylindrisch-konisch mit einem gerundeten Apex. Die Umgänge sind recht stark gewölbt und durch eine tiefe Naht getrennt. Bei ganz erwachsenen Tieren mit 6½ Umgängen ist die Endwindung deutlich verbreitert und ragt über den mittleren zylindrischen Teil des Gehäuses hinaus. Es ist jedoch nicht auf den ersten Blick erkennbar, ob es sich um ein erwachsenes Tier handelt, da der Mündungsrand kaum oder nicht verdickt ist. Die Lippe ist dünn und zerbrechlich. An der Columella ist der Mündungsrand etwas zurückgebogen und bedeckt den stichförmigen Nabel fast vollständig. Das Gehäuse ist sehr dünn und durchscheinend, meist gelblichbraun und glänzend mit feinen und undeutlichen Anwachsstreifen.
Formen im Gebiet und ähnliche Arten: Die Intensität der Streifung und das Längen-Breiten-Verhältnis des Gehäuses sind variabel. Die Unterscheidung von den beiden anderen Arten der Gattung ist in einigen Gebieten schwierig, *C. aspera* ist meist kürzer, bauchiger, dunkler und stärker gestreift.
Maße: 2,5–3 × 1,3–1,5 mm.
Lebensraum: *C. edentula* lebt in Sümpfen, Wäldern und auf Wiesen, vorwiegend auf basischen, mäßig feuchten Standorten. Sie ist im Tiefland verbreiteter als im Gebirge. Im Sommer und Herbst klettert sie sehr gerne in der Vegetation und kann an der Unterseite von Blättern krautiger Pflanzen gefunden werden.
Gefährdung (RL-D 2012): * – Ungefährdet.
Verbreitung im Gebiet: *C. edentula* ist in Deutschland verbreitet und häufig. (VT: holarktisch).
Weiterführende Literatur: Anatomie Grossu 1987, Pokryszko 1990 (Anatomie und Informationen), Schileyko 1998, div. Waldén 1966

Columella aspera Waldén 1966
Raue Windelschnecke

Merkmale: Das Gehäuse ist tonnenförmig mit sehr bauchigen Umgängen, die unbezahnte Mündung ist meist etwas kürzer als bei den beiden anderen Arten der Gattung. Die Gehäuseoberfläche weist feine und regelmäßig rippige Anwachsstreifen auf. Durch diese Streifung wirkt die Gehäuseoberfläche eher matt, das Gehäuse ist meist dunkler als das von *C. edentula*. Bei einigen Exemplaren sind die Rippenstreifen sehr ausgeprägt, manche sind so schwach gestreift, dass die Unterscheidung von den anderen Arten der Gattung schwierig wird. Die Lippe ist gattungstypisch dünn und zerbrechlich. An der Columella ist der Mündungsrand etwas zurückgebogen und bedeckt den stichförmigen Nabel fast vollständig. Meist hat die Art weniger als 6 Umgänge.
Maße: 2–2,5 × 1,3–1,4 mm.
Formen im Gebiet und ähnliche Arten: Die Art ist wenig variabel, die Trennung von *C. edentula* ist in einigen Gebieten schwierig.
Lebensraum: *C. aspera* lebt an trockeneren Standorten als *C. edentula*, häufig in Wäldern und auf schwach sauren Wiesen. Sie lebt auch in bodensauren Laub- und Nadelwäldern, charakteristisch ist ihr Vorkommen an Zwergsträuchern, zum Beispiel Heidelbeeren (*Vaccinium myrtillus*) und ihren Verwandten.
Gefährdung (RL-D 2012): * – Ungefährdet.
Verbreitung im Gebiet: Aufgrund der früheren Verwechslungen mit *C. edentula* ist die Verbreitung noch nicht abschließend bekannt, die Art ist offensichtlich recht verbreitet und nicht selten. (VT: westeuropäisch).
Weiterführende Literatur: Waldén 1966, Anatomie und Informationen z. B. Pokryszko 1990

Columella columella (G. von Martens 1830)
Hohe Windelschnecke

Merkmale: Das Gehäuse erwachsener Tiere ist noch etwas größer als das von *C. edentula*. Es ist sehr zylindrisch mit bis zu 7½ Umgängen. Die Mündung ist unbezahnt. Der letzte Umgang kann erweitert sein. Das Gehäuse ist grünlich bis hornbraun gefärbt, zerbrechlich und durchscheinend. Die Nähte sind tiefer als bei *C. edentula*, der Apex ist flacher als bei beiden anderen Arten der Gattung. Maße: 2,7–3,3 × 1,3–1,5 mm.
Formen im Gebiet und ähnliche Arten: Die Art ist wenig variabel, die gehäusemorphologische Unterscheidung von *C. edentula* ist nicht unproblematisch.
Lebensraum: *C. columella* lebt im Hochgebirge in kalkreichen Sumpfwiesen auf Felsgrund und an Kalkfelsen. In der Schweiz erreicht sie über 2900 m Höhe.
Gefährdung (RL-D 2012): R – extrem selten.
Verbreitung im Gebiet: In Deutschland ist die Art sehr selten und kommt zur Zeit nur in den Alpen vor. (VT: boreal-alpin).
Weiterführende Literatur: div. Waldén 1966, Anatomie und Informationen Pokryszko 1990

Truncatellina cylindrica (A. FÉRUSSAC 1807)
Zylinderwindelschnecke

Andere Namen: *T. minutissima* (HARTMANN 1821)

Merkmale: Das Gehäuse der winzigen Tiere ist zylindrisch, am Apex gewölbt und hat 5½–6 kräftig gewölbte Umgänge, von denen die beiden letzten außen etwas abgeflacht sind. Die ovale Mündung ist zahnlos, der Mundrand nur wenig verstärkt, die Lippe zart und scharf. Das Gehäuse ist matt und goldbraun gefärbt, es hat zahlreiche regelmäßig angeordnete Anwachs-Rippen.
Maße: 1,8–2 × 0,9 mm.
Formen im Gebiet und ähnliche Arten: Die Art ist wenig variabel.
Lebensraum: *T. cylindrica* lebt auf Kalktrockenrasen, typisch zwischen dickblättrigen Pflanzen wie Fetthennen (*Sedum*) oder im feinen Mulm zwischen den Pflanzenwurzeln. Andere Vorkommen befinden sich auf Geröllhalden oder zwischen Felsen, an der Küste auch an Steilufern und auf Dünen. Wo sich ihre Verbreitungsgebiete überschneiden, kommt die Art auch gemeinsam mit *T. costulata* vor, ist jedoch toleranter gegen Trockenheit als diese.
Gefährdung (RL-D 2012): 3 – Gefährdet.
Verbreitung im Gebiet: In Deutschland fehlt die Art in Teilen der norddeutschen Tiefebene, einige nördliche Vorkommen liegen in Mecklenburg-Vorpommern (westlich bis nach Lübeck). Ansonsten ist die Art weit verbreitet, jedoch überall mit verstreuten Fundgebieten. (VT: [süd-]europäisch).
Weiterführende Literatur: Anatomie und Informationen POKRYSZKO 1990, Anatomie GROSSU 1987, SCHILEYKO 1998

Truncatellina callicratis (SCACCHI 1833)
Südliche Zylinderwindelschnecke

Andere Namen: *T. strobeli* (GREDLER 1853), *T. britannica* PILSBRY 1920

Merkmale: Die winzige Schnecke ist *Truncatellina cylindrica* sehr ähnlich, erscheint aber noch zylindrischer als diese. Die Rippung ist etwas schwächer als bei *T. cylindrica*, auf den unteren Umgängen kann das Gehäuse fast glatt werden. Die Umgänge selbst sind sehr stark gewölbt, die Nähte entsprechend tief. Mundsaum und Lippe sind nur wenig verdickt. Charakteristisch ist die Mündungsbezahnung, je 1 kleiner Parietal- und Columellarzahn sind ausgeprägt, außerdem 1 deutlicher und meist großer und kräftiger Palatalzahn, der bei senkrechtem Einblick in die Mündung (Frontalansicht) sichtbar ist. Die Bezahnung kann auch schwächer sein oder fehlen, meist sind die Zähne aber ein gut differenzierendes Merkmal. Maße: 1,8–2 (selten 2,2) × 0,9 mm.

Formen im Gebiet und ähnliche Arten: Die Art ist in Bezahnung und Rippung etwas variabel.

Lebensraum: *T. callicratis* bewohnt sehr trockene Kalktrockenrasen und Felshänge im Hügelland.

Gefährdung (RL-D 2012): 1 – Vom Aussterben bedroht.

Verbreitung im Gebiet: Als süd- und südwesteuropäische Art fehlt *T. callicratis* fast überall in Deutschland. Nur äußerst vereinzelte Funde sind bekannt, z. B. aus dem Fränkischen Jura und vom Kyffhäuser. (VT: mediterran-südalpin).

Weiterführende Literatur: KERNEY et al. 1983, FECHTER & FALKNER 1989, FORCART 1928

Truncatellina claustralis (GREDLER 1856)
Kleine Zylinderwindelschnecke

Merkmale: *T. claustralis* ist noch kleiner als die mit ihr verwandten Arten. Sie ist *T. callicratis* ähnlich, insbesondere durch die ausgeprägten Parietal- und Columellarzähne. Ihr Palatalzahn ist jedoch viel schwächer und bei senkrechtem

Einblick in die Mündung nicht sichtbar. Allerdings scheint er durch die transparente Gehäusewand hindurch, so dass man ihn erkennen kann, wenn man das Gehäuse von der mündungsabgewandten Seite (Rückseite) betrachtet. Die Umgänge sind sehr stark gewölbt, das Gehäuse insgesamt sehr fein und regelmäßig gerippt, so dass es bei geringer Vergrößerung seidig glänzt. Der Mundsaum ist deutlich ausgebildet, jedoch nur mäßig verdickt.
Maße: 1,5–1,8 × 0,75 mm.
Formen im Gebiet und ähnliche Arten: Die Art ist offensichtlich wenig variabel.
Lebensraum: *T. claustralis* lebt zwischen Felsen und Geröll auf sehr trockenem Kalkgrund im Berg- und Hügelland.
Gefährdung (RL-D 2012): 0 – Ausgestorben oder verschollen.
Verbreitung im Gebiet: Die Art ist in den bayerischen Alpen verschollen. (VT: mediterran-südalpin).
Weiterführende Literatur: Informationen z. B. POKRYSZKO 1990

Truncatellina costulata (NILSSON 1823)
Wulstige Zylinderwindelschnecke

Merkmale: Bei *T. costulata* sind die Rippung und Mündungsverstärkung innerhalb der Gattung am stärksten ausgeprägt. Der Mundsaum ist kräftig verdickt, weiß und kallös. 1 Parietal- und 1 Columellarzahn sind meist deutlich ausgebildet. 1 Palatalzahn liegt weit hinten in der Mündung, so dass er bei senkrechtem Einblick nur ganz innen sichtbar ist. Das zylindrische Gehäuse hat 5½–6½ kräftig gewölbte Umgänge mit grober regelmäßiger Rippung. Der Apex ist flach gerundet. Das Gehäuse ist hell hornbraun gefärbt, beim lebenden Tier etwas rötlich rehbraun.
Maße: 1,7–2 × 0,9 mm.
Formen im Gebiet und ähnliche Arten: Die Art ist in Bezahnung und Rippung etwas variabel.
Lebensraum: *T. costulata* bevorzugt weniger offene und exponierte Habitate als T. *cylindrica*, kommt jedoch auch mit dieser gemeinsam vor. Sie lebt auf kalkhaltigen Trockenrasen, in trockenen Wäldern, auf Küstendünen und an Steilküsten.
Gefährdung (RL-D 2012): 2 – Stark gefährdet.
Verbreitung im Gebiet: Die Fundgebiete in Deutschland sind sehr zerstreut, in vielen Regionen fehlt die Art oder es liegen nur Einzelfunde vor. Etwas regelmäßigere Vorkommen gibt es in Nordostdeutschland. (VT: mittel-osteuropäisch).
Weiterführende Literatur: Anatomie GROSSU 1987, POKRYSZKO 1990

Truncatellina monodon (HELD 1837)
Rotbraune Zylinderwindelschnecke

Merkmale: Als zweitgrößte Art der Gattung weist *T. monodon* einige Besonderheiten auf. Ihre Umgänge sind etwas weniger bauchig als die ihrer Verwandten und fast glatt bzw. nur mit feinen Zuwachsstreifen versehen. Frische Gehäuse sind hell rotbraun bis rotbraun. Bei senkrechtem Einblick in die Mündung ist nur der Parietalzahn gut sichtbar. Um den Columellarzahn zu sehen, muss das Gehäuse schräg gedreht werden. Tief in der Mündung liegt ein von außen nicht sichtbarer großer Palatalzahn.
Maße: 2,2–2,3 × 0,9 mm.

Formen im Gebiet und ähnliche Arten: Die Art ist wenig variabel.
Lebensraum: *T. monodon* lebt unter der Trockenvegetation auf Felssimsen und auf Trockenrasen. Sie benötigt Kalkboden.
Gefährdung (RL-D 2012): R – Extrem selten.
Verbreitung im Gebiet: In Deutschland wurde die Art nur an einzelnen Stellen im Alpengebiet nachgewiesen. (VT: ostalpin).
Weiterführende Literatur: KERNEY et al. 1983, FECHTER & FALKNER 1989, Colling & Karle-Fendt 2016

Truncatellina algoviana COLLING & KARLE-FENDT 2016
Allgäuer Zylinderwindelschnecke

Merkmale: *T. algoviana* unterscheidet sich von den anderen Arten der Gattung durch ein deutlich höheres Gehäuse mit mehr (bis zu 8,5) Umgängen. Die Mündungsarmatur ist schwach, Kallus oder Zähne fehlen. Das gelb- bis rotbraune Gehäuse weist feine, dichte, unregelmäßige Zuwachsstreifen auf. Die Endwindung ist deutlich verbreitert.
Maße: 2,7–3,4 × 0,9-1,0 mm.
Formen im Gebiet und ähnliche Arten: Verlängerte Gehäuse mit mehr Umgängen kommen als überbildete Formen bei einigen Arten der Pupilloidea vor. Entsprechend sollte z. B. molekulargenetisch geprüft werden, ob *T. algoviana* eine solche Form von *T. monodon* ist. Zur Zeit wird sie als endemische Art des Allgäus betrachtet.
Lebensraum: *T. algoviana* lebt mit *T. monodon* unter der Trockenvegetation auf Felssimsen und auf Trockenrasen. Sie benötigt Kalkboden.
Gefährdung (RL-D 2012): nicht enthalten.
Verbreitung im Gebiet: Die Art wurde im Allgäu entdeckt (hier abgebildet ist der Holotypus), es liegen nur wenige Exemplare vor. (VT: alpin).
Weiterführende Literatur: Colling & Karle-Fendt 2016

Vertigo pusilla O. F. Müller 1774
Linksgewundene Windelschnecke

Merkmale: Das konisch-tonnenförmige Gehäuse ist linksgewunden und damit nur mit dem noch kleineren und gerippten *V. angustior* zu verwechseln. Die nur schwachen Anwachsstreifen auf dem im Vergleich recht massiven kegeligen, hell-hornfarbenen Gehäuse erleichtern die Bestimmung. Besonders charakteristisch ist die Mündungsarmatur. Sie umfasst 6 (bis 9) helle bis weißliche Falten und Zähne, von denen vor allem die beiden getrennten Palatalzähne als differenzierendes Merkmal benutzt werden können. Einige Zähne sind pflockartig, viele lamellenartig ausgebildet. Typisch sind 2 Parietalzähne, 2 Columellarzähne und 2–3 Palatalzähne, von denen sich 1 schwächerer basal in der Mündung befindet. Die Lippe ist in der Frontalansicht etwas eingebogen.
Maße: 2 × 1,1 mm.
Formen im Gebiet und ähnliche Arten: Die Art ist wenig variabel.
Lebensraum: *V. pusilla* gilt im allgemeinen als trockenheitsliebende Art, die auf Felsen und Mauern, in lichten Wäldern oder unter Hecken vorkommt. Er klettert gerne in der Vegetation. Auch auf Kopfweiden oder unter der Rinde alter Bäume wurde die Art gefunden. Allerdings gibt es auch mehrere Nachweise in Sümpfen, auf Seggenwiesen und in Bruchwäldern, so dass die früher vermutete ökologische Trennung von *V. angustior* nicht existiert. Beide Arten leben auch sympatrisch.
Verbreitung im Gebiet: In Deutschland ist die Art weit verbreitet und recht häufig. (VT: europäisch).
Gefährdung (RL-D 2012): * – Ungefährdet.
Weiterführende Literatur: Anatomie Grossu 1987, Pokryszko 1990, Schileyko 1998, div. Pokryszko 2003

Vertigo antivertigo (DRAPARNAUD 1801)
Sumpf-Windelschnecke

Merkmale: Das frisch sehr dunkel gefärbte tonnenförmige Gehäuse hat etwa 5 nur wenig bauchige Umgänge, die durch eine schwach eingetiefte Naht getrennt sind. Vor den Zähnen ist der Mündungsrand deutlich ausgeprägt, etwas lippig erweitert und krempenartig nach außen umgebogen. Der äußere Mundsaum ist in der Mitte eingekerbt, das Gehäuse weist außen an der Labialseite eine hinter der Mündung gelegene Falte auf. Sehr charakteristisch sind die zahlreichen Mündungszähne. Mindestens 6 (bis zu 10) sind kräftig und teilweise lamellenförmig ausgebildet. Der dunklen Gehäusefarbe entsprechend sind sie nur wenig heller als diese und meist rötlich gefärbt. 2 größere (und evtl. 1 kleinerer) Parietalzähne, 2 Columellarzähne und 4 (2 große und 1–2 kleine) Palatalzähne verengen die Mündung. Dabei sind die beiden mittleren Palatalzähne lang und lamellenförmig. Das glänzende Gehäuse ist rotbraun bis dunkel kastanienbraun, der Tierkörper ist schwarz und scheint durch. Entsprechend sieht das Gehäuse am lebenden Tier schwärzlich-rot aus.
Maße: 2–2,2 × 1,2 mm.
Formen im Gebiet und ähnliche Arten: Die Art ist wenig variabel.
Lebensraum: *V. antivertigo* ist ein typischer Sumpfbewohner. Er lebt im Uferbereich von Gewässern, in Sumpfwiesen, Riedflächen und Bruchwäldern. Wie die meisten *Vertigo*-Arten bevorzugt er leicht basische Standorte. Bei Hochwasser und im Herbst klettert er niedrig in der Vegetation, bevorzugt jedoch liegende welke oder faulende Pflanzenteile (z. B. Seggenblätter oder Schilfstängel).
Verbreitung im Gebiet: In Deutschland ist die Art weit verbreitet und an geeigneten Standorten noch recht häufig, ihr Lebensraum, die naturnahe Ufervegetation, wird jedoch in vielen Regionen eingeschränkt. (VT: paläarktisch).
Gefährdung (RL-D 2012): V – Vorwarnliste.
Weiterführende Literatur: Anatomie GROSSU 1987, POKRYSZKO 1990, Literatur POKRYSZKO 2003

Vertigo substriata (JEFFREYS 1833)
Gestreifte Windelschnecke

Merkmale: Die kleine und kurz tonnenförmige Schnecke hat sehr stark gewölbte Umgänge. Sie ist durch eine typische Oberflächenstruktur aus feinen scharfen Rippen gekennzeichnet, die auf den mittleren Umgängen besonders deutlich ausgeprägt ist. Bei geringer Vergrößerung wirkt das Gehäuse dadurch etwas schillernd, mit bloßem Auge sind die Rippen nicht erkennbar. Der Mündungsrand ist kurz vor der dünnen und schwach krempenartig gebogenen Lippe innen wulstig verstärkt. Die Mündungsarmatur ist kräftig und besteht aus zumeist 2 parietalen, 2 columellaren und 2 palatalen Zähnen. Vor allem der untere Palatalzahn ist kräftig lamellenartig ausgebildet. Das Gehäuse ist meist mittelbraun, pigmentarme weißliche Gehäuse und Tiere kommen vor.
Maße: 1,7 × 1,1 mm.
Formen im Gebiet und ähnliche Arten: Die Art ist wenig variabel und durch die Gehäuserippen gut differenziert.
Lebensraum: *V. substriata* lebt an feuchten Standorten, vor allem in Wäldern, Brüchen, Sümpfen und an Gewässerufern. Auch in Seggenwiesen wurde er nachgewiesen. Insgesamt ist die Art allerdings nicht so feuchtigkeitsbedürftig und nicht so spezialisiert wie viele andere Vertreter der Gattung, sie kommt z. B. auch in Kiefern-Mischwäldern zusammen mit *Columella aspera* vor. Gegenüber sauren Böden ist sie relativ tolerant.
Verbreitung im Gebiet: In Deutschland lebt die Art fast überall, jedoch meist nur verstreut und nicht sehr häufig. (VT: boreo-alpin).
Gefährdung (RL-D 2012): 3 – Gefährdet.
Weiterführende Literatur: Anatomie GROSSU 1987, POKRYSZKO 1990, Literatur POKRYSZKO 2003

Vertigo pygmaea (DRAPARNAUD 1801)
Gemeine Windelschnecke

Merkmale: Das Gehäuse dieser noch häufigen Windelschneckenart ist kurz- bis konisch-tonnenförmig oder walzenförmig und typisch rötlich-mittelbraun. Seine Oberfläche ist matt und kaum gestreift. Die Lippe ist deutlich krempenartig ausgebildet, vor der Lippe ist das Gehäuse entlang der Anwachsstreifen eingeschnürt und davor befindet sich ein deutlicher Nackenwulst, der die Art von ihren ähnlichen Verwandten unterscheidet. Dieser ist allerdings bei schwach bezahnten oder vor allem bei subadulten Exemplaren schwach ausgebildet und hier besteht Verwechslungsgefahr mit anderen Arten. An trockenen Standorten (Bild oben) sind die Gehäuse langgestreckter, dickschaliger und weisen eine kräftige Mündungsarmatur auf, die meist aus 1 Parietalzahn, 1 großen und 1 sehr kleinen basalen Columellarzahn sowie 2 deutlichen palatalen Lamellen besteht, die zum Teil noch mit einer schmelzartig verdickten Innenlippe in Verbindung stehen. Tiere aus nassen Sumpfgebieten (Bild unten) sind oft viel kürzer, teilweise dunkler gefärbt und weisen eine viel schwächere Mündungsbezahnung auf. Bei ihnen sind Parietalzahn, Columellarzahn und 2 Labialzähne gleichmäßig schwach ausgeprägt, die Labialzähne sind nur sehr wenig lamellig ausgebildet und auch der Nackenwulst ist oft nicht sehr deutlich.
Maße: 1,7–2,2 × 1–1,2 mm.
Formen im Gebiet und ähnliche Arten: Die Art ist variabel, insbesondere die Formen trockener und feuchter Standorte unterscheiden sich erheblich. Sumpfformen können mit dem seltenen *V. geyeri* verwechselt werden, dessen Zähne noch kürzer und pflockartig sind und dem auch der Nackenwulst fehlt.
Lebensraum: *V. pygmaea* lebt an trockenen bis nassen Standorten. Er bevorzugt offenes Gelände, meidet Waldgebiete und ist in der Bodenstreu oder unter Steinen zu finden. Besonders charakteristisch ist die Art für Kalktrockenrasen, die Tiere klettern aber auch in der Vegetation von Wiesen und niedrigen Röhrichten, auch in Seggensümpfen. *V. pygmaea* ist auf Grünlandflächen etwas toleranter gegen Nutzung durch Mahd oder Beweidung als seine Verwandten.
Verbreitung im Gebiet: In Deutschland kommt *V. pygmaea* fast überall vor. (VT: holarktisch).
Gefährdung (RL-D 2012): * – Ungefährdet.
Weiterführende Literatur: Anatomie GROSSU 1987, POKRYSZKO 1990, SCHILEYKO 1998, Literatur POKRYSZKO 2003

„*Vertigo heldi* CLESSIN 1877"
Schlanke Windelschnecke

Merkmale: Das Gehäuse von „*V. heldi*" ist langgestreckt und schwach bezahnt. Solche Tiere wurden teilweise als überbildete Exemplare anderer *Vertigo*-Arten, vor allem von *V. pygmaea*, angesehen. Es scheint jedoch, wenn auch äußerst selten, langgestreckte und schwach bezahnte *Vertigo*-Exemplare zu geben, denen eigener Artstatus zukommt, die Beurteilung bleibt weiterhin unklar. Die Tiere gehören zu den größten Vertretern der Gattung, haben bis zu 6½ Umgänge und einen oft etwas erweiterten letzten Umgang, der im oberen Mündungsbereich bei Frontalansicht etwas schulterartig wirkt. Das Gehäuse ist recht glänzend und etwas transparent, dies auch im Vergleich zu *V. pygmaea*. Der die Mündung verdickende Kallus ist wie die gesamte Mündungsarmatur nur sehr schwach ausgebildet, meist sind 2 oder 3 schwache Zähne vorhanden, sie können auch ganz fehlen. Der Mundsaum ist kaum verdickt.

Maße: 2,5–2,7 × 1,2 mm.

Formen im Gebiet und ähnliche Arten: Die Schnecke ist ungenügend bekannt und scheint variabel zu sein, die Abgrenzung zu überbildeten *V. pygmaea* ist unklar.

Lebensraum: „*V. heldi*" lebt vermutlich auf nassen Wiesen, es gibt nur vereinzelte Nachweise dieser äußerst seltenen Schnecke. Einige Exemplare wurden in Genisten an Fließgewässern gefunden.

Verbreitung im Gebiet: Es liegen extrem wenige Funde aus einigen Gebieten Mitteleuropas vor. Die Identität der norddeutschen Nachweise ist ebenso zu klären, wie die der Nachweise im länger bekannten Vorkommensgebiet dieser Schnecken. (VT: mitteleuropäisch).

Gefährdung (RL-D 2012): 1 – Vom Aussterben bedroht.

Weiterführende Literatur: TURNER et al. 1998, Landesanstalt für Umwelt (...) Baden-Württemberg (Hrsg.) 2008, Literatur POKRYSZKO 2003

Vertigo moulinsiana (DUPUY 1849)
Bauchige Windelschnecke

Merkmale: Das Gehäuse des innerhalb der Gattung vergleichsweise sehr großen *V. moulinsiana* ist dick tonnenförmig bis eiförmig und hat nur ungefähr 5 Umgänge, von denen der letzte fast ein Drittel der Gehäusehöhe einnimmt. Die Mündung ist recht eckig, die Armatur charakteristisch, meist sind 4–5 Zähne (1 parietal, 1 columellar und 2–3 palatal) vorhanden. Der Mundsaum ist krempenartig verbreitert und innen kräftig kallös, die eigentliche Lippe ist zerbrechlich. Das Gehäuse ist braun, glänzend und etwas transparent, der Tierkörper ist eher hell, entsprechend wirkt das Gehäuse am lebenden Tier braun (gelblich- bis rötlichbraun) und heller als bei *V. antivertigo*.
Maße: 2,2–2,7 × 1,5 mm.
Formen im Gebiet und ähnliche Arten: Die Art ist nur in der Größe etwas variabel.
Lebensraum: *V. moulinsiana* ist eine Charakterart der feuchten bis sehr nassen Riedflächen, vor allen Dingen der Großseggenriede. Oft bevorzugt er direkte Gewässernähe, in genügend großen (bzw. ausreichend feuchten) Habitaten lebt er auch abseits der Ufer. An Seggen und in artenreichen Riedbeständen mit oder ohne lockeren Gehölzbestand, jedoch nicht im dichten Wald, klettern die Tiere vor allem im Sommer und Herbst hoch in der Krautvegetation. In reinen Schilfrieden kommt *V. moulinsiana* nur vor, wenn sich der Biotop inmitten eines dicht besiedelten Gebietes befindet. Die Art bevorzugt kalkhaltige Standorte, einzelne Vorkommen in bodensauren Biotopen sind bekannt.
Verbreitung im Gebiet: Die Bestände des international geschützten *V. moulinsiana* wurden sehr sorgfältig untersucht, so dass inzwischen bekannt ist, dass diese Art nicht so selten ist, wie früher angenommen. Vor allem im Nordosten und Norden Deutschlands gibt es in den geeigneten Biotopen flächendeckend größere Bestände, jedoch auch im restlichen Deutschland sind, wenn auch meist sporadisch, größere Populationen vorhanden. (VT: atlantisch-mediterran).
Gefährdung (RL-D 2012): 2 – Stark gefährdet. In der EU ist *V. moulinsiana* nach Anhang II der FFH-Richtlinie geschützt, für diese Art mussten Schutzgebiete ausgewiesen werden. Ihre Lebensräume sind zu erhalten und gegebenenfalls zu verbessern.
Weiterführende Literatur: Anatomie GROSSU 1987, POKRYSZKO 1990, Biologie JUEG 2004, zahlreiche Informationen auch im Internet, Weichtier des Jahres 2003

Vertigo arctica (WALLENBERG 1858)
Arktische Windelschnecke

Andere Namen: *V. modesta* auctt. non Say 1824 partim, *V. tirolensis* (GREDLER 1869)

Merkmale: Das Gehäuse von *V. arctica* ist vergleichsweise groß und langgestreckt-eiförmig. Es ist gelblich- bis rötlichbraun und durchscheinend und seine gewölbten Umgänge sind durch eine tiefe Naht getrennt. Der Mundsaum ist kaum verdickt, der Kallus fehlt. 0 bis 4 sehr schwache Zähne bilden die Mündungsarmatur. In der typischen Form ist 1 Parietal-, 1 Columellar- und 1 Palatalzahn ausgebildet, nur selten kommt ein zweiter Palatalzahn hinzu, viel häufiger fehlen Zähne.
Maße: 2,2–2,7 × 1,4 mm.
Formen im Gebiet und ähnliche Arten: Die Art variiert etwas in der Bezahnung.
Lebensraum: Die Art besiedelt Holz und die Unterseite von Steinen an Gewässern nahe oder oberhalb der Waldgrenze. Sie bevorzugt Böden mit zumindest geringem Kalkgehalt.
Verbreitung im Gebiet: *V. arctica* lebt im Bearbeitungsgebiet nur sehr vereinzelt in den bayerischen Alpen. (VT: holarktisch).
Gefährdung (RL-D 2012): 1 – Vom Aussterben bedroht.
Weiterführende Literatur: Anatomie und Informationen POKRYSZKO 1990, Anatomie GROSSU 1987, Literatur POKRYSZKO 2003, div. PROSCHWITZ 1993, PROSCHWITZ 2003, NEKOLA et al. 2018

Vertigo ronnebyensis (Westerlund 1871)
Nordische Windelschnecke

Merkmale: Das Gehäuse von *V. ronnebyensis* ist gelblichbraun, recht groß und langgestreckt-eiförmig, meist etwas weniger konisch als *V. modesta*, sonst diesem sehr ähnlich. Die gewölbten Umgänge weisen recht deutliche Anwachsstreifen auf und wirken dadurch seidig glänzend. Der Mundsaum ist kaum verdickt, die Mündung hat meist 3 Zähne (1 Parietal-, 1 Columellar- und 1 Palatalzahn), selten ist ein zweiter Palatalzahn ausgebildet.
Maße: 2,2–2,4 × 1,2–1,4 mm.
Formen im Gebiet und ähnliche Arten: Die Art ist wenig variabel, sie ähnelt einem blassen *V. arctica*, lebt in Mitteleuropa jedoch in völlig anderen Regionen und Biotopen.
Lebensraum: Die Art besiedelt im Bearbeitungsgebiet vor allem saure Kiefern-Mischwälder auf nicht zu armen Sandböden. Sie bewohnt die Bodenstreu oder klettert in niedriger Kraut- oder Zwergstrauchvegetation, zum Beispiel an Heidelbeere (*Vaccinium myrtillus*).
Verbreitung im Gebiet: *V. ronnebyensis* lebt in Deutschland nur im Nordosten. (VT: nord-osteuropäisch).
Gefährdung (RL-D 2012): 2 – Stark gefährdet.
Weiterführende Literatur: Zettler et al. 2006, Proschwitz 1993, Proschwitz 2003, Anatomie und Informationen Pokryszko 1990, Literatur Pokryszko 2003

Vertigo lilljeborgi (WESTERLUND 1871)
Moor-Windelschnecke

Merkmale: Das braune und glänzende Gehäuse von *V. lilljeborgi* sieht entfernt einem sehr schwach bezahnten und sehr kleinen Exemplar von *V. moulinsiana* ähnlich. Es ist kurz tonnen- bis eiförmig, relativ breit und besitzt 4 deutliche schlanke Zähne (1 parietal, 1 columellar, 2 palatal). Diese sind mündungswärts nicht durch eine ausgeprägte Schmelzschicht verstärkt, auch der Nackenwulst fehlt oder ist nur schwach ausgebildet. Der Mundsaum ist zart und nur wenig erweitert.
Maße: 2,2–2,4 × 1,2–1,4 mm.
Formen im Gebiet und ähnliche Arten: Die Art ist wenig variabel.
Lebensraum: Die Art lebt in Mooren und an Gewässerrändern im Überflutungsbereich, typisch an modernden feuchten Pflanzenteilen, in Nordeuropa auch in oligotrophen Biotopen an Torfmoosen (*Sphagnum*) und Seggen (*Carex*), seltener in Erlenbrüchen. *V. lilljeborgi* meidet menschlich beeinflusste Gebiete.
Verbreitung im Gebiet: *V. lilljeborgi* ist nur an äußerst vereinzelten Fundorten in Bayern und Baden-Württemberg nachgewiesen worden. (VT: nordeuropäisch).
Gefährdung (RL-D 2012): R – Extrem selten.
Weiterführende Literatur: WALDÉN 1966, Anatomie und Informationen POKRYSZKO 1990, Ökologie und Literatur PROSCHWITZ 1993, POKRYSZKO 2003, PROSCHWITZ 2003

Vertigo genesii (Gredler 1856)
Blanke Windelschnecke

Merkmale: Das glatte (Streifung kaum erkennbar) und glänzende Gehäuse ist rötlichbraun bis dunkelbraun, hat etwa 5 bauchige Umgänge und einen kaum verdickten Mundsaum. Der Nackenwulst und die Krempe des Mundsaumes fehlen. Die Mündung ist zahnlos, nur in sehr seltenen Fällen ist ein schwacher Parietalzahn angedeutet.
Maße: 1,7–2,1 × 1,2 mm.
Formen im Gebiet und ähnliche Arten: Früher wurde *V. geyeri* zu dieser Art gerechnet, so dass alte Fundmeldungen kritisch zu prüfen sind. *V. genesii* ist wenig variabel.
Lebensraum: Die Art lebt in kalkreichen Mooren oder an Kalksickerstellen auf sumpfigem Boden.
Verbreitung im Gebiet: *V. genesii* ist in Mitteleuropa nur an äußerst vereinzelten Orten rezent nachgewiesen worden (zuletzt in Bayern), aktuelle Funde in Deutschland liegen nicht vor. (VT: boreo-alpin).
Gefährdung (RL-D 2012): 0 – Ausgestorben oder verschollen. In der EU ist *V. genesii* nach Anhang II der FFH-Richtlinie geschützt, für diese Art mussten Schutzgebiete ausgewiesen werden. Ihre Lebensräume sind zu erhalten und gegebenenfalls zu verbessern.
Weiterführende Literatur: Anatomie und Informationen Pokryszko 1990, Ökologie und Literatur Proschwitz 1993, Proschwitz 2003, Pokryszko 2003

Vertigo geyeri LINDHOLM 1925
Vierzähnige Windelschnecke

Merkmale: Das Gehäuse weist etwa 5 sehr bauchige Umgänge mit tiefer Naht auf, es ist rötlichbraun und auf den mittleren Umgängen fein axial gestreift. Der Mundsaum ist wenig verdickt und kaum umgeschlagen, ein Nackenwulst fehlt oder ist nur äußerst schwach ausgebildet. 4 Mündungszähne (1 parietal, 1 columellar, 2 palatal) sind klein, aber deutlich erkennbar. Sie sind pflockartig erhoben und nicht verlängert. Die stärker ausgeprägten verlängerten Zähne und der Nackenwulst von *V. pygmaea* helfen, auch schwach bezahnte oder noch nicht ganz erwachsene Exemplare dieser Art von *V. geyeri* zu trennen. Für eine Absicherung der Bestimmung wird die Nutzung von Vergleichsmaterial empfohlen. Maße: 1,7–1,9 × 1,2 mm.

Formen im Gebiet und ähnliche Arten: *V. geyeri* wurde lange als Unterart zu *V. genesii* gestellt. Sie ist wenig variabel. Häufige Verwechslungen erfolgten mit schwach bezahnten Exemplaren der Sumpfform von *V. pygmaea*, entsprechend sind alle Meldungen (historische und aktuelle) sehr sorgfältig zu prüfen. Eine Anzahl älterer Angaben sind falsch, unter anderem begründet durch die etwas unspezifische Abbildung bei GEYER 1927.

Lebensraum: Die Art lebt in Kalkmooren, basenreichen Riedflächen oder an Kalksickerstellen.

Verbreitung im Gebiet: *V. geyeri* ist in Mitteleuropa sehr selten, im Voralpengebiet in der Umgebung des Bodensees etwas regelmäßiger nachgewiesen, im Norden lebt er nur äußerst vereinzelt. (VT: boreo-alpin).

Gefährdung (RL-D 2012): 1 – Vom Aussterben bedroht. In der EU ist *V. geyeri* nach Anhang II der FFH-Richtlinie geschützt, für diese Art mussten Schutzgebiete ausgewiesen werden. Ihre Lebensräume sind zu erhalten und gegebenenfalls zu verbessern.

Weiterführende Literatur: Anatomie und Informationen POKRYSZKO 1990, Ökologie und Literatur PROSCHWITZ 1993, PROSCHWITZ 2003, POKRYSZKO 2003

Vertigo alpestris ALDER 1838
Alpen-Windelschnecke

Merkmale: Das gelblich-hornfarbene und etwas zylindrische Gehäuse ist vor allem auf den mittleren Umgängen recht deutlich gestreift. Seine Umgänge sind stark gewölbt, die Nähte tief. Die etwas eckige Mündung weist meist 4 Mündungszähne auf (1 parietal, 1 columellar, 2 palatal), diese sind recht kräftig und der untere Palatalzahn ist zu einer Falte verlängert, jedoch sind Zähne und Mündung insgesamt wenig kallös verdickt. Der Mundsaum ist wenig umgeschlagen, der Nackenwulst sehr schwach ausgebildet.
Maße: 1,8–2 × 1,1 mm.
Formen im Gebiet und ähnliche Arten: *V. alpestris* ist in der Bezahnung etwas variabel.
Lebensraum: Die Art lebt unter Felsen, zwischen Geröll, in Wäldern unter loser Borke, auch in trockenen Biotopen. Die Tiefland-Fundorte befinden sich überwiegend an Feldsteinmauern und im Mulm von Kopfweiden.
Verbreitung im Gebiet: *V. alpestris* ist in Mitteleuropa sehr selten, in mehreren Bundesländern liegen nur erloschene Vorkommen vor. Die aktuell bessere Kenntnis der Art hat in Mecklenburg-Vorpommern zu einer Reihe von Neufunden geführt, diese allerdings alle in hochgefährdeten Kleinbiotopen (alten Mauern und Kopfbäumen). (VT: sibirisch-alpin).
Gefährdung (RL-D 2012): 1 – Vom Aussterben bedroht.
Weiterführende Literatur: Anatomie und Informationen POKRYSZKO 1990, div. MENZEL-HARLOFF 2010, PROSCHWITZ 1993, PROSCHWITZ 2003, POKRYSZKO 2003

Vertigo angustior Jeffreys 1830
Schmale Windelschnecke

Merkmale: Das Gehäuse ist linksgewunden und in der Gattung nur mit *V. pusilla* zu verwechseln. Die Umgänge sind stark gewölbt, der letzte etwas flacher, das meist rötlichbraune Gehäuse ist regelmäßig gestreift bis gerippt, vor allem auf den mittleren Umgängen. Der Mündungsrand ist etwas verdickt und krempenartig umgebogen. Die Mündungsarmatur ist kräftig: Columellar ist ein langer Kallus vorhanden und 2 parietale Zähne sind normal ausgebildet. Die palatalen Zähne sind dagegen zu einem langen dicken Kallus parallel zur Lippe verbunden, an dessen oberen Ende sich eine kräftige Lamelle nach innen ins Gehäuse fortsetzt. Diese Lamelle ist auch von außen als deutliche Einfaltung der Gaumenwand erkennbar.
Maße: 1,8 × 0,9 mm.
Formen im Gebiet und ähnliche Arten: Die Art ist wenig variabel. *V. pusilla* unterscheidet sich durch die 2 getrennten Palatalzähne, das Fehlen der deutlichen äußeren palatalen Einfaltung, das dickere und deutlich konische Gehäuse und die meist gelblichere Farbe vom kleineren *V. angustior*.
Lebensraum: *V. angustior* galt als typische Feuchtwiesenart. Inzwischen weiß man aber, dass er eine größere Vielfalt von sehr spezialisierten Biotopen besiedeln kann. Kleinseggenriede, Großseggenbestände, dauerfeuchte Wiesen mit geringem Mahdeinfluss und mehr oder weniger ohne Beweidung werden von ihm ebenso bewohnt wie bemooste Steilküsten an der Ostsee, grasige Dünen oder Kopfweiden, selten sogar offene trockene Wälder.
Verbreitung im Gebiet: Die Bestände des international geschützten *V. angustior* wurden sehr sorgfältig untersucht, so dass inzwischen in vielen Bundesländern einige Kenntnisse über die Art vorliegen. Sumpfwiesen sind die offensichtlich häufigsten Biotope, manche älteren Standorte sind erloschen, aber es gibt noch Populationen, die auch größere Flächen besiedeln. Die Vorkommen sind sehr verstreut, in den Rheinauen und vor allem im nordöstlichen Deutschland lebt die Art etwas verbreiteter. (VT: europäisch).

Gefährdung (RL-D 2012): 3 – Gefährdet. In der EU ist *V. angustior* nach Anhang II der FFH-Richtlinie geschützt, für diese Art mussten Schutzgebiete ausgewiesen werden. Ihre Lebensräume sind zu erhalten und gegebenenfalls zu verbessern.
Weiterführende Literatur: Anatomie POKRYSZKO 1990, Ökologie und Literatur PROSCHWITZ 1993, 2003, POKRYSZKO 2003, aufgrund der FFH-Relevanz sehr zahlreiche Informationen im Internet

Vertigo angustior

Familie Orculidae
Fässchenschnecken

Familie Orculidae: 1. *Orcula dolium*, 2. *Orcula gularis*, 3. *Sphyradium doliolum*, 4. *Pagodulina pagodula*

Die Familie ist im Gebiet durch mehr oder weniger tonnenförmige Gehäuse gekennzeichnet, die teilweise viele Umgänge und zumeist bezahnte Mündungen aufweisen. Der für die Chondrinidae typische am oberen Ende der Lippe ansetzende Angularzahn fehlt. Die Familie ist in Mittel- und Südeuropa, dem Nahen Osten, in Nordafrika, Madagaskar und Südafrika verbreitet. Besondere Schwerpunkte der Diversität liegen in den Ostalpen und im östlichen Mittelmeer.

Orcula dolium (DRAPARNAUD 1801)
Große Fässchenschnecke

Merkmale: Das walzenförmige Gehäuse hat eine kegelige Spitze, ist gelblich bis rötlich-braun gefärbt und fein und unregelmäßig gestreift. Die 8–10 Umgänge sind gewölbt, der letzte Umgang steigt zur Mündung hin etwas an. Der weiße Mundsaum ist kräftig verdickt, etwas umgebogen und im Parietalbereich nicht zusammenhängend. Meist sind 3 Mündungszähne bzw. -falten ausgebildet: 1 Parietalfalte und 2 kallöse Verdickungen an der Spindel. Jungtiere sind kurz-kegelig. Maße: 6,7–9 × 3–3,6 mm.

Formen im Gebiet und ähnliche Arten: Die Art variiert in Deutschland vorwiegend in der Gehäuselänge und in der Zahl der Umgänge. Vor allem in den österreichischen Alpen gibt es schwierig zu differenzierende vielfältige Formen.

Lebensraum: *O. dolium* lebt überwiegend auf kalkreichem Grund. Die Art ist bei uns alpin bzw. montan verbreitet, sie lebt unter Laub in der Bodenstreu von Wäldern und zwischen Felsen.

Auch bei Jungtieren der Orculidae sind die Mündungsfalten bereits erkennbar.

Gefährdung (RL-D 2012): R – Extrem selten (wegen der geographischen Restriktion).

Verbreitung im Gebiet: In Deutschland im südlichen Baden-Württemberg (hier mäßig häufig) und in Südbayern. (VT: alpin-westkarpatisch).

Weiterführende Literatur: Anatomie z. B. GROSSU 1987, SCHILEYKO 1998, verwandte Arten KLEMM 1967, KERNEY, CAMERON & JUNGBLUTH 1983

Orcula gularis (Rossmässler 1837)
Schlanke Fässchenschnecke

Merkmale: Das Gehäuse ist schlank walzenförmig und hat eine gerundet-kegelige Spitze. Der helle Mundsaum ist verdickt und etwas umgeschlagen. Von den bei der verwandten *O. dolium* vorhandenen kallösen Zähnen ist bei *O. gularis* der obere Columellarzahn meist schwach ausgebildet oder fehlt. Die Parietalfalte ist schlank, außerdem ist im unteren Mündungsbereich eine dick-kallöse Palatalfalte vorhanden, die mit dem verdickten Mündungsrand verbunden ist. Maße: 6,5–7 × 2,8 mm.
Formen im Gebiet und ähnliche Arten: Die Art variiert in Deutschland vorwiegend in der Ausprägung der unteren Mündungslamelle. In den österreichischen Alpen gibt es schwieriger zu differenzierende Formen.
Lebensraum: *O. gularis* lebt zwischen feuchtem Kalksteingeröll der Alpen.
Gefährdung (RL-D 2012): R – Extrem selten (wegen der geographischen Restriktion).
Verbreitung im Gebiet: In Deutschland kommt *O. gularis* nur im Gebiet von Berchtesgaden sehr vereinzelt vor, in den Ostalpen lebt sie zerstreut. (VT: ostalpin).
Weiterführende Literatur: Anatomie z. B. Grossu 1987, verwandte Arten Klemm 1967, Kerney, Cameron & Jungbluth 1983

Sphyradium doliolum (Bruguière 1792)
Kleine Fässchenschnecke

Merkmale: Unter den heimischen Vertretern der Orculidae ist *S. doliolum* durch die regelmäßige Rippung gekennzeichnet, am frischen Gehäuse sind die Rippen durch das Periostracum verstärkt. Das weißlich-hellbraune Gehäuse ist fast zylindrisch, der Apex ist abgerundet, die letzten 2–3 Windungen sind schmaler als der mittlere Gehäusebereich, die Endwindung steigt zur Mündung etwas an. Die Lippe ist stark kallös verdickt und umgeschlagen, der Mundsaum parietal nicht zusammenhängend, 3 Mündungsfalten sind ausgebildet (2 kallös verbundene columellar und 1 schlanke Falte parietal).
Maße: 4,5–6 × 2,3–2,5 mm.
Formen im Gebiet und ähnliche Arten: Die Art ist nicht sehr variabel.
Lebensraum: *S. doliolum* ist kalkliebend, sie bewohnt Wälder und Felsen und bevorzugt feuchte und schattige Biotope.
Gefährdung (RL-D 2012): 2 – Stark gefährdet.
Verbreitung im Gebiet: *S. doliolum* lebt im mittleren und südlichen Deutschland zerstreut, im Norden erreicht sie das nördliche Harzvorland. Die Bestände gehen zurück. (VT: süd-südosteuropäisch).
Weiterführende Literatur: Anatomie Grossu 1987, Schileyko 1998, verwandte Arten Klemm 1967, Kerney, Cameron & Jungbluth 1983

Pagodulina pagodula (DES MOULINS 1830)
Pagodenschnecke

Merkmale: Das walzenförmige gelblichbraune Gehäuse mit abgeflachter Basis, etwas konischem Gewinde, sehr stark gewölbten Umgängen und regelmäßiger Rippung ist sehr charakteristisch und macht die Art in Deutschland unverwechselbar. Der Mundsaum ist geschlossen, umgeschlagen und wenig kallös. Auf dem letzten Viertel steigt der letzte Umgang an, so dass er fast die Naht des vorletzten erreicht. Palatal ist die Mündung nach innen gewölbt, was ihr ein eckig-tropfenförmiges Aussehen verleiht. In der Mündungsansicht nicht sichtbar befindet sich innen im Gehäuse palatal nahe der Kante zur Basis eine zahnartige Mündungsfalte.
Maße: 4,5–6 × 2,3–2,5 mm.
Formen im Gebiet und ähnliche Arten: *P. pagodula* ist in Deutschland nicht sehr variabel, in den Süd- und Ostalpen leben weitere Arten der Gattung.
Lebensraum: *P. pagodula* lebt sehr verborgen in feuchten Wäldern und zwischen Felsen, sie ist kalkliebend.
Gefährdung (RL-D 2012): R – Extrem selten.
Verbreitung im Gebiet: *P. pagodula* kommt in Deutschland nur in den Kalkalpen Ostbayerns vor. (VT: alpin-südosteuropäisch).
Weiterführende Literatur: Anatomie SCHILEYKO 1998, verwandte Arten FORCART 1950, KLEMM 1939, KERNEY, CAMERON & JUNGBLUTH 1983

Familie Chondrinidae

Kornschnecken

Familie Chondrinidae: 1. *Granaria frumentum*, 2. *Abida secale*, 3. *Chondrina avenacea*, 4. *Chondrina arcadica*

Die Familie ist im Gebiet durch zylindrische bzw. spindelförmige Gehäuse mit schlanker Spitze und ausgeprägten, oft zahlreichen, Mündungslamellen gekennzeichnet. Am oberen Ende der Lippe setzt ein Angularzahn an. Kornschnecken leben nicht nur in Europa, sondern auch in Kleinasien und Nordamerika.

Granaria frumentum

Granaria frumentum (DRAPARNAUD 1801)
Wulstige Kornschnecke

Andere Namen: *Abida frumentum*

Merkmale: Das zylindrische hellbraune bis graue Gehäuse hat 9-10 Umgänge und eine relativ schlanke Spitze. Es ist sehr fein und regelmäßig gerippt, die Nähte sind flach. Der Mundsaum ist kallös verstärkt und sehr kräftig krempig umgebogen, der Angularzahn ist ebenfalls kallös. Das letzte Sechstel des letzten Umganges ist als starker weißer Nackenwulst ausgebildet, meist sind 8 Mündungsfalten vorhanden, von denen die 4 sehr langen Palatalfalten als helle Linien nach außen durch die Gehäusewand hindurchscheinen. 2 Columellarfalten und 1 kleine Parietalfalte vervollständigen mit der Angularfalte die Mündungsarmatur. Maße: 6,5–10 × 2,7–3 mm.
Formen im Gebiet und ähnliche Arten: Die Art variiert in Deutschland überwiegend in der Gehäuselänge.
Lebensraum: *G. frumentum* bevorzugt offene und kalkreiche Biotope, zum Beispiel auf Wiesen, an Mauern, in Geröllhalden oder zwischen Felsen.
Gefährdung (RL-D 2012): 2 – Stark gefährdet.
Verbreitung im Gebiet: *G. frumentum* lebt von Wolfenbüttel nach Süden in Mittel- und Süddeutschland zerstreut. Einzelfundorte in Nordostdeutschland sind vermutlich Reliktvorkommen. (VT: nordalpin-mitteleuropäisch).
Weiterführende Literatur: Anatomie GROSSU 1987, SCHILEYKO 1998, verwandte Arten GITTENBERGER 1973, KERNEY, CAMERON & JUNGBLUTH 1983

Abida secale (DRAPARNAUD 1801)
Roggenkornschnecke

Merkmale: Das zylindrische hellbraune Gehäuse hat 8–10 Umgänge und feine regelmäßige Rippen, die auf der letzten Windung schwächer werden. Zum Apex hin ist das Gehäuse gleichmäßig verjüngt, die Nähte sind recht flach, die Umgänge sind sehr fein und regelmäßig gerippt. Der helle kallöse Mundsaum ist krempig umgebogen, der Angularzahn ist deutlich ausgeprägt, in Richtung Außenlippe ist neben ihm meist 1 kleiner Subangularzahn angelegt. 1 weiterer etwas tiefer in der Mündung gelegener Parietalzahn, 2 Columellarlamellen und 4 Palatallamellen, von denen mindestens die unteren 3 mit dem Mundrand verbunden sind, komplettieren die Mündungsbewehrung zu insgesamt 8–9 Mündungsfalten. Am kallösen Mundsaum befindet sich kein sehr dicker weißer Nackenwulst (vgl. *Granaria frumentum*).
Maße: 6–11 × 2,3–2,8 mm.
Formen im Gebiet und ähnliche Arten: Die Art variiert in Deutschland überwiegend in der Gehäuselänge und der Zahl der Umgänge.
Lebensraum: *A. secale* ist kalkliebend, sie lebt auf Trockenrasen, in offenen Wäldern und zwischen Felsen und Geröll.
Gefährdung (RL-D 2012): G – Gefährdung unbekannten Ausmaßes.
Verbreitung im Gebiet: *A. secale* lebt im mittleren und südlichen Deutschland zerstreut bis verbreitet auf Kalkstandorten. (VT: alpin-westeuropäisch).
Weiterführende Literatur: Anatomie GROSSU 1987, SCHILEYKO 1998, verwandte Arten GITTENBERGER 1973, KERNEY, CAMERON & JUNGBLUTH 1983

Chondrina avenacea (Bruguière 1792)
Westliche Haferkornschnecke

Merkmale: Das dunkel rotbraune oder dunkelgraue und etwas rippenstreifige Gehäuse hat 7–8 stark gewölbte Umgänge. Der parietal nicht zusammenhängende weißliche Mundsaum ist zerbrechlich und nur wenig verdickt, der Mündungsrand ist krempenartig zurückgebogen. Die Mündung ist kräftig bezahnt, der Angularzahn ist deutlich ausgebildet, ebenso 1 Parietalzahn, der recht tief in der Mündung angelegt ist. Von den 3 Palatalzähnen reicht der oberste bis an den Mündungsrand, der oberhalb davon liegende kleine Zahn (Suprapalatalzahn) ist nur schwach oder fehlend ausgebildet. 2 Columellarzähne sind etwas kallös. Bei senkrechtem Mündungseinblick stehen die Columellar- und Palatalzähne sich ungefähr gegenüber, befinden sich also auf etwa gleicher Höhe (vgl. *C. arcadica*).
Maße: 6–8 × 2,3–2,5 mm.
Formen im Gebiet und ähnliche Arten: Die Art variiert im Bearbeitungsgebiet geringfügig in der Mündungsarmatur und im Längen-Breiten-Verhältnis.
Lebensraum: *C. avenacea* lebt an Kalk- oder Dolomitfelsen und Mauern, sie sitzt in der Trockenstarre oft offen auf der Oberfläche der Felsen.
Gefährdung (RL-D 2012): G – Gefährdung unbekannten Ausmaßes.
Verbreitung im Gebiet: *C. avenacea* lebt im mittleren und südlichen Deutschland zerstreut bis verbreitet auf Kalkstandorten. (VT: alpin-westeuropäisch).
Weiterführende Literatur: Anatomie Grossu 1987, Schileyko 1998, verwandte Arten Gittenberger 1973, Kerney, Cameron & Jungbluth 1983

Chondrina arcadica (REINHARDT 1881)
Feingerippte Haferkornschnecke

Andere Namen: *C. clienta* (WESTERLUND 1883)

Merkmale: Das langgestreckt-konische Gehäuse ist dunkel-rotbraun oder dunkelgrau und recht kräftig gestreift bis gerippt. Die etwa 7 Umgänge sind stark gewölbt. Der nicht zusammenhängende, krempenartig zurückgebogene weißliche Mundsaum ist nur wenig verdickt und sehr zerbrechlich. Die Bezahnung der Mündung ist der von *C. avenacea* sehr ähnlich (vgl. dort), von den Palatalzähnen sind allerdings nur 2 kräftig angelegt, der dritte ist schwach oder fehlt. Bei senkrechtem Mündungseinblick stehen die Palatalzähne nicht auf gleicher Höhe mit den Parietalen, sondern sind mehr zur Basis hin angelegt (vgl. *C. avenacea*), stehen also auf der Höhe der Zwischenräume der Zähne. Zum Kennenlernen der Arten und zu deren Unterscheidung wird die Nutzung von Vergleichsmaterial empfohlen.
Maße: 6-8 × 2,3-2,5 mm.
Formen im Gebiet und ähnliche Arten: Mündungsarmatur und Gehäuseform sind etwas variabel. Für Mitteleuropa wurde bis zum Beginn des 21. Jahrhunderts der Name *C. clienta* im Artrang verwendet. Heute werden die Tiere aus Mitteleuropa zur aus Griechenland beschriebenen *C. arcadica* gerechnet und zumeist im Unterartrang als *C. arcadica clienta* bezeichnet.
Lebensraum: *C. arcadica* lebt hauptsächlich montan an offenen Kalkfelsen und an Geröll.
Gefährdung (RL-D 2012): R – Extrem selten.
Verbreitung im Gebiet: *C. arcadica* ist in Deutschland auf den südöstlichsten Bereich (Allgäu bis Berchtesgaden) und Franken beschränkt, außerdem wurde ein Vorkommen auf der östlichen Schwäbischen Alb nachgewiesen. (VT: ostalpin).
Weiterführende Literatur: Anatomie GROSSU 1987, SCHILEYKO 1998, verwandte Arten GITTENBERGER 1973, KERNEY, CAMERON & JUNGBLUTH 1983

Familie Pyramidulidae

Felsen-Pyramidenschnecken

Familie Pyramidulidae: 1. *Pyramidula pusilla*, zum Vergleich: 2. Familie Valloniidae

Diese felsbewohnende Familie umfasst in Europa nur wenige, sehr ähnliche Arten. Die Gehäuse der Tiere sind kreiselförmig bis eckig-kugelig mit sehr tiefen Nähten. Die Tiere sind lebendgebärend.

Pyramidula pusilla

Pyramidula pusilla (Vallot 1801) und *Pyramidula saxatilis* (Hartmann 1842)
Felsen-Pyramidenschnecke

Andere Namen: *P. rupestris* auctt. non Draparnaud 1801 (die Arten wurden lange unter diesem Namen geführt, inzwischen werden in der Gattung mehrere verwandte Arten unterschieden, von denen noch nicht bei allen die Abgrenzung abschließend geklärt ist).

Merkmale: Das Gehäuse dieser kleinen Felsenschnecken ist gedrückt kreiselförmig mit rundlichen, etwas geschulterten Umgängen und sehr stark eingetiefter Naht. Es ist deutlich breiter als hoch. Die Umgänge nehmen gleichmäßig zu, nur der letzte Umgang ist vor der Mündung etwas in Richtung Nabel eingezogen. Die Mündung ist flach queroval, der Mundsaum nicht verstärkt, zerbrechlich und nur im Nabelbereich etwas umgeschlagen. Der Nabel ist groß, perspektivisch und tief. Er umfasst etwa ¼ bis ⅓ der Gehäusebreite. Das Gehäuse ist dunkel hornbraun mit zahlreichen sehr feinen und engen Anwachsstreifen.

Maße: 2,5–3,0 × 1,4–2,2 mm.

Formen im Gebiet und ähnliche Arten: Die Tiere sind in Deutschland wenig variabel, molekulare Untersuchungen haben gezeigt, dass mindestens die beiden genannten Arten in Mitteleuropa vorkommen, die sich vielleicht in der Dichte ihrer Mikroskulptur unterscheiden, dies ist noch nicht ausreichend erforscht.

Lebensraum: Die Tiere leben auf trockenen und exponierten Kalkfelsen und Mauern. Wenn diese sehr besonnt sind, sind sie in Ritzen versteckt und kriechen bei feuchter Witterung umher.

Gefährdung (RL-D 2012): V – Vorwarnliste.

Verbreitung im Gebiet: Im westlichen Teil des südlichen und mittleren Deutschlands sind die Tiere an Kalkfelsen und Mauern verbreitet, nach Osten und Norden hin fehlen sie. (VT: alpin-mediterran).

Weiterführende Literatur (auch incl. *P. rupestris* s.l.): Anatomie Grossu 1987, Schileyko 1998, allgemein: Gittenberger & Bank 1996, Martinéz-Ortí et al. 2007, Kirchner et al. 2015, Falkner & Rosenbauer 2021, Horsáková et al. 2022

Familie Valloniidae

Grasschnecken

Familie Valloniidae: 1. *Vallonia costata*, 2. *Vallonia suevica*, 3. *Vallonia alamannica*, 4. *Vallonia pulchella*, 5. *Vallonia enniensis*, 6. *Vallonia excentrica*, 7. *Vallonia declivis*, 8. *Acanthinula aculeata*, 9. *Spermodea lamellata*

Die zwei Unterfamilien der Valloniidae unterscheiden sich gehäusemorphologisch deutlich: Die Valloniinae haben farblose oder weiße und scheibenförmig abgeflachte Gehäuse, die Acanthinulinae sind braun und kugelig. Auch die Lebensweise ist unterschiedlich: Valloniinae sind Bewohner offener Habitate, während Acanthinulinae gehölzbestandene Lebensräume und Wälder bevorzugen.

Vallonia costata (O. F. Müller 1774)

Gerippte Grasschnecke

Merkmale: Das scheibenförmige Gehäuse hat meist etwas mehr als 3 Umgänge. Da ihre Peripherie etwas oberhalb der Mitte liegt, sind die Umgänge etwas geschultert. Der Nabel ist sehr weit und perspektivisch. Der Mundsaum weist eine starke, krempenartig umgeschlagene und verdickte Lippe auf. Die fast kreisrunde Mündung steht sehr schräg. Das Gehäuse ist mäßig dicht gerippt, wobei die Rippen auf dem Kalkgehäuse meist fadenförmig sichtbar sind. Die kalkige Skulptur wird durch hohe Conchin-Rippen des Periostracums verstärkt. Das Gehäuse ist etwas durchscheinend und weist neben den Rippen auch deutliche Anwachsstreifen und eine ebenso streifige Mikrostruktur des Periostracums auf. Die Gehäusefarbe ist meist etwas gelblich oder hell bräunlichgrau.
Maße: 2,1–2,8 mm breit.
Formen im Gebiet und ähnliche Arten: Die Art variiert in der Ausprägung der Rippung und des Mündungsrandes. Ältere und erodierte Gehäuse sind früher oft mit anderen Arten der Gattung verwechselt worden. Die weitläufige Rippung ist im Nabelbereich oft am besten erhalten.
Lebensraum: *V. costata* lebt in vielfältigen offenen Biotopen, häufig in frischen

bis mäßig trockenen Rasen und Wiesen. Gerne bewohnt sie kalkreiche Trockenstandorte, dort lebt sie auch auf Felsvorsprüngen. Vorkommen in lichten trockenen Wäldern sind selten, ebenso Populationen in Sumpfwiesen.
Gefährdung (RL-D 2012): * – Ungefährdet.
Verbreitung im Gebiet: In Deutschland fast überall verbreitet und oft häufig. (VT: holarktisch).
Weiterführende Literatur: Monographie GERBER 1996, Anatomie GROSSU 1987

Vallonia suevica GEYER 1908
Schwäbische Grasschnecke

Merkmale: Das scheibenförmige Gehäuse hat etwas mehr als 3 Umgänge, die meist gleichmäßig gerundet sind. Der Nabel ist mit 3/10 der Gehäusebreite sehr weit und perspektivisch. Der Mundsaum weist eine starke, krempenartig umgeschlagene und verdickte Lippe auf. Die fast kreisrunde Mündung ist sehr schräg gestellt und steigt kurz vor der Lippe abrupt etwas herab. Dem Gehäuse fehlen die Rippenstreifen von *V. costata*, nahe der Mündung können zwei oder drei sehr schwache Rippen auftreten. Es weist zahlreiche Anwachsstreifen auf, die fein und regelmäßig oder grob und unregelmäßig sein können. Das Gehäuse ist gelblich oder hell bräunlich gefärbt und nur schwach durchscheinend.
Maße: 2,1–2,7 mm breit.
Formen im Gebiet und ähnliche Arten: Die Art variiert etwas in der Gehäusegröße und Ausprägung der Mündung. *V. suevica* ist bis auf das Fehlen der Rippen *V. costata* sehr ähnlich. Die früher als eigenständige Art aus zentralasiatischer Verwandtschaft bezeichnete *V. alamannica* wurde zwischenzeitlich in die Synonymie von *V. suevica* gestellt, aktuelle Untersuchungen (zum Beispiel RÄHLE

2011) scheinen die Selbstständigkeit wieder zu bestätigen.

Lebensraum: *V. suevica* lebt in frischen bis mäßig trockenen Wiesen und Rasen, wobei etwas feuchtere Bereiche bevorzugt werden. Die Art kommt jedoch nicht in staunassen Sumpf- oder Auwiesen vor.

Gefährdung (RL-D 2012): 1 – Vom Aussterben bedroht.

Verbreitung im Gebiet: In Deutschland ist die Verbreitung unzureichend bekannt, früher wurde angenommen, dass *V. suevica* auf wenige Vorkommen in Baden-Württemberg beschränkt sei, heute gibt es einzelne Nachweise auch in anderen Regionen, allerdings kommt die Art an vielen ihrer früheren Vorkommen in den südwestdeutschen Flusstälern heute nicht mehr lebend vor. (VT: mitteleuropäisch).

Weiterführende Literatur: Monographie GERBER 1996, aktuell RÄHLE 2011

Vallonia alamannica GEYER 1908
Alamannische Grasschnecke

Merkmale: Das scheibenförmige Gehäuse ist relativ rundlich und hat etwa 3½ gleichmäßig zunehmende (also nicht plötzlich erweiterte) und gerundete Umgänge. Der Nabel ist deutlich exzentrisch und sehr weit und perspektivisch. Der Mundsaum weist eine recht starke, krempenartig umgeschlagene und verdickte Lippe auf, die viel stärker ausgebildet ist als bei *V. declivis*, jedoch schwächer als bei *V. suevica*. Die Mündung ist extrem schräg gestellt und gleichmäßig sehr weit auf das untere Drittel des letzten Umganges herabgestiegen. Das frische Gehäuse ist hell bräunlich.

Maße: 2,5–2,9 × 1,4–1,8 mm breit.

Formen im Gebiet und ähnliche Arten: Die Art ist kaum bekannt, sie wurde in die Verwandtschaft zentralasiatischer *Vallonia*-Arten gestellt und zwischenzeitlich als Synonym von *V. suevica* betrachtet. Ihr taxonomischer Status ist weiterhin unklar.

Lebensraum: *V. alamannica* wurde bisher nur zweimal lebend/lebendfrisch gefunden.

Gefährdung (RL-D 2012): nicht genannt. (Eine passende Einstufung wäre R – extrem selten.)

Verbreitung im Gebiet: Die Art ist in Deutschland unzureichend bekannt und wurde lebend offensichtlich bisher nur einmal gefunden. (VT: mitteleuropäisch-endemisch).

Weiterführende Literatur: Monographie GERBER 1996, aktuell RÄHLE 2011

Vallonia pulchella (O. F. MÜLLER 1774)
Glatte Grasschnecke

Merkmale: Das scheibenförmige Gehäuse hat meist etwa 3 Umgänge, der Nabel ist weit und perspektivisch, dabei relativ rundlich, wobei der letzte Umgang im Nabel die Spirale der vorigen Umgänge gleichmäßig fortsetzt. Der letzte Umgang ist nicht deutlich erweitert. Der Mundsaum ist stark verdickt und stumpf krempenartig in rechtem Winkel umgeschlagen, dies ist meist gut sichtbar, wenn man das Gehäuse von unten schräg am Mundsaum entlang betrachtet. Das Gehäuse ist deutlich gestreift, manchmal sogar so rippenstreifig, dass bei ungenügender Kenntnis eine Verwechslung mit *V. enniensis* möglich ist. Der nicht erweiterte letzte Umgang und der rundliche Nabel helfen bei der Trennung von *V. excentrica*. Das Gehäuse von *V. pulchella* ist oft glasklar, farblos und durchsichtig, manchmal auch weißlich oder gelblichweiß.

Maße: 2,0–2,7 mm breit.

Formen im Gebiet und ähnliche Arten: Die Art variiert in der Ausprägung der

Streifung, oft lässt sich die Feuchtigkeit des Lebensraumes mit der Intensität der Streifung korrelieren. Ältere und erodierte Gehäuse wurden früher sogar mit *V. costata* verwechselt, auch einige Literaturangaben von *V. enniensis* in Deutschland betreffen *V. pulchella*, die Arten sind am sehr stark rippenstreifigen Gehäuse von *V. enniensis* zu unterscheiden. Historische Daten wurden auch sehr häufig nicht korrekt von *V. excentrica* getrennt, die Unterscheidung beider Arten ist nicht immer einfach. Auch *V. declivis* kann ähnlich sein, die Art ist größer und weist einen kaum oder nicht verdickten Mundsaum auf.
Lebensraum: *V. pulchella* lebt in offenen Biotopen, gerne in feuchten Rasen- und Wiesenbiotopen. Trockenere Standorte sind seltener, aber es werden sogar trockene Kalkfelsen besiedelt.
Gefährdung (RL-D 2012): * – Ungefährdet.
Verbreitung im Gebiet: In Deutschland ist die Art fast überall verbreitet und oft häufig, jedoch offensichtlich weniger häufig als *V. excentrica*. Es liegen allerdings noch nicht genug Daten vor, um dies endgültig zu bestätigen. (VT: holarktisch).
Weiterführende Literatur: Monographie GERBER 1996, Anatomie SCHILEYKO 1998

Vallonia pulchella

Vallonia enniensis (GREDLER 1856)
Feingerippte Grasschnecke

Merkmale: Das scheibenförmige Gehäuse hat meist etwa 3 Umgänge, der Nabel ist weit und perspektivisch, die Gehäuseform ist mit *V. pulchella* praktisch identisch, meist geringfügig kleiner. Charakteristisch ist die Skulptur: Gehäuse von *V. enniensis* weisen eine große Zahl von kräftigen stumpfen kalkigen Rippen auf, die typische Exemplare unverwechselbar machen. Die Rippen bleiben auch bei erodierten oder fossilen Stücken erhalten. Der Mundsaum ist wie bei *V. pulchella* stark verdickt und stumpf krempenartig in rechtem Winkel umgeschlagen, am besten sichtbar bei Betrachtung von unten. Das Gehäuse von *V. enniensis* ist frisch milchig-transparent bis fast durchsichtig, allerdings aufgrund der Rippung meist weniger durchsichtig als *V. pulchella*.
Maße: 2,1–2,6 mm breit.
Formen im Gebiet und ähnliche Arten: Die Art variiert etwas in der Ausprägung der Rippung. Stark gestreifte Exemplare von *V. pulchella* wurden früher mit *V. enniensis* verwechselt, entsprechend sind historische Angaben in Mitteleuropa zum Teil kritisch zu betrachten. Bei Kenntnis von *V. enniensis* ist ein Verwechseln kaum möglich.
Lebensraum: *V. enniensis* ist eine wärmeliebende Art kalkiger Flachmoorstandorte. Sie scheint spezialisierter zu sein als *V. pulchella* und ist offensichtlich in Mitteleuropa auf dem Rückzug.
Gefährdung (RL-D 2012): 1 – Vom Aussterben bedroht.
Verbreitung im Gebiet: In Deutschland wurde *V. enniensis* in mehreren Bundesländern nachgewiesen, sie ist allerdings sehr selten. (VT: holarktisch).
Weiterführende Literatur: Monographie GERBER 1996

Vallonia excentrica STERKI 1893
Schiefe Grasschnecke

Merkmale: Das scheibenförmige Gehäuse hat meist etwa 3 Umgänge, der Nabel ist weit und perspektivisch, dabei etwas asymmetrisch (wie verbogen). Der letzte Umgang ist deutlich erweitert, das Gehäuse der Art wirkt, wie sein Artname beschreibt, exzentrisch. Die Oberfläche ist nicht gerippt, weist aber meist recht deutliche Anwachsstreifen auf. Der letzte Umgang geht allmählich in Mundsaum und Lippe über, ist also nicht wie bei *V. pulchella* rechtwinklig abgeknickt. Dieser gleichmäßige Übergang ist besonders gut bei der Ansicht von unten entlang des Mündungsrandes sichtbar. Meist ist die Lippe in der Mündung mit einem kräftigen weißen Kallus verdickt, jedoch nicht krempenartig umgeschlagen. Die Art ist üblicherweise kleiner als *V. pulchella*.
Maße: 2,0–2,5 mm breit.
Formen im Gebiet und ähnliche Arten: Die Art ist in Streifung und Erweiterung des letzten Umganges etwas variabel, sie wurde früher oft nicht korrekt von *V. pulchella* getrennt.
Lebensraum: *V. excentrica* hat ihr Verbreitungsoptimum in frischen bis halbtrockenen Rasen oder Wiesen, sie lebt oft an anthropogen beeinflussten Standorten und toleriert Mahd und Vertritt am besten von allen Gehäuseschnecken. In Trockenrasen oder echten Feuchtwiesen ist sie nicht häufig.
Gefährdung (RL-D 2012): * – Ungefährdet.
Verbreitung im Gebiet: In Deutschland ist *V. excentrica* weit verbreitet und häufig, wegen der Verwechslung mit *V. pulchella* historisch nicht überall gesichert von dieser getrennt, aber vermutlich häufiger als diese. (VT: holarktisch).
Weiterführende Literatur: Monographie GERBER 1996

Vallonia declivis Sterki 1893
Große Grasschnecke

Merkmale: Das Gehäuse dieser größten heimischen Grasschnecke ist mäßig gestreift und etwas seidenglänzend, es ist sehr regelmäßig rund mit einem rundlichen perspektivischen Nabel. Die Mündung ist rund mit schiefer, aber wenig herabsteigender Mündung, die Lippe ist dünn und nur schwach kallös verstärkt.
Maße: 2,3–3,1 mm breit.
Formen im Gebiet und ähnliche Arten: Die Art ist wenig variabel. Von der kleineren *V. pulchella* ist *V. declivis* hauptsächlich durch die nicht verdickte Mündung und die Größe unterschieden, von *V. alamannica* durch die viel weniger herabsteigende Mündung.
Lebensraum: *V. declivis* lebt in feuchten Wiesen, selten in Rieden und Röhrichten.
Gefährdung (RL-D 2012): 1 – Vom Aussterben bedroht.
Verbreitung im Gebiet: *V. declivis* kommt in Deutschland nur sporadisch vor, sie erreicht die Nordgrenze im südlichen Niedersachsen. Früher war die Art vor allem in Baden-Württemberg verbreitet, heute sind selbst Gehäusefunde dort sehr selten und in ganz Deutschland fehlen aktuelle Lebendnachweise fast völlig. Die Vorkommen an den meisten historischen Fundorten sind erloschen. (VT: mitteleuropäisch).
Weiterführende Literatur: Monographie Gerber 1996, aktuell Rähle 2011

Acanthinula aculeata (O. F. MÜLLER 1774)
Stachelschnecke

Merkmale: Das Gehäuse von *A. aculeata* ist braun und kantig-kugelig, wobei das etwas konische Gewinde stärker gewölbt ist als die etwas abgeflachte Basis. Der Mundsaum ist nur wenig kallös verdickt und etwas umgeschlagen. Das Gehäuse ist mit weitläufigen Rippen skulpturiert, die noch mit erhobenen Periostracum-Lamellen verstärkt sind. Bei vielen Exemplaren sind an der Peripherie des Umganges die Lamellen zu mehr oder weniger stachelartigen Spitzen ausgezogen, zwischen Peripherie und Nabel befindet sich oft eine Reihe weiterer viel schwächer ausgeprägter Spitzen. Der Nabel ist offen.
Maße: 2 × 2 mm.
Formen im Gebiet und ähnliche Arten: Die Art ist in der Ausprägung der Conchin-Rippen bzw. der Bestachelung etwas variabel, noch verstärkt durch unterschiedliche Erosionsgrade des Periostracums.
Lebensraum: *A. aculeata* lebt nur selten in offenen Habitaten, sie bewohnt gehölzbestandene Biotope, wie Wälder, Gebüsche und Hecken. Hier lebt sie in der Laubstreu oder unter liegendem Holz, Felsen oder Steinen.
Gefährdung (RL-D 2012): * – Ungefährdet.
Verbreitung im Gebiet: *A. aculeata* lebt fast überall in Deutschland, sie ist allerdings nicht überall häufig. (VT: westpaläarktisch).
Weiterführende Literatur: Anatomie Grossu 1987, Schileyko 1998

Spermodea lamellata (JEFFREYS 1830)
Bienenkörbchen

Merkmale: Das Gehäuse von *Spermodea lamellata* ist gelbbraun und wie der obere Teil eines Bienenkorbes geformt, also oberhalb der Peripherie erhoben gerundet und an der Basis abgeflacht. Die Umgänge sind regelmäßig eng gerippt. Die Mündung ist breit und nicht erweitert, der Mundsaum nicht verdickt oder kallös verstärkt.
Maße: 2 × 2 mm.
Formen im Gebiet und ähnliche Arten: Die Art ist wenig variabel.
Lebensraum: *S. lamellata* lebt im Bodenmulm in ursprünglichen Laubwäldern, vor allem in gewässer- bzw. küstennahen Buchenwäldern.
Gefährdung (RL-D 2012): R – Extrem selten.
Verbreitung im Gebiet: *S. lamellata* lebt sehr vereinzelt in Norddeutschland, in Mecklenburg-Vorpommern und Schleswig-Holstein sind einige Gebiete nahe der Ostseeküste regelmäßiger besiedelt. (VT: westeuropäisch-atlantisch)
Weiterführende Literatur: Anatomie SCHILEYKO 1998, allgemein: MENZEL-HARLOFF 2013

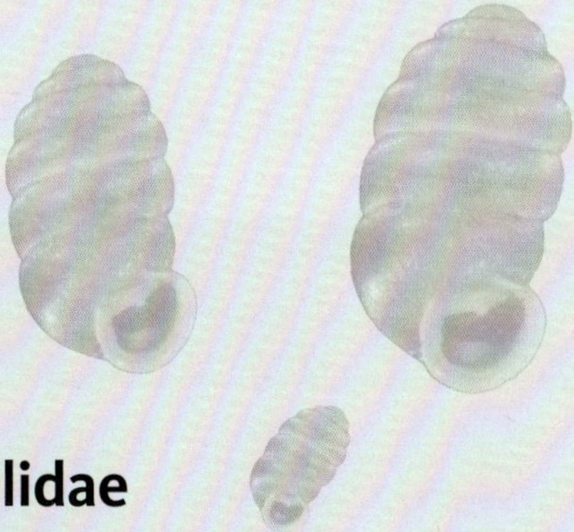

Familie Pupillidae
Puppenschnecken

Familie Pupillidae: 1. *Pupilla muscorum*, 2. „*Pupilla bigranata*", 3. „*Pupilla pratensis*", 4. *Pupilla alpicola*, 5. *Pupilla triplicata*, 6. *Pupilla sterrii*, zum Vergleich: 7. Familie Lauriidae

Die Pupillidae ähneln mit ihrem walzen- bis zylinderförmigen Gehäuse vergrößerten und dickschaligen Exemplaren der Windelschnecken. Es gibt einige Formen, deren Identität noch unklar ist, hier kann darauf gehofft werden, dass molekulargenetische Untersuchungen Auskünfte über die Verwandtschaftsgrade zwischen Exemplaren ungewöhnlicher Habitate geben.

Pupilla sterrii

Pupilla muscorum (Linnaeus 1758)
Moos-Puppenschnecke

Merkmale: Das Gehäuse ist walzen- bis tonnenförmig mit rundlich-konischer Spitze, wenig gewölbten Umgängen und wenig tiefer Naht. Die Färbung ist bräunlich, die Lippe innen verdickt und der Mündungsrand außen durch einen kräftigen weißen Nackenwulst verstärkt. Der eigentliche Mundsaum ist krempenartig umgebogen. Die Mündung weist meist 1 Parietalzahn auf, selten ist sie ungezähnt. Auch 1 Palatalzahn, der kallös ausgebildet sein kann, ist manchmal vorhanden. In einigen Gebieten kann man nachweisen, dass Trockenheit und Kalkreichtum des Lebensraumes mit kleineren, dickeren und kräftiger bezahnten Gehäusen einhergehen.
Maße: 3–4 × 1,7 mm.
Formen im Gebiet und ähnliche Arten: Die Art variiert im Längen-Breitenverhältnis, in der Kallosität und Bezahnung wie auch in der Wölbung der Umgänge. Verwechslungen sind insbesondere mit „*P. pratensis*“ und „*P. bigranata*“ möglich.
Lebensraum: *P. muscorum* bewohnt trockene, offene und kalkreiche Standorte. Dabei besiedelt sie den Bodenmulm oder lebt zwischen den Wurzeln der niedrigen Vegetation oder nahe des Bodens. Auch Felsstandorte, alte Mauern, Geröll und kalkhaltige Dünen oder Deiche sind bevorzugte Standorte. Ob Vorkommen in Sumpfwiesen oder Riedflächen ausschließlich der früher unter *P. muscorum* geführten „*P. pratensis*“ (und damit wohl *P. alpicola*) zuzurechnen sind, ist noch nicht geklärt.
Gefährdung (RL-D 2012): V – Vorwarnliste.
Verbreitung im Gebiet: In Deutschland ist die Art weit verbreitet. (VT: holarktisch).
Weiterführende Literatur: Anatomie Grossu 1987, Schileyko 1998, div. Nekola et al. 2015

Pupilla sterrii (Voith 1840)
Gestreifte Puppenschnecke

Merkmale: Das rötlich-braune zylindrische Gehäuse hat 6–7 stark gewölbte Umgänge mit tiefer Naht. Der letzte Umgang ist oft etwas breiter als der vorletzte und der Apex ist rund und stumpf. Ein heller Nackenwulst ist recht deutlich. In der Mündung sind 2 Zähne sichtbar, der parietale ist meist klein, der Palatalzahn ist verdickt und bei Frontalansicht auf die Mündung gut zu erkennen. Das Gehäuse ist recht grob gestreift. Es ist in den Maßen und im Verhältnis meist etwas breiter als das von *P. triplicata*. Der Palatalzahn ist bei *P. sterrii* rundlicher und näher am Mündungsrand.
Maße: 2,8–3,5 × 1,6 mm.
Formen im Gebiet und ähnliche Arten: Die Art ist in der Höhe etwas variabel, Verwechslungen mit der kleineren *P. triplicata* sind möglich.
Lebensraum: *P. sterrii* lebt meist montan auf sehr trockenem Kalkgrund.
Gefährdung (RL-D 2012): 2 – Stark gefährdet.
Verbreitung im Gebiet: In Deutschland wurde die Art nur sporadisch bzw. sehr zerstreut und selten gefunden. (VT: meridional-eurasisch).
Verbreitung im Gebiet: Es liegen Funde aus mehreren Bundesländern vor, die Art ist jedoch noch ungenügend bekannt. (VT: süd-westeuropäisch).
Weiterführende Literatur: Ložek 1964, Horsák et al. 2010, Nekola et al. 2015

„*Pupilla pratensis* (CLESSIN 1871)“
Feuchtwiesen-Puppenschnecke

Merkmale: Das Gehäuse ist walzenförmig-zylindrisch mit rundlicher Spitze und etwas flachem Apex, die Mündung wirkt eckig. Die Umgänge sind gewölbt, die Naht ist recht tief. Das Gehäuse ist kastanienbraun gefärbt und weist gröbere Anwachsstreifen auf als *P. muscorum*. Der Parietalzahn ist meistens schwach ausgebildet, seltener stärker oder fehlend. Fast immer ist ein kleiner palataler Kallus vorhanden.
Maße: 3,5–4,5 × 1,9–2,1 mm.
Formen im Gebiet und ähnliche Arten: Nach molekularen Untersuchungen soll „*P. pratensis*“ mit *P. alpicola* identisch sein, früher wurde sie aus morphologischen Gründen meist als Form zu *P. muscorum* gestellt. Die *Pupilla*-Nachweise aus Feuchtwiesen sind vor allem im Flachland Mitteleuropas noch nicht ausreichend geklärt.
Lebensraum: „*P. pratensis*“ lebt an kalkreichen Niedermoorstandorten auf Feuchtwiesen. Auch Riedflächen können offensichtlich von ihr besiedelt werden.

Pupilla alpicola

Gefährdung (RL-D 2012): R – Extrem selten.
Verbreitung im Gebiet: Es liegen bisher nur sehr wenige Funde vor, in Mecklenburg-Vorpommern wurde „*P. pratensis*" genauer untersucht, entsprechend ist die Dichte der Angaben hier etwas höher. (VT: wenn separat zu betrachten, dann nord-mitteleuropäisch, wenn identisch mit *P. alpicola*, dann europäisch).
Weiterführende Literatur: JUEG 1997, PROSCHWITZ et al. 2009, HORSÁK et al. 2010, PROSCHWITZ 2010, NEKOLA et al. 2015

Pupilla alpicola (CHARPENTIER 1837)
Alpen-Puppenschnecke

Merkmale: Das kastanienbraune Gehäuse ist zylindrisch und hat mäßig gewölbte Umgänge mit etwas eingetiefter Naht. Es ist deutlich gestreift und etwas dünnschaliger als *P. muscorum*. Der Mundsaum ist wenig verdickt, die Mündung ist breiter als hoch (flacher als bei *P. muscorum*) und normalerweise zahnlos, höchstens 1 schwacher Parietalzahn ist manchmal vorhanden. Der Nackenwulst fehlt oder ist nur äußerst schwach ausgebildet.
Maße: 2,8–3,3 × 1,8 mm.
Formen im Gebiet und ähnliche Arten: Die Art variiert im Längen-Breiten-Verhältnis. Zur möglichen Identität mit „*P. pratensis*" siehe dort.
Lebensraum: *P. alpicola* bewohnt Kalkmoore und nasse Wiesen im Bergland.
Gefährdung (RL-D 2012): 1 – Vom Aussterben bedroht.
Verbreitung im Gebiet: In Deutschland lebt *P. alpicola* nur vereinzelt in den Alpen und in der Fränkischen Schweiz. (VT: alpin, wenn „P. pratensis" eingeschlossen, dann europäisch).
Weiterführende Literatur: Anatomie GROSSU 1987, div. LOŽEK 1964, HORSÁK et al. 2010, NEKOLA et al. 2015

Pupilla triplicata (Studer 1820)
Dreizähnige Puppenschnecke

Merkmale: Das kleine, rötlich-braune zylindrische Gehäuse hat 6–7 stark gewölbte Umgänge mit tiefer Naht. Der Apex ist rund und stumpf. Ein Nackenwulst ist recht deutlich, davor liegt parallel eine Einschnürung. Der Mündungsrand ist krempenförmig umgebogen. Die Mündung weist normalerweise 3 Zähne auf (1 columellar, 1 parietal, 1 palatal), wovon der Palatalzahn als langgestreckte Lamelle angelegt ist. Er scheint auf der Außenseite des Gehäuses durch und ist dort durch eine ritzenartige Vertiefung markiert. Das Gehäuse ist sehr fein gestreift. Maße: 2,2–2,8 × 1,4 mm (sehr selten größer).
Formen im Gebiet und ähnliche Arten: Die Art variiert in der Größe, Verwechslungen mit der größeren *P. sterrii* sind möglich.
Lebensraum: *P. triplicata* lebt auf Kalktrockenrasen, an exponierten trockenen Kalkfelsen und auf Kalkgeröll. Die Tiere sitzen wie die anderen Vertreter der Gattung zwischen Pflanzenteilen in Bodennähe, teilweise auch zwischen den Wurzeln der Pflanzen.
Gefährdung (RL-D 2012): R – Extrem selten.
Verbreitung im Gebiet: Die Art hat im Bearbeitungsgebiet nur sehr vereinzelte Vorkommen in Süddeutschland, wenn sie mit „*P. bigranata*“ identisch ist, dann gibt es weitere sporadische Vorkommen. (VT: alpin).
Weiterführende Literatur: Anatomie Grossu 1987, div. Ložek 1964, Horsák et al. 2010, Nekola et al. 2015

„*Pupilla bigranata* (ROSSMÄSSLER 1839)“
Zweizähnige Puppenschnecke

Merkmale: Das Gehäuse ist walzen- bis tonnenförmig, mit rundlich-konischer Spitze, wenig gewölbten Umgängen, wenig tiefer Naht und feinen Anwachsstreifen. Die Färbung des Gehäuses ist braun. Die Spitze ist nicht ganz so erhoben wie bei *P. muscorum*, der Apex jedoch kleiner als bei *P. sterrii*. Ein gelblicher Nackenwulst ist deutlich, die Mündung ist etwas variabel bezahnt, der Parietalzahn ist vorhanden, ein kallöser Palatalzahn, der auch bei senkrechtem Einblick in die Mündung gut sichtbar ist, kann auch fehlen.
Maße: 2,5–3,1 × 1,5–1,7 mm.
Formen im Gebiet und ähnliche Arten: „*P. bigranata*“ wurde in den letzten Jahrzehnten sehr verschieden interpretiert. Nach aktueller Lesart handelt es sich bei den Tieren dieses Namens um eine Variante von *Pupilla triplicata*. Insgesamt scheinen die Vertreter der Gattung *Pupilla* noch nicht ausreichend erforscht zu sein. Die Unklarheit über die möglicherweise unterschiedlichen Formenkreise, die unter dem Namen *P. bigranata* in der Literatur zu finden sind, soll hier nicht diskutiert werden. Das hier abgebildete Exemplar entspricht der Interpretation von *P. bigranata* im Sinne von GEYER 1910, gehört also vermutlich zu *P. triplicata*.
Lebensraum: „*P. bigranata*“ bewohnt trockene, offene und meist kalkreiche Standorte, oft Felshalden, Felsen oder Mauern, auch Trockenrasen werden von ihr besiedelt.
Gefährdung (RL-D 2012): R – Extrem selten.
Weiterführende Literatur: GEYER 1910, GROSSU 1987, TURNER et al. 1998, BÖSSNECK 2009, NEKOLA et al. 2015

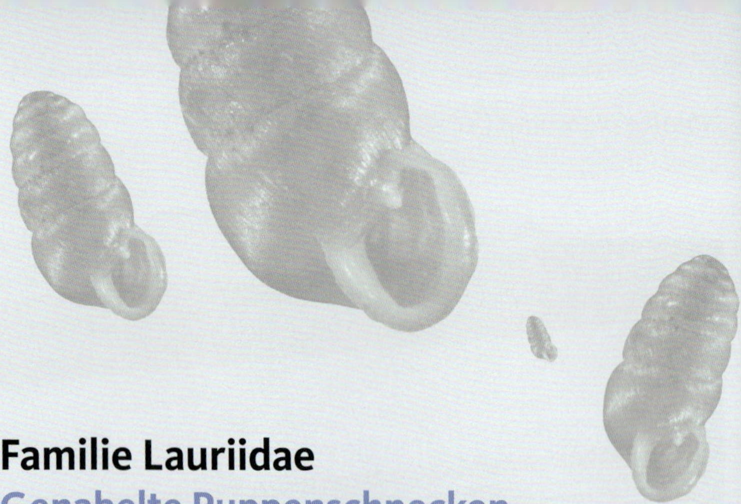

Familie Lauriidae
Genabelte Puppenschnecken

Familie Lauriidae: 1. *Lauria cylindracea*, zum Vergleich: 2.-7. Familie Pupillidae

Die Lauriidae wurden bis vor kurzem als Unterfamilie zu den Pupillidae gestellt. Sie ähneln den Vertretern dieser Familie, haben allerdings eine deutliche Angularfalte. Die Familie ist in West-, Mittel- und Südosteuropa, im Mittel- und Schwarzmeergebiet und auf den mittelatlantischen Inseln verbreitet.

Lauria cylindracea

Lauria cylindracea (DA COSTA 1778)

Genabelte Puppenschnecke

Merkmale: Beim eiförmigen bis fast zylindrischen Gehäuse ist der letzte Umgang meist am breitesten. Die Mündung ist mit einer weißen, kräftig kallösen Lippe verdickt. Die Mündung wirkt etwas eckig und ist oft höher als breit. Eine deutliche kallöse Angularfalte kennzeichnet die Art gegenüber den anderen Vertretern der Puppenschnecken im Bearbeitungsgebiet.
Maße: 3–4 × 1,8 mm.
Formen im Gebiet und ähnliche Arten: Die Art variiert in der Größe und Form, ist durch die fast immer vorhandene Angularfalte aber kaum zu verwechseln.
Lebensraum: *Lauria cylindracea* lebt in sehr unterschiedlichen Lebensräumen. Die südlicheren Vorkommen liegen auf trockenem Grund an Felsen oder Mauern. In Schleswig-Holstein dagegen kommt die Art vorwiegend in nassen Biotopen an Quellen vor. Sie lebt zumeist unter Laub oder anderem Bodensubstrat.
Gefährdung (RL-D 2012): 2 – Stark gefährdet.
Verbreitung im Gebiet: In Deutschland inzwischen in mehreren Regionen an vereinzelten Fundorten nachgewiesen. (VT: mediterran-westeuropäisch).
Weiterführende Literatur: Anatomie SCHILEYKO 1998, RENKER 2007

Familie Enidae

„Turmschnecken“, Vielfraßschnecken

Familie Enidae: 1. *Chondrula tridens*, 2. *Jaminia quadridens*, 3. *Ena montana*, 4. *Merdigera obscura*, 5. *Zebrina detrita*, 6. *Leucomastus varnensis*

Von den Enidae leben in Mitteleuropa nur sechs mittelgroße bis große Arten mit turmförmigem Gehäuse. Ein Vertreter der Familie ist linksgewunden und zwei Arten haben eine kräftige Mündungsbezahnung. Die Tiere besiedeln ein breites ökologisches Spektrum von Trockenrasen bis zu Feuchtwäldern.

Jaminia quadridens

Chondrula tridens (O. F. MÜLLER 1774)
Dreizahn-Turmschnecke

Merkmale: Das langgestreckt-konische hornbraune Gehäuse ist rechtsgewunden. Es hat nur schwach gewölbte Umgänge mit flacher Naht. Die weiße Lippe ist stark kallös verdickt und umgeschlagen. Parietal ist nur ein schwacher Kallus vorhanden. Die Mündung weist 3 kräftige Zähne auf, von denen der Columellarzahn nahe am Unterrand des Gehäuses angelegt ist und Parietal- und Palatalzahn sich nahe der oberen Mündungsecke etwas annähern. Eine kleine Angularfalte ist oft vorhanden.
Maße: 9–12 × 4–4,5 mm.
Formen im Gebiet und ähnliche Arten: Die Nominatform der Art ist im Gebiet bis auf die Gehäuselänge und Zahl der Umgänge wenig variabel. In einem erloschenen Vorkommen ist die viel größere Unterart *C. t. eximia* in Bayern nachgewiesen worden.
Lebensraum: *C. tridens* ist eine Art der trockenen Kalkstandorte, sie lebt vor allem auf Kalktrockenrasen, an felsigen Standorten ist sie seltener. Leere Gehäuse sind meist gut nachzuweisen, lebende Tiere sind bei Trockenheit oft sehr verborgen.
Gefährdung (RL-D 2012): 1 – Vom Aussterben bedroht.
Verbreitung im Gebiet: Im mittleren und südlichen Deutschland wurde die Art sehr zerstreut und im Bestand stark zurückgehend nachgewiesen. (VT: südostmitteleuropäisch).
Weiterführende Literatur: ROSSMÄSSLER 1835, Anatomie GROSSU 1987, SCHILEYKO 1998

Jaminia quadridens (O. F. Müller 1774)
Vierzahn-Turmschnecke

Merkmale: Das zylindrisch-konische hellbraune Gehäuse ist linksgewunden. Die Umgänge sind sehr wenig gewölbt, die Nähte der unteren Umgänge sind sehr flach, im oberen Bereich des Gehäuses etwas tiefer. Der etwas verdickte und kallöse weiße Mündungsrand ist mit 4 Zähnen armiert (2 columellar, 1 parietal, 1 palatal).
Maße: 7–12 × 3,5–4 mm.
Formen im Gebiet und ähnliche Arten: Die Art ist in Gehäusehöhe und Anzahl der Umgänge etwas variabel, aber nicht zu verwechseln.
Lebensraum: *J. quadridens* lebt auf trockenen kalkreichen Standorten, vor allem zwischen Kalkfelsen und weniger häufig auf Kalktrockenrasen. Lebende Exemplare sind bei trockener Witterung sehr verborgen.
Gefährdung (RL-D 2012): 1 – Vom Aussterben bedroht.
Verbreitung im Gebiet: In Deutschland hat *J. quadridens* nur sporadische Vorkommen im Rheintal und in dessen Umgebung, die Art fehlt weiter nördlich und östlich. (VT: mediterran-westeuropäisch).
Weiterführende Literatur: Anatomie Grossu 1987, Schileyko 1998

Ena montana (DRAPARNAUD 1801)
Berg-Turmschnecke

Merkmale: Das langgestreckt konische Gehäuse ist rechtsgewunden und braun bis grünbraun mit weißlichem bis hellrötlichem Mundsaum. Die Mündung ist zahnlos. Der Mundsaum ist krempenartig umgebogen, aber wenig verdickt. Parietal ist er nicht zusammenhängend, es ist aber ein schwacher parietaler Kallus vorhanden. Das Gehäuse ist recht kräftig gestreift, die Anwachsstreifen werden von Spirallinien gekreuzt, so dass eine wie narbig erscheinende Oberfläche entsteht.
Maße: 14–17 × 6–7 mm.
Formen im Gebiet und ähnliche Arten: Die Art ist wenig variabel, pigmentarme Exemplare kommen recht häufig vor.

Jungtiere der Enidae haben kegelförmige Gehäuse.

Lebensraum: *E. montana* lebt überwiegend montan, meist in feuchten Wäldern. Sie lebt in der Bodenstreu und steigt bei nasser Witterung an Stämmen oder Felsen empor.
Gefährdung (RL-D 2012): V – Vorwarnliste.
Verbreitung im Gebiet: *E. montana* fehlt im Norden. Vom südlichen Niedersachsen nach Süden lebt sie zerstreut bis verbreitet. (VT: mitteleuropäisch-karpatisch).
Weiterführende Literatur: Anatomie GROSSU 1987, SCHILEYKO 1998

Merdigera obscura (O. F. Müller 1774)
Kleine Turmschnecke

Andere Namen: *Ena obscura*

Merkmale: Das langgestreckt-konische braune Gehäuse ist rechtsgewunden mit weißlichem bis hellrötlichem Mundsaum. Die Mündung ist zahnlos, insgesamt ähnelt das Gehäuse *E. montana*, ist aber deutlich kleiner. Der Mundsaum ist krempenartig umgebogen, aber wenig verdickt. Parietal ist er nicht zusammenhängend, der Parietalkallus fehlt. Das Gehäuse ist fein gestreift, Spirallinien fehlen. Jungtiere sind kegelig. *M. obscura* ist eine der wenigen Arten, die sich tarnt: Besonders Jungtiere bekleben das Gehäuse mit Hilfe von Schleim mit einer Erdschicht oder einer Kruste aus feinen organischen Resten. Dadurch sind die Tiere an Steinen oder Baumstämmen nur schwer zu erkennen.
Maße: 8–9 × 3,7 mm.
Formen im Gebiet und ähnliche Arten: Die Art ist wenig variabel.
Lebensraum: *M. obscura* lebt in Wäldern oder Gebüsch und an Mauern. Sie bevorzugt feuchte Standorte. Bei nasser Witterung klettern die Tiere an Bäumen oder Steinen, sie bevorzugen glattborkige Bäume, z. B. Buchen. Trockene Witterung überdauern sie oft angeheftet an den Stämmen.
Gefährdung (RL-D 2012): * – Ungefährdet.
Verbreitung im Gebiet: *M. obscura* ist weit verbreitet und teilweise recht häufig. Sie fehlt nur in den bodensauren oder zu trockenen Gebieten. (VT: europäisch).
Weiterführende Literatur: Anatomie Gittenberger et al. 1984, Grossu 1987, Schileyko 1998

Zebrina detrita (O. F. Müller 1774)

Weiße Turmschnecke, Zebraschnecke, Märzenschnecke

Merkmale: Das langgestreckte kegelförmige Gehäuse ist weiß oder weiß-braun gestreift. Es ist rechtsgewunden und dickschalig, die Umgänge sind wenig gewölbt. Die Oberfläche ist meist glänzend. Das braune Streifenmuster ist unregelmäßig, die Streifen sind meist transparenter als die weißen Gehäusepartien. Der Mundsaum ist nicht zusammenhängend, der Parietalkallus fehlt, die Lippe ist etwas verstärkt und krempenartig umgeschlagen.

Maße: 12–30 × 8–12 mm.

Formen im Gebiet und ähnliche Arten: Die Art ist in der Höhe und Anzahl der Umgänge variabel. Die Zeichnung ist vielfältig, reinweiße Gehäuse oder wenig gestreifte Gehäuse kommen häufig vor, die namengebende braune Zebrastreifung kann aber auch so intensiv sein, dass die Streifen zu einer fast komplett hellbräunlichen Färbung des Gehäuses verschmelzen.

Lebensraum: *Z. detrita* lebt auf Kalktrockenrasen.

Gefährdung (RL-D 2012): 2 – Stark gefährdet.

Verbreitung im Gebiet: *Z. detrita* ist im südlichen Deutschland (mit Schwerpunkt im Südwesten) recht verbreitet, jedoch nicht häufig, ihre Populationen sind meist rückläufig oder zum Teil schon erloschen. (VT: südosteuropäisch).

Weiterführende Literatur: Anatomie Grossu 1987, Schileyko 1998

Leucomastus varnensis (L. Pfeiffer 1847)
Varna-Turmschnecke

Andere Namen: *Zebrina varnensis*

Merkmale: Das sehr langgestreckte schlanke Gehäuse ist weiß und hat recht gewölbte Umgänge. Es ist rechtsgewunden und dickschalig. Die Oberfläche ist glänzend. Im Vergleich zu *Zebrina detrita* fehlt das braune Streifenmuster und *L. varnensis* ist viel schlanker und zylindrischer, der Parietalkallus ist etwas stärker verdickt. Auch die Lippe ist oft etwas kallöser als bei *Zebrina detrita*, ragt etwas ausgebreitet über den Nabel und ist ansonsten nur schwach krempenartig umgeschlagen.
Maße: 19–26 × 6–7 mm.
Formen im Gebiet und ähnliche Arten: Die Art ist eingeschleppt und in ihrem kleinen Vorkommensgebiet in Deutschland wenig variabel.
Lebensraum: *L. varnensis* lebt auf Kalktrockenrasen.
Gefährdung (RL-D 2012): nb – Nicht bewertet.
Verbreitung im Gebiet: *L. varnensis* lebt in Bulgarien. Sie ist von dort nach Thüringen eingeschleppt worden. (VT: südosteuropäisch-bulgarisch).
Weiterführende Literatur: Anatomie Grossu 1987, Gattung Gümüs & Neubert 2012

Familie Clausiliidae

Schließmundschnecken

Familie Clausiliidae: 1. *Alopia monacha*, 2. *Alopia livida*, 3. *Medora almissana*, 4. *Cochlodina laminata*, 5. *Cochlodina fimbriata*, 6. *Cochlodina costata*, 7. *Cochlodina orthostoma*, 8. *Charpentieria itala*, 9. *Ruthenica filograna*, 10. *Pseudofusulus varians*, 11. *Erjavecia bergeri*, 12. *Macrogastra ventricosa*, 13. *Macrogastra attenuata*, 14. *Macrogastra densestriata*, 15. *Macrogastra badia*, 16. *Macrogastra plicatula*, 17. *Macrogastra rolphii*, 18. *Clausilia rugosa*, 19. *Clausilia bidentata*, 20. *Clausilia cruciata*, 21. *Clausilia dubia*, 22. *Clausilia pumila*, 23. *Neostyriaca corynodes*, 24. *Micropontica caucasica*, 25. *Laciniaria plicata*, 26. *Alinda biplicata*, 27. *Balea perversa*, 28. *Vestia turgida*, 29. *Bulgarica vetusta*, 30. *Bulgarica cana*

Die Clausiliidae sind eine weltweit sehr artenreiche Familie von meist linksgewundenen Schnecken mit hochgetürmtem Gehäuse mit zahlreichen Umgängen. Die Tiere sind daran angepasst, sich in Spalten oder engen Hohlräumen verstecken zu können. Im Inneren des Gehäuses befindet sich in der Nähe des Mündungsbereiches bei den meisten Arten ein komplexer Verschlussapparat, dessen bewegliches Clausilium in die Lamellen und Falten am eigentlichen Gehäuse eingepasst ist. Die Bezeichnungen der wichtigsten beim Einblick in die Mündung sichtbaren Falten und Lamellen sind in Kapitel 8 angegeben.

Das Gehäuse junger Schließmundschnecken ist kegelförmig.

Für das Verständnis der Morphologie, Anatomie und der systematischen Beziehungen innerhalb der Familie wird auf die sehr zahlreichen Publikationen von Hartmut Nordsieck verwiesen (Zusammenfassungen und Literaturzitate dazu z. B. in Nordsieck 2007).

In einigen Fällen ist die Dichte der Rippung ein Bestimmungsmerkmal. Dazu wird üblicherweise der vorletzte Umgang geprüft, da in der Nähe der Mündung starke Abweichungen vorkommen können. Exakt definiert ist die Anzahl der Rippen, wenn man den vollständigen vorletzten Umgang prüft. Mit der ermittelten Zahl lässt sich dann mit dem Verhältnis von Anzahl zu Umfang die Rippenzahl pro Millimeter genau berechnen. Da die Variationsbreite meist recht groß ist, kann auch mit Hilfe eines Messokulars an der Stereolupe einfach ein Millimeter abgezählt werden, der resultierende Fehler ist für die Bestimmung in Mitteleuropa nicht sehr erheblich. Korrekte Daten erhält man jedoch mit der Berechnungsmethode.

Clausilia pumila

Alopia monacha (Kimakowicz 1894)
Linke Bucegi-Schließmundschnecke

Andere Namen: *A. straminicollis* (Charpentier 1852) partim, *A. straminicollis monacha*

Merkmale: Das recht dickschalige Gehäuse von *A. monacha* hat 9–11 Umgänge, ist linksgewunden und dunkel-violettbraun. Die Naht ist durch eine auffällige, zum Teil mit Knötchen versehene, weißliche Linie markiert. Die recht glatte Oberfläche weist undeutliche Anwachsstreifen auf. Die Umgänge sind etwas konvex mit wenig eingeschnittenen Nähten. Die verhältnismäßig große Mündung ist rundlich-oval, im Gegensatz zum restlichen Gehäuse auffällig hell und weist einen breiten, verdickten, krempenartig ausgebreiteten Rand auf. Hinter der Mündung ist das Gehäuse außen gelblich-weiß gefärbt. Ober- und Unterlamelle sind kräftig, ca. 3 Palatalfalten sind ausgebildet. Diese sind bei senkrechtem Einblick zwar nicht sichtbar, scheinen jedoch auf dem Nacken durch das Gehäuse hindurch.

Maße: 17–22 (selten bis 24,5) × 4,8 (selten bis 5,2) mm.

Formen im Gebiet und ähnliche Arten: Die Art ist im Bearbeitungsgebiet in der Ausprägung der Mündungs- und Gaumenfalten etwas variabel, insbesondere können die inneren Falten mehr oder weniger reduziert sein, wenn am Standort (selten) Hybridisierungen mit Arten vorkommen, bei denen das der Fall ist (wie *A. livida*). Im Ursprungsland ist dies bekannt.

Lebensraum: *A. monacha* lebt an beschatteten Kalkfelsen, oft in gehölzbestandenen Regionen.

Gefährdung (RL-D 2012): Nicht genannt (für Neozoen gilt: nb – Nicht bewertet).

Verbreitung im Gebiet: *A. monacha* kommt ursprünglich aus dem rumänischen Bucegi-Gebirge. Sie wurde in den Harz verschleppt und hat dort an einer Stelle eine eingebürgerte Population gebildet. (VT: karpatisch).

Weiterführende Literatur: Grossu 1981 (auch Anatomie), Rossmässler 1859, Walther & Neiber 2012

Alopia livida (MENKE 1828)
Rechte Bucegi-Schließmundschnecke

Merkmale: Das Gehäuse von *A. livida* ist rechtsgewunden mit 9–10 Umgängen, violettbraun mit bläulicher Bereifung. Die Oberfläche wirkt nicht ganz so glatt wie bei *A. monacha*, die Anwachsstreifen sind undeutlich. Die Naht ist durch eine weiße, zum Teil mit Knötchen verstärkte, weißliche Linie markiert. Die Mündung ist groß, ihr Rand breit, verdickt und krempenartig verbreitert. Die Lippe und der hinter der Lippe anschließende Gehäusebereich sind weißlich und vom Rest des Gehäuses farblich abgesetzt. Ober- und Unterlamelle sind kräftig, nur bei wenigen Exemplaren ist eine undeutliche Palatalfalte vorhanden, der innere Verschlussapparat ist also deutlich reduziert.
Maße: 15–19 (im Ursprungsland selten auch kleiner oder bis 21,5) × 4–4,7 mm.
Formen im Gebiet und ähnliche Arten: Die Art ist im Bearbeitungsgebiet in der Ausprägung der Mündungsfalten und des Lunellars etwas variabel. Ob sie wie im Ursprungsland mit der sympatrischen *A. monacha* (seltene) Hybriden bildet oder ob die in Deutschland gefundenen Exemplare selbst Hybriden sind, ist noch nicht bekannt.
Lebensraum: *A. livida* lebt an beschatteten Kalkfelsen, oft in gehölzbestandenen Regionen.
Gefährdung (RL-D 2012): nicht genannt. (Als Neozoon einzustufen mit: nb – Nicht bewertet.)
Verbreitung im Gebiet: *A. livida* kommt ursprünglich aus Rumänien. Sie wurde zusammen mit *A. monacha* in den Harz verschleppt und hat dort an einer Stelle überdauert. (VT: karpatisch).
Weiterführende Literatur: GROSSU 1981 (auch Anatomie), KERNEY et al. 1983, WALTHER & NEIBER 2012, Nordsieck 2015

Medora almissana (KÜSTER 1847)
Cetina-Schließmundschnecke

Merkmale: Das linksgewundene Gehäuse von *M. almissana* ist durch die für mehrere mediterrane Schließmundschneckengattungen charakteristische weißliche oder blauweißliche Schmelzschicht gekennzeichnet. Der Apex ist bräunlich, die bräunliche oder gelbbraune Mündung ist groß, ihr Rand breit, verdickt und krempenartig verbreitert. Die Oberfläche der 9-11 Umgänge ist schwach gestreift, der letzte Umgang im Nackenbereich und bis zur Mündung hell gerippt. Ober- und Unterlamelle sind kräftig, die Unterlamelle verläuft zur Mündung hin in einem konkaven Bogen. Auf der Nackenseite scheinen die stark ausgebildeten inneren Falten deutlich weiß durch das Gehäuse.
Maße: 18–32 × 4,5-6,5 mm.
Formen im Gebiet und ähnliche Arten: Im Ursprungsland kommen zahlreiche ähnliche Arten vor, in Deutschland ist die Schnecke unverwechselbar.
Lebensraum: *M. almissana* lebt an Kalkfelsen und Mauern.
Gefährdung (RL-D 2012): nb – Nicht bewertet.
Verbreitung im Gebiet: *M. almissana* stammt ursprünglich aus Kroatien. Sie wurde in die Umgebung von Weltenburg/Donau verschleppt. (VT: dinarisch).
Weiterführende Literatur: NORDSIECK 1970, FAUER 1985, FALKNER 1990, REICHHOLF & STEINBACH (Hrsg.) 1992

Cochlodina laminata (MONTAGU 1803)
Glatte Schließmundschnecke

Merkmale: Das Gehäuse von *C. laminata* ist hochgetürmt, linksgewunden und gelblichbraun bis dunkel-rotbraun. Frisch ist es etwas durchscheinend und wirkt glatt, die Streifung der Oberfläche ist nur fein und unregelmäßig. Die Umgänge nehmen regelmäßig zu, sie sind wenig gewölbt, die Nähte aber recht tief. Die Mündung ist unten rundlich ohne deutlich ausgeprägte Rinne. Der Mundsaum ist verdickt und weißlich oder rosabraun. Innen abgesetzt vom Mundsaum verläuft oft auch eine kallös verdickte Gaumenschwiele, die jedoch schwächer ausgebildet ist als bei *C. fimbriata*. Ober- und Unterlamelle sind kräftig, 3–4 Palatalfalten sind ausgebildet und mindestens teilweise bei senkrechtem Mündungseinblick sichtbar.
Maße: ca. 17 × 4 mm.
Formen im Gebiet und ähnliche Arten: Die Art ist in der Ausprägung der verdickten Mündungsbereiche variabel, pigmentarme (grünliche) Gehäuse sind sehr selten.
Lebensraum: *C. laminata* lebt in feuchten Wäldern und Gebüschen unter Bodenstreu und unter liegendem Holz. Die Tiere klettern gern bei feuchter Witterung auf Felsen und vor allem an Baumstämmen.
Gefährdung (RL-D 2012): * – Ungefährdet.
Verbreitung im Gebiet: *C. laminata* ist weit verbreitet und meist recht häufig, sie fehlt nur in sehr bodensauren oder sandigen Gebieten ohne Baumbestand. (VT: europäisch).
Weiterführende Literatur: Mündungsdetails GITTENBERGER et al. 1984, Anatomie GROSSU 1981, SCHILEYKO 2000, NORDSIECK 2007

Cochlodina fimbriata (ROSSMÄSSLER 1835)
Bleiche Schließmundschnecke

Merkmale: *C. fimbriata* ist von *C. laminata* nicht immer leicht zu unterscheiden. Die Gehäuse sind meist etwas kleiner und wirken gedrungener, haben eine etwas kräftigere Streifung (Anwachsstreifen), eine meist deutlich und kräftig ausgebildete helle (weißliche) kallös verdickte Gaumenschwiele und eine kürzere untere Gaumenfalte, die bei senkrechtem Mündungseinblick kaum erkennbar und meist nicht mit der Gaumenschwiele verbunden ist. Das Gehäuse ist sehr oft pigmentarm grünlich bis weißlich-gelblich, sonst hellbraun.
Maße: ca. 14–16 × 4 mm.
Formen im Gebiet und ähnliche Arten: Die Art ist in der Ausprägung der Mündungsarmatur etwas variabel, pigmentarme (grünliche) Gehäuse sind sehr häufig.
Lebensraum: *C. fimbriata* lebt montan auf Kalkboden in feuchten Wäldern und am Boden zwischen Felsen.
Gefährdung (RL-D 2012): 2 – Stark gefährdet.
Verbreitung im Gebiet: *C. fimbriata* kommt in den Kalkgebieten der Gebirge in Baden-Württemberg und Südbayern zerstreut und nicht sehr häufig vor. (VT: europäisch).
Weiterführende Literatur: Anatomie NORDSIECK 1963

Cochlodina costata (C. PFEIFFER 1828)

Berg-Schließmundschnecke

Andere Namen: *C. commutata* (ROSSMÄSSLER 1836), *C. ungulata* (ROSSMÄSSLER 1835)

Merkmale: *C. costata* ist in der äußeren Gehäuseform *C. laminata* sehr ähnlich, allerdings ist die Mündungsarmatur viel komplexer. Der Gaumenkallus fehlt oder ist sehr schwach ausgebildet. 3–4 Gaumenfalten sind lang, deutlich und beim senkrechten Einblick in die Mündung sichtbar. Von der Rückseite gesehen scheinen sie durch die Gaumenwand hindurch. Dabei ist die zweite Gaumenfalte etwa einen halben Umgang vor der Mündung bogig nach unten geschwungen und endet in einer kallösen Verdickung. Das Gehäuse ist schwach gestreift, meist etwas stärker als *C. laminata* und schwächer als *C. fimbriata*. Es ist kräftig braun gefärbt, der Tierkörper ist meist sehr dunkel.

Maße: ca. 14–16 × 3,2–3,5 mm.

Formen im Gebiet und ähnliche Arten: Die Art umfasst eine Reihe von Unterarten und Formen mit eigenem Namen, in Deutschland lebt *C. costata franconica* EHRMANN 1933.

Lebensraum: *C. costata* lebt an Kalkfelsen und Bäumen im Gebirge, sie bevorzugt feuchte und schattige Standorte.

Gefährdung (RL-D 2012): R – Extrem selten.

Verbreitung im Gebiet: *C. costata* lebt in Deutschland isoliert im Kalkgebiet der Fränkischen Schweiz. In Europa gibt es noch eine Reihe von weiteren mehr oder weniger isolierten Vorkommen anderer Unterarten. (VT: ostalpin-sudetisch).

Weiterführende Literatur: Anatomie (für *C. commutata*) NORDSIECK 1963

Cochlodina orthostoma (MENKE 1828)
Geradmund-Schließmundschnecke

Merkmale: *C. orthostoma* ist deutlich kleiner als die anderen Arten der Gattung und hat eine regelmäßige Skulptur von stumpfen Rippen. Das Gehäuse ist glänzend gelblich-grünlich-braun und durchscheinend. Die Mündung ist unten gattungstypisch abgerundet, Gaumenfalten sind meist in der Frontalansicht nicht sichtbar. Die Ober- und Unterlamelle sind ähnlich wie bei *C. laminata* ausgebildet. Ein (meist schwacher) Gaumenkallus verläuft parallel zum Mündungsrand, er ist nicht mit den Gaumenfalten verbunden.
Maße: ca. 12–13 × 3 mm.
Formen im Gebiet und ähnliche Arten: Die Art variiert etwas im Höhen-Breiten-Verhältnis.
Lebensraum: *C. orthostoma* lebt meist an Baumstämmen und -stümpfen in kalkreichen montanen Laubwäldern. Sie kommt auch an beschatteten Felsen vor.
Gefährdung (RL-D 2012): 3 – Gefährdet.
Verbreitung im Gebiet: *C. orthostoma* lebt in den Gebirgen im südöstlichen Deutschland und in den Alpen. (VT: mittel-osteuropäisch).
Weiterführende Literatur: Anatomie NORDSIECK 1963, GROSSU 1981, SCHILEYKO 2000

Charpentieria itala (G. von Martens 1824)
Italienische Schließmundschnecke

Andere Namen: *Delima itala, C. braunii* (Rossmässler 1836)

Merkmale: *C. itala* ist eine größere ungerippte Schließmundschnecke, deren Gehäuse charakteristische helle Papillen an der Naht aufweist. Die oberen Umgänge sind gestreift, die unteren relativ glatt. Der Mundsaum ist kallös und weißlich, Ober- und Unterlamelle sind sehr kräftig ausgebildet. Von der Rückseite gesehen scheint die Mondfalte (senkrechte Gaumenfalte) deutlich durch das Gehäuse hindurch.
Maße: ca. 16–22 × 4–4,5 mm.
Formen im Gebiet und ähnliche Arten: Die Art variiert etwas im Höhen-Breiten-Verhältnis, in der Streifigkeit und in der Ausprägung der Papillen an der Naht.
Lebensraum: *C. itala* lebt an Mauern, Felsen und Baumstämmen.
Gefährdung (RL-D 2012): nb – Nicht bewertet.
Verbreitung im Gebiet: *C. itala* stammt ursprünglich aus Norditalien. Sie ist an einzelnen Orten Südwestdeutschlands bereits vor mehr als 150 Jahren eingeschleppt worden, auch aktuelle Einschleppungen mit Natursteinen sind nachgewiesen. (VT: südalpin).
Weiterführende Literatur: Anatomie Nordsieck 1963, Schileyko 2000

Ruthenica filograna (Rossmässler 1836)
Zierliche Schließmundschnecke

Andere Namen: *Graciliaria filograna*

Merkmale: *R. filograna* ist durch die bauchigen Umgänge mit sehr tiefer Naht, die gleichmäßige grobe Rippung, den glatten Apex mit scharfer Spitze und die sich auch mündungswärts etwas verjüngende Gehäuseform unverwechselbar. Die Mündung ist relativ klein und rundlich, der Mundsaum zusammenhängend und deutlich vom letzten Umgang abgesetzt. Die Mondfalte (senkrechte Gaumenfalte) fehlt, Ober- und Unterlamelle sind schwach ausgebildet, ein Gaumenkallus ist meistens vorhanden. An seiner Basis befindet sich ein kleiner Zahn, der durch eine deutliche Rinne von einer Subcolumellaris (unteren Spindelfalte) getrennt ist. Das Gehäuse ist gelblich-braun und frisch transparent.
Maße: ca. 7–9 × 2–2,2 mm.
Formen im Gebiet und ähnliche Arten: Die Art ist wenig variabel.
Lebensraum: *R. filograna* lebt auf Kalkgrund in der Bodenstreu und an Felsen in Wäldern der montanen Region. Sie klettert normalerweise nicht an Baumstämmen.
Gefährdung (RL-D 2012): 2 – Stark gefährdet.
Verbreitung im Gebiet: *R. filograna* lebt als östliche Art vorwiegend in den Gebirgen Ost- und Südostdeutschlands. Isolierte Vorkommen befinden sich im Schwäbischen und Fränkischen Jura. (VT: mittel-osteuropäisch).
Weiterführende Literatur: Anatomie Nordsieck 1963, Grossu 1981, Schileyko 2000

Pseudofusulus varians (C. PFEIFFER 1828)
Gedrungene Schließmundschnecke

Andere Namen: *Fusulus varians*

Merkmale: *P. varians* ist durch ein apikal wie basal zugespitzes Gehäuse gekennzeichnet. Auch die Mündung ist unten zugespitzt und weist eine sehr deutliche Basalrinne auf, die durch eine kräftige Subcolumellaris (untere Spindelfalte) und eine basale Gaumenfalte gebildet wird. Oberhalb der Gaumenfalte schließt sich ein hinter dem Mündungsrand gelegener ausgeprägter Gaumenkallus an. Die Basalrinne ist in der Rückansicht als deutlicher Basalkiel sichtbar. Die Oberlamelle ist schwach, die Unterlamelle sehr schwach ausgebildet. Zwischen beiden können interlamellare Fältchen erkennbar sein. Eine Mondfalte (senkrechte Gaumenfalte) fehlt. Die Gehäusefärbung ist schwach gelblich, bräunlich oder grünlich.
Maße: ca. 9–9,5 × 2,2 mm.
Formen im Gebiet und ähnliche Arten: Die Art ist in der Dichte der Rippung und der Ausprägung der Mündungsarmatur etwas variabel.
Lebensraum: *P. varians* lebt montan in schattigen Biotopen feuchter Wälder am Boden oder unter Felsen.
Gefährdung (RL-D 2012): R – Extrem selten.
Verbreitung im Gebiet: *P. varians* kommt vereinzelt an Gebirgsstandorten in Süd- und Südostdeutschland vor, es gibt nur isolierte Fundgebiete. (VT: ostalpin-westkarpatisch).
Weiterführende Literatur: Anatomie SCHILEYKO 2000

Erjavecia bergeri (Rossmässler 1836)
Ohrlappige Schließmundschnecke

Merkmale: *E. bergeri* ist durch die dreieckige und sowohl vorgezogene wie seitlich über die Gehäuselinie herausragende Öffnung gekennzeichnet. Unten in der Mündung befindet sich eine tief eingesenkte Basalrinne, die außen am Gehäuse als Basalkiel abgesetzt ist. Der zusammenhängende und vom letzten Umgang abgesetzte Mündungsrand ist als Lippe kräftig verdickt und wulstig. Von der Mündungsarmatur ist nur die Oberlamelle beim senkrechten Einblick in die Mündung sichtbar. Das mehr oder weniger glatte und nicht glänzende Gehäuse ist bräunlich oder graubraun, allerdings oft grau verwittert.
Maße: ca. 10–12 × 2,3-2,5 mm.
Formen im Gebiet und ähnliche Arten: Die Art ist im Längen-Breiten-Verhältnis etwas variabel.
Lebensraum: *E. bergeri* lebt exponiert an alpinen Kalkfelsen und Kalkgeröll.
Gefährdung (RL-D 2012): R – Extrem selten.
Verbreitung im Gebiet: In Deutschland kommt *E. bergeri* nur bei Berchtesgaden vor. (VT: ostalpin).
Weiterführende Literatur: Rossmässler 1836, Klemm 1951

Macrogastra ventricosa (Draparnaud 1801)
Bauchige Schließmundschnecke

Andere Namen: *Iphigena ventricosa*

Merkmale: *M. ventricosa* ist eine der größten heimischen Schließmundschnecken. Das rötlich-braune bis bräunliche Gehäuse ist grob gerippt (5 Rippen pro mm auf dem vorletzten Umgang). Die Mündung ist basal abgerundet, eine Basalrinne ist schwach ausgebildet. Unterlamelle und Spindelrand bilden zum Mündungsrand hin ein liegendes „K". Interlamellare Falten fehlen ebenso wie von vorn sichtbare Gaumenfalten. Auch ein Gaumenkallus fehlt oder ist nur sehr schwach ausgebildet.
Maße: ca. 17–19 × 4–4,3 mm.
Formen im Gebiet und ähnliche Arten: Die Art ist in der Größe und in der Ausformung der Mündung etwas variabel. Bei undifferenzierter Betrachtung besteht Ähnlichkeit mit *Balea biplicata*.
Lebensraum: *M. ventricosa* lebt in feuchten Wäldern unter Bodenstreu, liegendem Holz und an Felsen, die Art bevorzugt kalkreiche Standorte. Im Norden ist sie anspruchsvoller und lebt in nassen Biotopen.
Gefährdung (RL-D 2012): * – Ungefährdet.
Verbreitung im Gebiet: *M. ventricosa* ist in Deutschland weit verbreitet, sie fehlt im Nordwesten und ist im Norden und Nordosten spärlicher vertreten und dort meist selten. (VT: mitteleuropäisch).
Weiterführende Literatur: Anatomie Schileyko 2000, Clausilium Wiktor 2004

Macrogastra attenuata (Rossmässler 1835)
Mittlere Schließmundschnecke

Andere Namen: *M. lineolata* (Held 1836), *Iphigena lineolata*

Merkmale: *M. attenuata* ist eine mittelgroße Art. Der letzte Umgang ist typisch für die Gattung recht breit, so dass das Gehäuse mehr getürmt als spindelförmig wirkt. Die Mündung ist rundlich bis rechteckig-rundlich, an der Basis ist oft ein direkt aus einem mäßig ausgebildeten Gaumenkallus verlängerter Basalkallus ausgebildet. Gaumenfalten sind bei senkrechtem Einblick nicht sichtbar, die Unterlamelle bildet mit der Spindelkante das bereits bei *M. ventricosa* erwähnte liegende „K". Die Oberlamelle ist deutlich, aber recht dünn, interlamellar sind fast immer zwei oder mehr Fältchen vorhanden. Die Rippung des Gehäuses ist ausgeprägt und mit 5–6 Rippen pro Millimeter relativ weitläufig.
Maße: ca. 13–16 × 3,3–3,7 mm.
Formen im Gebiet und ähnliche Arten: Die Art ist in der Größe und in der Ausformung der Mündung recht variabel, im Gebiet kommt die geographische Unterart *M. attenuata lineolata* (Held 1836) vor.
Lebensraum: *M. attenuata* lebt an frischen bis feuchten Standorten, überwiegend in Wäldern oder unter Gebüschen. Sie bevorzugt kalkhaltigen Boden in meist montanen Regionen und kommt dort auch an Felsen vor.
Gefährdung (RL-D 2012): V – Vorwarnliste.
Verbreitung im Gebiet: *M. attenuata* hat in Deutschland ein zusammenhängendes Verbreitungsgebiet im mittleren und südwestlichen Deutschland, einzelne Standorte im Osten und ein isoliertes größeres Verbreitungsgebiet in Schleswig-Holstein. (VT: mitteleuropäisch).

Weiterführende Literatur: Mündungsdetails Gittenberger et al. 1984

Macrogastra densestriata (Rossmässler 1836)
Dichtgerippte Schließmundschnecke

Andere Namen: *Iphigena densestriata*

Merkmale: *M. densestriata* ist eine kleinere Art, deren breiter letzter Umgang in Verbindung mit der gerundeten Mündung typisch für die Gattung sind. Die Mündung ist verhältnismäßig kleiner als bei *M. attenuata* und weist fast immer eine senkrecht vom basalen Kallus nach innen in das Gehäuse hineinragende Falte auf. Die Unterlamelle ist groß und ragt relativ weit in die Mündung hinein, zum Mundrand hin ist sie gegabelt, jedoch nicht nach innen (keine „K"-Form). Mehrere interlamellare Fältchen sind häufig. Das Gehäuse von *M. densestriata* ist eng gerippt mit etwa 8–9 Rippen pro Millimeter.
Maße: ca. 12–13,5 × 3–3,2 mm.
Formen im Gebiet und ähnliche Arten: Die variable Art ist im Bearbeitungsgebiet mit der nordalpinen geographischen Unterart *M. densestriata gredleri* H. Nordsieck 1993 vertreten.
Lebensraum: *M. densestriata* lebt an Felsen im Bergwald, sie bevorzugt Kalkgrund und feuchte und schattige Habitate.
Gefährdung (RL-D 2012): R – Extrem selten.
Verbreitung im Gebiet: *M. densestriata* lebt in Deutschland nur in den Bayerischen Alpen bei Bad Reichenhall. (VT: ostalpin).
Weiterführende Literatur: Anatomie Nordsieck 1963

Macrogastra badia (C. PFEIFFER 1828)
Kastanienbraune Schließmundschnecke

Andere Namen: *Iphigena badia*

Merkmale: *M. badia* ist etwas untersetzter und im mittleren bis oberen Gehäusebereich verhältnismäßig breiter als die meisten anderen Arten der Gattung. Die Mündung ist groß, breit und an der Basis gattungstypisch rundlich. Die Unterlamelle bildet mit der Spindel eine nach innen gerichtete Gabel, zur Lippe hin ist nur die obere Falte der Gabel ausgebildet, die untere ist schwach oder fehlt. Zwei bis drei interlamellare Fältchen sind häufig. Parallel zu den Anwachsstreifen läuft nahe der Mündung ein meist schwacher Gaumenkallus, Gaumenfalten sind bei senkrechtem Einblick nicht sichtbar. Das Gehäuse ist eng gerippt mit etwa 8 Rippen pro Millimeter.
Maße: ca. 12–14 × 3–3,2 mm.
Formen im Gebiet und ähnliche Arten: Die variable Art ist im Bearbeitungsgebiet mit den Unterarten *M. badia alpina* H. NORDSIECK 2006, *M. badia badia* (C. PFEIFFER 1828) und *M. badia mucida* (ROSSMÄSSLER 1835) vertreten.
Lebensraum: *M. badia* lebt an Felsen und Baumstümpfen in der Bodenstreu unter Holz in feuchten Bergwäldern.
Gefährdung (RL-D 2012): D – Daten unzureichend.
Verbreitung im Gebiet: *M. badia* lebt in Deutschland nur in den Bayerischen Alpen und im Bayerischen Wald. Die nordalpinen Tiere werden im Allgemeinen zu *M. b. alpina* gerechnet, die Exemplare aus der Umgebung von Berchtesgaden allerdings provisorisch zur südalpinen *M. b. mucida*. (VT: ostalpin).
Weiterführende Literatur: Anatomie NORDSIECK 1963, div. NORDSIECK 2006

Macrogastra plicatula (Draparnaud 1801)
Gefältelte Schließmundschnecke

Andere Namen: *Iphigena plicatula*

Merkmale: *M. plicatula* ist die schlankste der heimischen *Macrogastra*-Arten. Sie ist meist recht grob gerippt (ca. 5 Rippen pro mm) und hat eine verhältnismäßig kleine Mündung. Diese ist gattungstypisch gerundet und hat fast immer einen mehr oder weniger geteilten Gaumenkallus ausgebildet, der unterhalb des Sinulus und an der Basis sichtbar ist. Die Unterlamelle ist gegabelt und bildet ein liegendes „K", dessen beiden äußeren Schenkel bis zum Mündungsrand reichen. Interlamellar sind 1–3 Falten vorhanden.
Maße: ca. 11–14 × 3 mm.
Formen im Gebiet und ähnliche Arten: Die Art ist sehr variabel.
Lebensraum: *M. plicatula* lebt an Felsen und in Wäldern, meist in feuchten Habitaten.
Gefährdung (RL-D 2012): V – Vorwarnliste.
Verbreitung im Gebiet: *M. plicatula* fehlt im Nordwesten, ansonsten ist sie in Deutschland weit verbreitet und im mittleren und südlichen Deutschland zum Teil häufig. Im Norden sind nur verstreute bis vereinzelte Funde nachgewiesen. (VT: (mittel-)europäisch).
Weiterführende Literatur: Anatomie Grossu 1981

Macrogastra rolphii (TURTON 1826)
Spindelförmige Schließmundschnecke

Andere Namen: *Iphigena rolphii*

Merkmale: *M. rolphii* ist die verhältnismäßig breiteste Art in der Gattung *Macrogastra*. Ihr recht gedrungenes Gehäuse hat eine relativ große und etwas längere Mündung als die anderen *Macrogastra*-Arten. Auch die deutliche Basalrinne ist in der Gattung ungewöhnlich. Die Lippe ist unterhalb des Sinulus deutlich nach innen gezogen, außen hinter der Mündung ist das Gehäuse entsprechend eingekerbt. Unterlamelle und Spindelrand bilden ein liegendes „K", dessen Schenkel in Richtung Lippe allerdings schwach und kurz sind. Interlamellar sind meist 1–3 schwache Falten vorhanden. Das rötlichbraune Gehäuse ist mit 7 Rippen pro mm relativ eng gerippt.
Maße: ca. 11–14 × 3 mm.
Formen im Gebiet und ähnliche Arten: Die Art ist in der Bauchigkeit etwas variabel.
Lebensraum: *M. rolphii* lebt am Boden zwischen Laub und unter Holz, auch zwischen Moos und an Steinen. Sie bevorzugt feuchte Laubwälder.
Gefährdung (RL-D 2012): V – Vorwarnliste.
Verbreitung im Gebiet: *M. rolphii* lebt nur im mittleren Bereich des westlichsten Deutschlands, sie erreicht ihre Nordostgrenze in Niedersachsen. (VT: westeuropäisch).
Weiterführende Literatur: Mündungsdetails GITTENBERGER et al. 1984, Anatomie NORDSIECK 1963, SCHILEYKO 2000

Clausilia rugosa (DRAPARNAUD 1801)
Kleine Schließmundschnecke

Andere Namen: *C. parvula* A. FÉRUSSAC 1807

Merkmale: *C. rugosa* ist eine sehr kleine Schließmundschnecke, ihr Gehäuse ist so fein gestreift, dass sie mit bloßem Auge betrachtet fast glatt erscheint. Die Mündung ist relativ klein und zum Sinulus ebenso wie zur Basis etwas verschmälert bis zugespitzt. Eine deutliche Basalrinne ist vorhanden, ebenso ein kräftiger Gaumenkallus, der sich zur Basalrinne hin zu einer deutlichen weißen Gaumenfalte verstärkt. Das Gehäuse ist meist schwarz-rötlich.
Maße: ca. 8–9,5 × 2-2,2 mm.
Formen im Gebiet und ähnliche Arten: Die Art ist in der Größe, der Bauchigkeit und in der Intensität der Streifung etwas variabel, im Gebiet kommt die Unterart *C. rugosa parvula* A. FÉRUSSAC 1807 vor. *C. rugosa* wurde früher manchmal mit der deutlich größeren und stärker gestreiften *C. bidentata* verwechselt.
Lebensraum: *C. r. parvula* lebt vor allem an schattigen, feuchten Standorten mit Felsen und Mauern. Sie bevorzugt kalkhaltige Böden.
Gefährdung (RL-D 2012): * – Ungefährdet.
Verbreitung im Gebiet: *C. r. parvula* lebt im südlichen und mittleren Deutschland verbreitet und an geeigneten Standorten oft häufig. (VT: westeuropäisch).
Weiterführende Literatur: Mündungsdetails GITTENBERGER et al. 1984, Anatomie NORDSIECK 1963, SCHILEYKO 2000

Clausilia bidentata (STRÖM 1765)
Zweizähnige Schließmundschnecke

Merkmale: *C. bidentata* ist klein und meist schlank, es kommen auch kleine gedrungene Exemplare vor. Das rötliche bis schwarz-rötliche Gehäuse ist seidenglänzend und seine enge Rippenstreifung (ca. 11 Rippen pro mm auf dem vorletzten Umgang) mit bloßem Auge meist schwach erkennbar, auch eine feine, schwache Spiralstreifung ist sichtbar. Die Naht ist meist durch eine etwas hellere Färbung betont. Die Gehäuseoberfläche ist oft stark durch Umwelteinflüsse zerstört, so dass die Gehäuse auch am lebenden Tier kalkweiß aussehen können. In der nach unten leicht zugespitzten Mündung sind die Basalrinne und die Gaumenfalte kräftig und deutlich. Die Unterlamelle ist in Richtung Mündungsrand manchmal schwach gegabelt, auch interlamellare Fältchen (manchmal 1, selten 2) können schwach ausgebildet sein.
Formen im Gebiet und ähnliche Arten: Die Art ist recht variabel, vor allem Größe, Bauchigkeit und Streifung können sehr verschieden sein. Sehr kleine Tiere wurden früher mit *C. rugosa* verwechselt, große und stärker gestreifte mit *C. dubia*.
Maße: ca. 9–12 × 2,3–2,7 mm.
Lebensraum: *C. bidentata* bevorzugt frische bis feuchte Standorte mit Felsen, Mauern oder Gehölzbestand. Sie toleriert geringere Kalkgehalte des Bodens als ihre Verwandten.
Gefährdung (RL-D 2012): * – Ungefährdet.
Verbreitung im Gebiet: *C. bidentata* ist im nördlichen und mittleren Deutschland die häufigste Schließmundschnecke. Sie fehlt in vielen Gebieten in Bayern und Baden-Württemberg. (VT: west-mitteleuropäisch).
Weiterführende Literatur: Mündungsdetails GITTENBERGER et al. 1984, Clausilium WIKTOR 2004

Clausilia cruciata (STUDER 1820)
Scharfgerippte Schließmundschnecke

Merkmale: *C. cruciata* ist klein, bauchig-spindelförmig (weniger keulenförmig) und recht kräftig gerippt, die Nähte sind tief und die Umgänge recht bauchig, die Seitenlinie des Gehäuses ist aber regelmäßig konvex bis gerade und nicht konkav. Die Rippung ist mit 6–7 Rippen pro mm recht grob. Eine feine Spiralstreifung ist vorhanden. Gaumenkallus und eine basale Gaumenfalte sind kräftig. Die Mündung ist nach unten etwas zugespitzt, insgesamt länglich rhombisch. Die Unterlamelle ist in Richtung Mündungsrand und in Richtung Mündungsinneres gegabelt und ähnlich einem liegenden „X" ausgebildet.
Maße: ca. 9–11 (selten größer) × 2,3–2,5 mm.
Formen im Gebiet und ähnliche Arten: Die Art ist in ihrer Mündungsarmatur etwas variabel.
Lebensraum: *C. cruciata* ist eine Art feuchter Wälder, sie lebt an Baumstämmen, unter loser Borke und in der Bodenstreu. Im Gebirge kommt sie auch an Felsen vor.
Gefährdung (RL-D 2012): 3 – Gefährdet.
Verbreitung im Gebiet: *C. cruciata* bevorzugt montane Standorte. Sie kommt in Deutschland nur sehr zerstreut vor, im Norden fehlt sie bis auf vereinzelte Funde im Harz und auf Rügen. (VT: mittel-osteuropäisch).
Weiterführende Literatur: Anatomie NORDSIECK 1963, GROSSU 1981

Clausilia dubia DRAPARNAUD 1805
Gitterstreifige Schließmundschnecke

Andere Namen: Zahlreiche Unterartnamen sind in Verwendung

Merkmale: *C. dubia* ist mittelgroß und in der im Gebiet häufigsten Form fein gestreift. Ihr Gehäuse ist schlank, jedoch etwas größer und oft breiter als das von *C. bidentata*. Ihre Rippung ist etwas gröber (in unserem Gebiet etwa 8–10 Rippen pro mm auf dem vorletzten Umgang) und deutliche Spiralstreifen bilden mit den Rippen eine Gitterskulptur. In der Mündung ist der Gaumenkallus meist vorhanden und die basale Gaumenfalte ist kräftig ausgebildet. Die Unterlamelle ist in Richtung Mündung oft stufig abgesetzt.

Maße: 11–14 (selten größer) × 2,7–3,2 mm.

Formen im Gebiet und ähnliche Arten: Die Art ist insbesondere in den Ostalpen sehr variabel, vor allem im Hinblick auf die Gehäuseskulptur. Die meisten der Unterarten und Formen kommen allerdings nicht in Deutschland vor. Die Art wurde teilweise mit größeren Exemplaren von *C. bidentata* verwechselt.

Lebensraum: Als kalkliebende Art besiedelt *C. dubia* Felsen und Mauern, sie lebt in feuchten und schattigen Biotopen, reine Waldfundorte sind selten.

Gefährdung (RL-D 2012): 3 – Gefährdet.

Verbreitung im Gebiet: *C. dubia* lebt vor allem im mittleren und südlichen Deutschland, sie kommt nur zerstreut vor. In Norddeutschland fehlt sie fast überall. (VT: mitteleuropäisch).

Weiterführende Literatur: Mündungsdetails GITTENBERGER et al. 1984, Anatomie GROSSU 1981, SCHILEYKO 2000, Clausilium WIKTOR 2004

Clausilia pumila C. Pfeiffer 1828
Keulige Schließmundschnecke

Merkmale: *C. pumila* ist mittelgroß und durch die Bauchigkeit in Verbindung mit schlanker Spitze wirkt ihr Gehäuse keulenförmig. Es ist kräftig und weitläufig gerippt (auf dem vorletzten Umgang ca. 6 Rippen pro mm), wenn überhaupt erkennbar, ist die Spiralstreifung nur schwach. Die Färbung ist schwarzrot. In der Mündung sind oft 1–2 interlamellare Falten vorhanden, die Gabelung der Unterlamelle ist meist nur sehr schwach ausgeprägt, auch der Palatalkallus fehlt oder ist nur schwach ausgebildet.
Maße: 12–13 × 3–3,4 mm.
Formen im Gebiet und ähnliche Arten: Die Art ist recht wenig variabel, eine östliche (*C. p. pumila*) und westliche Unterart (*C. p. sejuncta*) unterscheiden sich, teilweise mit Übergängen, vor allem durch die Verbindung oder Trennung von Oberlamelle und Spirallamelle.
Lebensraum: Als feuchtigkeitsliebende Art besiedelt *C. pumila* vor allem den Bodengrund von feuchten bis nassen Wäldern. Sie lebt auch an und unter liegenden Stämmen, klettert jedoch kaum an Bäumen.
Gefährdung (RL-D 2012): 2 – Stark gefährdet.
Verbreitung im Gebiet: *C. pumila* lebt im östlichen Mitteleuropa, in Deutschland bewohnt sie die mittleren und östlichen Gebiete und fehlt im Westen. (VT: mittel-osteuropäisch).
Weiterführende Literatur: Clausilium Wiktor 2004

Clausilia corynodes (Held 1836)
Kalkfelsen-Schließmundschnecke

Andere Namen: *Graciliaria corynodes, Neostyriaca corynodes*

Merkmale: Das Gehäuse von *C. corynodes* ist klein und schlank, oft mit fast geraden Seitenrändern. Es ist dunkel rotbraun und so dicht und fein gerippt, dass es dem bloßen Auge glatt erscheint. Die Mündung ist oft auffällig klein und mehr oder weniger (vier-)eckig, die Unterlamelle ist einfach (nicht gegabelt) und im Bogen zur Spindel geschwungen. Palatal ist ein sehr kräftiger und eckig abgesetzter weißlicher Kallus ausgebildet, der parallel zur Lippe verläuft und in der Nähe der deutlichen Basalrinne in das Gehäuse hineinweist.
Maße: 9–11 × 2,2–2,4 mm.
Formen im Gebiet und ähnliche Arten: Wie bei vielen alpinen Arten ist eine Trennung in Unterarten erfolgt, von denen zwei in Deutschland vorkommen: *C. c. corynodes* und *C. c. saxatilis*. Die Tiere ähneln *C. rugosa parvula*, sind jedoch etwas größer und weisen eine stärker ausgeprägte und abweichende Mündungsarmatur auf. Die Art wurde bisher in die Gattung *Neostyriaca* gestellt.
Lebensraum: *C. corynodes* bevorzugt feuchte Kalkfelsen.
Gefährdung (RL-D 2012): D – Daten unzureichend.
Verbreitung im Gebiet: C. *corynodes* lebt nur im Gebirge, in Deutschland alpin und verstreut im Schwarzwald und Schwäbischen Jura. (VT: (nord-)alpin).
Weiterführende Literatur: Anatomie Nordsieck 1963, Schileyko 2000

Micropontica caucasica (A. SCHMIDT 1868)
Kaukasus-Schließmundschnecke

Andere Namen: *M. retowskii* (O. BOETTGER 1888), *Baleopsina caucasica*

Merkmale: Das linksgewundene Gehäuse von *M. caucasica* ist hoch kegelig, die Umgänge sind im oberen Teil des Gehäuses recht bauchig, von der Gehäusemitte bis zur Mündung seitlich abgeflacht. Die Nähte sind recht tief, so dass die Umgänge leicht geschultert voneinander abgesetzt sind. Die Nähte sind hell, die Umgänge sehr fein, kräftig und regelmäßig weiß gerippt. Der glatte Apex und die nächsten wenig gerippten Windungen sind rotbraun, die weiteren Umgänge wirken durch die Rippung auf rotbraunem Grund etwas heller. Die dreieckige Mündung ragt wie bei *Erjavecia bergeri* seitlich über die Breite des letzten Umganges heraus und ist zur Mündungsseite von diesem abgelöst und deutlich vorgezogen. Eine Basalrinne ist vorhanden. Die vorderen Mündungsfalten sind schwach ausgebildet oder fehlen, ein weißer Gaumenkallus ist in der Mündung sichtbar und wird bereits bei senkrechtem Einblick durch das weiße Clausilium teilweise oder fast ganz verdeckt. Der Nacken ist gleichmäßig fein gerippt, in Richtung Mündung werden die Rippen viel gröber.
Maße: 11–13 × 3–3,3 mm.
Formen im Gebiet und ähnliche Arten: Die mit *M. caucasica* verwandten Arten im Ursprungsland sind gröber gerippt, in Deutschland ist die Schnecke unverwechselbar.
Lebensraum: *Micropontica caucasica* lebt an Felsen.
Gefährdung (RL-D 2012): Nicht genannt (als Neozoon: nb – Nicht bewertet).
Verbreitung im Gebiet: *M. caucasica* stammt ursprünglich aus dem westlichen Kaukasusgebiet. Sie wurde in den Ostharz eingeschleppt und ist dort an einer Stelle bereits mehrere Jahrzehnte etabliert. (VT: kaukasisch).
Weiterführende Literatur: SCHILEYKO 2000, SYSOEV & SCHILEYKO 2009, STARK & UNRUH 2015

Laciniaria plicata (DRAPARNAUD 1801)
Faltenrandige Schließmundschnecke

Merkmale: Das Gehäuse ist hellbraun und relativ groß, die Rippen sind in der Nähe der Naht oft weißlich abgesetzt, sonst wie die Zwischenräume gefärbt. Auf dem vorletzten Umgang befinden sich 6–7 Rippen pro mm. Der zusammenhängende Mundsaum mit krempig umgeschlagener Lippe ist etwas vorgezogen und dadurch vom letzten Umgang gelöst. Die Lippe ist mit bis zu 9 kleinen Fältchen besetzt, die selten auch fehlen können. Die Unterlamelle ist fältchenartig bis zum Mündungsrand verlängert und interlamellar sind meist 2–3 kleine Fältchen vorhanden. Beim senkrechten Einblick in die Mündung ist eine obere Palatalfalte deutlich sichtbar. Der untere Bereich der Mündung ist wenig gewinkelt und bildet nur eine schwache Rinne.

Maße: 15–18 × 3,3–3,6 mm.

Formen im Gebiet und ähnliche Arten: *L. plicata* ist in der Gehäuseform wenig variabel, die Fältchen in der Mündung variieren in Anzahl und Ausprägung. Wenn die Fältchen der Lippe fehlen, ist die Unterscheidung von *Alinda biplicata* schwierig.

Lebensraum: *L. plicata* lebt meist an Mauern und Felsen, bevorzugt Feuchtigkeit, toleriert aber auch trockene Standorte wie Mauern, wo sie sich besonders in den Fugen aufhält. Sie ist keine typische Waldart.

Gefährdung (RL-D 2012): * – Ungefährdet.

Verbreitung im Gebiet: *L. plicata* kommt in weiten Teilen des mittleren und südlichen Deutschlands vor, im Norden nur vereinzelt, z. B. auf Rügen. (VT: mittel-osteuropäisch).

Weiterführende Literatur: Anatomie GROSSU 1981, SCHILEYKO 2000

Alinda biplicata (MONTAGU 1803)
Gemeine Schließmundschnecke

Andere Namen: *Laciniaria biplicata, Balea biplicata*

Merkmale: Das Gehäuse ist dem von *L. plicata* sehr ähnlich, hellbraun und relativ groß, mit an der Naht weißlich betonten Rippen. Das Gehäuse weist auf dem vorletzten Umgang 5–6 Rippen pro Millimeter auf. Fältchen auf der etwas krempenartig erweiterten Lippe fehlen. Die Mündung ist unten etwas zugespitzt, eine Basalrinne ist recht ausgeprägt. Die Unterlamelle ist einfach, eine obere Palatalfalte ist bei senkrechtem Mündungseinblick deutlich sichtbar.
Maße: 16–18(–22) × 3,8–4,0 mm.
Formen im Gebiet und ähnliche Arten: *A. biplicata* ist eine der häufigsten großen Schließmundschnecken. Verwechslungsmöglichkeiten bestehen mit *Bulgarica cana* (zu unterscheiden an der Mündungsarmatur) und *Laciniaria plicata* (differenziert durch die Fältchen). Wenn im Gelände merkmalsarme Gehäuse von *M. ventricosa* vorliegen, sind diese durch den gerundeten unteren Mündungsrand erkennbar. Von *A. biplicata* wurden bereits häufiger rechtsgewundene Exemplare nachgewiesen.
Lebensraum: *A. biplicata* bewohnt nasse Waldstandorte ebenso wie trockene Mauern oder Felsen. Sie lebt am Boden oder klettert an Bäumen.
Gefährdung (RL-D 2012): * – Ungefährdet.
Verbreitung im Gebiet: *A. biplicata* lebt in den meisten Teilen Deutschlands verbreitet und recht häufig. (VT: mittel-südosteuropäisch).
Weiterführende Literatur: Mündungsdetails GITTENBERGER et al. 1984, Anatomie GROSSU 1981, SCHILEYKO 2000, NORDSIECK 2007. Weichtier des Jahres 2010.

Balea perversa (LINNAEUS 1758)
Zahnlose Schließmundschnecke

Merkmale: Das Gehäuse von *B. perversa* ist klein und hoch kegelförmig. Es ist hell bräunlich oder grünlichgelb gefärbt und dünnschalig. Eine sehr feine Rippung verleiht ihm für das bloße Auge Seidenglanz. Die Mündung ist (vier-)eckig und bis auf die auf einen kleinen Kallus reduzierte Oberlamelle zahnlos.
Maße: 8–10 × 2,2 mm.
Formen im Gebiet und ähnliche Arten: *B. perversa* ist wenig variabel und nur von Laien mit Jungtieren anderer Schließmundschnecken zu verwechseln. Die eventuell im Gebiet vorkommende atlantische *Balea sarsii* PHILIPPI 1847 = *Balea heydeni* VON MALTZAN 1881 (auf nomenklatorische Probleme soll hier nicht eingegangen werden) wurde in den Niederlanden und in Dänemark bereits nachgewiesen, sie ist im Vergleich zu *B. perversa* kürzer und kegeliger, die Skulptur etwas gröber und unregelmäßiger und die Mündung komplett zahnlos. Vermutlich werden in den nächsten Jahren auch Nachweise in Deutschland gelingen.
Lebensraum: *Balea perversa* lebt an alten Mauern, weniger häufig an benachbarten Felsen und gerne auch an Bäumen, zum Beispiel im Mulm von Baumhöhlen oder auf Kopfbäumen. Insbesondere wenn es Versteckmöglichkeiten gibt, toleriert sie auch Trockenheit.
Gefährdung (RL-D 2012): 3 – Gefährdet.
Verbreitung im Gebiet: *Balea perversa* ist, unter anderem wegen der Verluste ihrer oft kleinräumigen Biotope, nicht durchgängig verbreitet, sondern kommt in weiten Teilen Deutschlands nur zerstreut vor. (VT: west-mitteleuropäisch).
Weiterführende Literatur: Anatomie SCHILEYKO 2000

Vestia turgida (Rossmässler 1836)
Böhmerwald-Schließmundschnecke

Andere Namen: *Laciniaria turgida, Pseudalinda turgida*

Merkmale: Das glänzend gelblichbraune und in der Familie vergleichsweise recht kurze und dicke Gehäuse hat eine weite Mündung, deren krempenartig umgeschlagene Lippe unten gerundet ist. Die Basalrinne ist ebenso wie die einfache (selten gegabelte) Unterlamelle nur schwach ausgebildet. Die oberen postembryonalen Umgänge sind deutlich gerippt, auf dem letzten Umgang wird die Rippung viel schwächer.
Maße: 14–15 × 3,6–3,8 mm.
Formen im Gebiet und ähnliche Arten: Die Art ist im Gebiet wenig variabel.
Lebensraum: *Vestia turgida* lebt am Boden in feuchten bis nassen Waldbiotopen, zum Beispiel an Waldbächen.
Gefährdung (RL-D 2012): 0 – Ausgestorben oder verschollen.
Verbreitung im Gebiet: *Vestia turgida* kam in Deutschland bis vor wenigen Jahrzehnten noch vereinzelt im Bayerischen Wald vor. (VT: karpatisch).
Weiterführende Literatur: Anatomie Nordsieck 1973, Grossu 1981, Schileyko 2000, Clausilium Wiktor 2004

Bulgarica vetusta (ROSSMÄSSLER 1836)
Schlanke Schließmundschnecke

Andere Namen: *Laciniaria vetusta, Laciniaria festiva* (KÜSTER 1847)

Merkmale: Das recht große und schlanke Gehäuse weist eine auffällig schlanke Mündung auf. Die Rippung ist weitläufig, mit etwa 4–5 Rippen pro mm auf dem vorletzten Umgang. In der Mündung ist die deutliche Basalrinne durch eine lange und kräftige untere Gaumenfalte begrenzt, die mündungswärts kallös verdickt ist. Der eigentliche Gaumenkallus ist nur schwach ausgebildet, auch die einfache, tief liegende Unterlamelle tritt wenig hervor.
Maße: 15–16 × 3,2 mm.
Formen im Gebiet und ähnliche Arten: Von den Unterarten dieser etwas variablen Schnecke kommt in Deutschland *B. v. festiva* (KÜSTER 1847) vor.
Lebensraum: *B. vetusta* ist eine Waldart, sie lebt vorwiegend an feuchten Felsen.
Gefährdung (RL-D 2012): 2 – Stark gefährdet.
Verbreitung im Gebiet: *Bulgarica vetusta* kommt in Deutschland isoliert im Fränkischen Jura, in Thüringen und Südsachsen vor. (VT: südosteuropäisch).
Weiterführende Literatur: Anatomie NORDSIECK 1963, GROSSU 1981, SCHILEYKO 2000

Bulgarica cana (Held 1836)
Graue Schließmundschnecke

Andere Namen: *Laciniaria cana*

Merkmale: Das grob gerippte Gehäuse ist dem von *Alinda biplicata* sehr ähnlich. Wie bei dieser weisen die Rippen vor allem unterhalb der Naht oft weiße Kämme auf. Eine feine Spiralstreifung ist vorhanden. Die Mündung ist oft etwas schlanker und die für *A. biplicata* charakteristische von vorne sichtbare Palatalfalte fehlt. Dagegen ist ein Gaumenkallus deutlich entwickelt und oft zweigeteilt, sein unterer Teil ist entlang der sehr deutlichen Basalrinne verlängert.
Maße: 15–18 × 3,6–3,9 mm.
Formen im Gebiet und ähnliche Arten: Die Art ist im Gebiet wenig variabel.
Lebensraum: *Bulgarica cana* lebt in feuchten Wäldern.
Gefährdung (RL-D 2012): 2 – Stark gefährdet.
Verbreitung im Gebiet: Die Vorkommen von *B. cana* sind in Deutschland nur sehr zerstreut. Fundorte liegen nahe der bayerischen Alpen, in einigen Mittelgebirgen und auf Rügen. (VT: mittel-osteuropäisch).
Weiterführende Literatur: Anatomie Nordsieck 1963, Clausilium Wiktor 2004

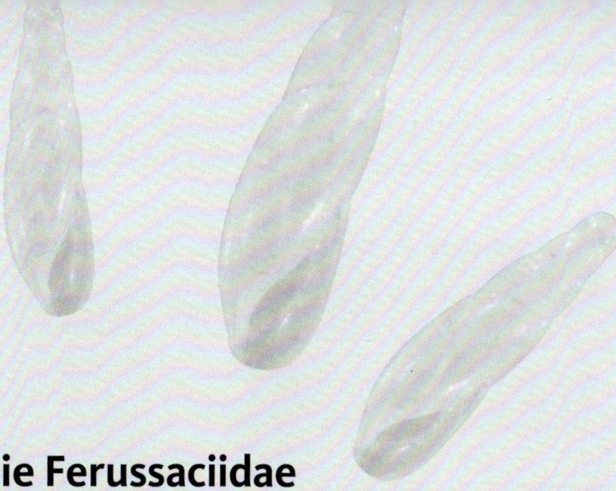

Familie Ferussaciidae

Bodenschnecken

Familie Ferussaciidae: 1. *Cecilioides acicula*, zum Vergleich: 2. Familie Aciculidae

Diese Familie langgestreckter farbloser Schnecken hat meist eine unterirdische (subterrane) Lebensweise. Die kleine heimische Art ist augenlos und lebt tief eingegraben. Aufgrund der merkmalsarmen Gehäuse ist teilweise unklar, zu welcher Art verschleppte exotische Exemplare zu ordnen sind. Die Abgrenzung ist in einigen Gebieten Europas schwierig bzw. ungeklärt.

Cecilioides acicula

Cecilioides acicula (O. F. MÜLLER 1774)
Blindschnecke

Merkmale: Das Gehäuse von *C. acicula* ist schlank, hochgetürmt und glänzend, die Umgänge sind mäßig gewölbt, die Nähte eingeschnitten. Der Apex ist stumpf, die Seiten des Gehäuses insgesamt relativ gerade. Die Mündung nimmt beim erwachsenen Tier etwa ⅓ der Gehäusehöhe ein. Das frische Gehäuse ist glasklar und farblos, es altert allerdings sehr schnell zu weißlich-opak. Das lebende Tier ist weißlich und scheint durch das transparente Gehäuse hindurch.
Maße: 4,5–5,5 × 1,2 mm.
Formen im Gebiet und ähnliche Arten: Im Bearbeitungsgebiet ist nur eine Art heimisch. Sie ist im Längen-Breiten-Verhältnis etwas variabel, bei jüngeren Tieren ist die Mündung im Verhältnis höher.
Lebensraum: *C. acicula* lebt subterran im Boden zwischen Mulm oder Wurzeln, durch diese Lebensweise sind lebende Tiere oft schwer zu finden. Die Art kommt auch in Felsspalten vor. Kalkreiche oder synanthrope Standorte werden bevorzugt. Die Art wird mit Gartenpflanzen verschleppt. Funde in Flussgenisten oder auf Maulwurfshaufen sind häufig.
Gefährdung (RL-D 2012): * – Ungefährdet.
Verbreitung im Gebiet: *C. acicula* kommt in Deutschland zerstreut, aber weit verbreitet vor, im Norden spärlicher. Vermutlich wird sie oft übersehen. (VT: mediterran-westeuropäisch).
Weiterführende Literatur: Anatomie GROSSU 1981, SCHILEYKO 1999

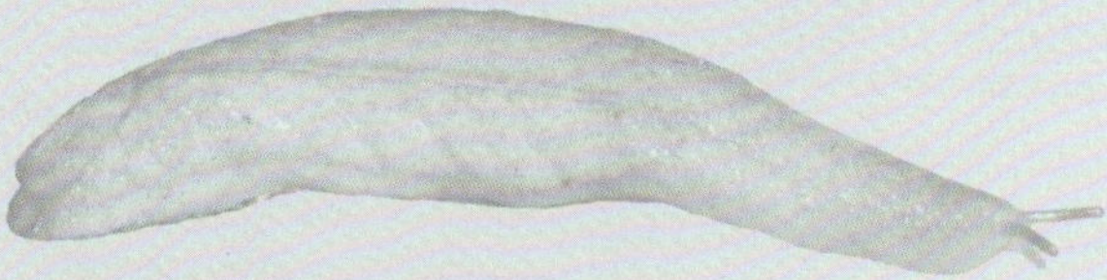

Familie Testacellidae

Rucksackschnecken

Familie Testacellidae: 1. *Testacella haliotidea*, zum Vergleich Nacktschneckenschälchen: 2. Familie Milacidae, 3. Familie Limacidae, 4. Familie Agriolimacidae

Diese Familie von Halbnacktschnecken hat gegenüber den anderen mitteleuropäischen Nacktschnecken eine andere Strategie zur Anpassung an Spalten und unterirdische Lebensräume gefunden. Während die Nacktschnecken den Kriechfuß und vor allem dessen hinteren Teil im Rahmen der Reduktion des Gehäuses vergrößert haben, ist bei den Rucksackschnecken der vordere Teil vor dem Mantel verlängert. Sie haben noch ein äußeres Gehäuse, das allerdings so rudimentär klein ist, dass es nur noch auf dem äußersten Hinterende des Körpers sitzt. Der deutsche Name ist davon abgeleitet. Die Tiere leben unterirdisch und räuberisch. Sie haben eine spezialisierte Radula mit nach hinten gerichteten spitzen Zähnen, die das Festhalten der Beute ermöglichen. Sie kommen hauptsächlich west- und südeuropäisch vor, es gibt nur wenige Arten. Ihre Färbung ist allerdings recht variabel, so dass genaue Vergleiche zum Bestimmen (auch von eingeschleppten Tieren) nötig sind.
Aufgrund der unterirdischen Lebensweise und kurzer Aktivitätsphasen sind die Tiere schwer zu finden. In Deutschland sind nur sporadische sekundäre Vorkommen bekannt.

Testacella haliotidea DRAPARNAUD 1801

Graugelbe Rucksackschnecke

Merkmale: Das Gehäuse von *T. haliotidea* ist klein und fast dreieckig-oval, sehr weit ohrförmig und nur wenig konvex bis flach. Es ist oben auf dem äußersten Hinterende des lebenden Tieres angewachsen. Der Tierkörper ist um ein Vielfaches größer als das Gehäuse und weist oberseits eine gelbliche Färbung mit bräunlichen kleinen Zeichnungselementen auf. Vom Gehäuse verlaufen zwei auffällige Furchen auf dem Rücken bis nach vorne zum Kopf. Von den Furchen zweigen jeweils kleinere Seitenfurchen ab. Die beiden Furchen beginnen vor dem Gehäuse getrennt.

Maße: Gehäuse 7–8 × 5–6 mm, Tier 60–120 mm, in Deutschland meist nicht sehr groß.

Formen im Gebiet und ähnliche Arten: Die Art ist wenig variabel.

Lebensraum: *T. haliotidea* lebt subterran sehr verborgen, es wird beschrieben, dass die Tiere unter anderem gerne Regenwürmer fressen und in deren Gängen leben. Nachts kommen sie an die Oberfläche. In Deutschland wurde die Art nur synanthrop gefunden.

Gefährdung (RL-D 2012): nb – Nicht bewertet.

Verbreitung im Gebiet: *T. haliotidea* kommt in Deutschland sehr vereinzelt eingeschleppt vor, Populationen in Hessen und Schleswig-Holstein haben sich teilweise über mehrere Jahrzehnte gehalten, einige sind allerdings auch wieder erloschen. (VT: mediterran-westeuropäisch).

Weiterführende Literatur: Anatomie SCHILEYKO 2000

Testacella haliotidea

Familien Punctidae (und Helicodiscidae)

Punktschnecken

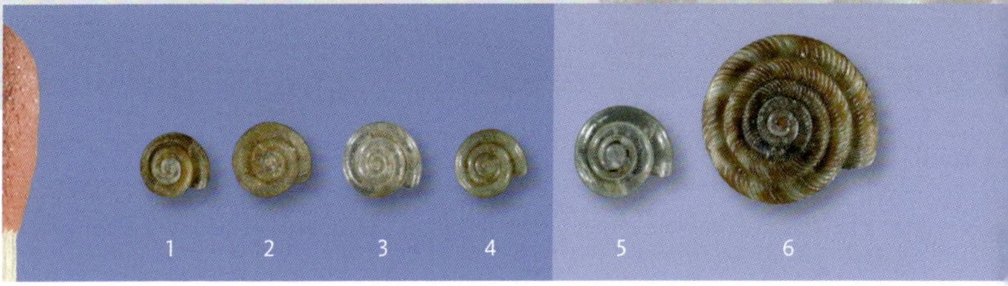

Familie Punctidae: 1. *Punctum pygmaeum*, 2. *Paralaoma servilis*, Familie Helicodiscidae: 3. *Lucilla singleyana*, 4. *Lucilla scintilla*, zum Vergleich: 5. Familie Pristilomatidae, 6. Familie Discidae

Früher wurden die Punctidae und Helicodiscidae mit den Discidae in die Familie Endodontidae gestellt. Heute werden die Gruppen als selbstständige Familien getrennt. Die Arten sind winzig, scheibenförmig, weisen meist einen großen Nabel auf und haben oft nur wenige differenzierende gehäusemorphologische Merkmale. Sie leben in den unterschiedlichsten Biotopen.

Punctum pygmaeum

Punctum pygmaeum (DRAPARNAUD 1801)
Punktschnecke

Merkmale: Das winzige braune scheibenförmige Gehäuse ist goldbraun und sehr fein und regelmäßig gestreift. Der Mündungsrand ist nicht verdickt oder kallös.
Maße: 1,2–1,5 mm breit.
Formen im Gebiet und ähnliche Arten: Die Art ist wenig variabel.
Lebensraum: *P. pygmaeum* lebt an den verschiedensten trockenen bis feuchten Standorten, die Art bevorzugt Biotope mit dichtem Bewuchs oder reichlicher Streuschicht. Am häufigsten ist sie in der Bodenstreu von Laubwäldern.
Gefährdung (RL-D 2012): * – Ungefährdet.
Verbreitung im Gebiet: *P. pygmaeum* ist in ganz Deutschland verbreitet und oft häufig. (VT: paläarktisch).
Weiterführende Literatur: BAUR 1989.

Paralaoma servilis (SHUTTLEWORTH 1852)
Gerippte Punktschnecke

Andere Namen: Die Art wurde unter den verschiedensten Namen weltweit beschrieben, hier sind nur einige bekanntere Synonyme aufgeführt. Ob dabei wirklich immer die gleiche Art bezeichnet wurde, soll an dieser Stelle nicht diskutiert werden: *Punctum pusillum* (LOWE 1831), *Toltecia pusilla, Paralaoma caputspinulae* (REEVE 1852), *Pleuropunctum micropleurus* (J. PAGET 1854)

Merkmale: Das braune scheibenförmige Gehäuse weist neben der feinen Streifung eine recht unregelmäßige und weitläufige Rippung auf. Die Umgänge sind schwach geschultert und etwas schlanker als bei *Punctum pygmaeum*.
Maße: 1,2–2 mm breit.
Formen im Gebiet und ähnliche Arten: Die Art ist wenig variabel.

Lebensraum: *P. servilis* lebt in der Bodenstreu in frischen bis feuchten Biotopen. In Deutschland ist die Art vorwiegend synanthrop nachgewiesen.

Gefährdung (RL-D 2012): nb – Nicht bewertet.
Verbreitung im Gebiet: *P. servilis* ist sporadisch in Deutschland gefunden worden, etwas regelmäßigere Nachweise liegen aus Südwestdeutschland vor, wo sie vor allem in Gärten oder Parks an angepflanztem Bambus vorkommt. Die mitteleuropäischen Funde sind vermutlich mit Pflanzgut aus dem Mittelmeergebiet eingeschleppt. (VT: kosmopolitisch).
Weiterführende Literatur: Schmid 2002

Lucilla singleyana (Pilsbry 1889)
Weiße Scheibchenschnecke

Andere Namen: Die Art wurde sehr häufig mit anderen Arten der Gattung, vor allem mit *L. scintilla*, verwechselt. Früher wurde sie unter den Gattungen *Helicodiscus* und *Hebetodiscus* geführt.

Merkmale: Das Gehäuse ist sehr flach und scheibenförmig, das Gewinde fast eben. Der Nabel ist sehr weit und perspektivisch. Die Gehäusefarbe ist weißlich mit farblosem Periostracum. Die 3½ bis 4 Umgänge sind an der Peripherie etwas ungleichmäßig gerundet bis geschultert, die Mündung ist deutlich breiter als hoch. Der Mündungsrand ist nur in der Nähe des Nabels sehr wenig verdickt und umgeschlagen, sonst vom Rest des letzten Umganges nicht abgesetzt. In der Originalbeschreibung wird darauf hingewiesen, dass *L. singleyana* eine deutliche Spiralskulptur aufweist, die sogar für eine Untergattungsabtrennung verwendet wurde. Dieses Merkmal scheint jedoch nicht immer aufzutreten und für die mitteleuropäischen Populationen nur als zusätzlicher Hinweis verwendbar zu sein. Maße: 3 × 1,2 mm.

Formen im Gebiet und ähnliche Arten: Die Art scheint in der Ausprägung der Spiralskulptur recht variabel zu sein. Den Exemplaren der Gattung *Lucilla* etwas ähnlich ist *Hawaiia minuscula* (Familie Pristilomatidae), die in Deutschland in Gewächshäusern und nur ausnahmsweise im Freiland nachgewiesen wurden.

Lebensraum: *L. singleyana* lebt offenbar tief im Boden unter Rasen oder unter Steinen, die meisten Nachweise waren synanthrop. Häufiger als in ihrem Lebensraum wurden Exemplare der Gattung im Angespül von Gewässern nachgewiesen. Die Art ist wegen ihrer Lebensweise sehr schwer lebend zu finden.

Gefährdung (RL-D 2012): * – Ungefährdet.

Verbreitung im Gebiet: Funde, die *L. singleyana* zugeordnet sind, wurden in Deutschland sporadisch an einer Reihe von Standorten gefunden. Die Identität (und damit auch die Herkunft und Ausbreitungsgeschichte) der kleinen *Lucilla*-Exemplare ist noch nicht abschließend geklärt. (VT: holarktisch?).

Weiterführende Literatur: Horsák et al. 2009

Lucilla scintilla (R. T. Lowe 1852)
Grünliche Scheibchenschnecke

Andere Namen: *L. inermis* (H. B. Baker 1939). Die Art wurde sehr häufig mit anderen Arten der Gattung, vor allem mit *L. singleyana*, verwechselt. Früher wurde sie unter den Gattungen *Helicodiscus* und *Hebetodiscus* geführt. Die unter dem Artnamen *L. inermis* beschriebene amerikanische Art ist vermutlich mit *L. scintilla* nicht identisch, das von Seddon (2009) von Madeira als *L. scintilla* abgebildete Gehäuse ist offensichtlich nicht identisch mit der von Horsák et al. (2009) differenzierten europäischen Schnecke.

Merkmale: Das Gehäuse ist sehr flach und scheibenförmig, das Gewinde ist etwas erhoben (höher als bei *L. singleyana*), der Nabel ist sehr weit und perspek-

tivisch und etwas tiefer als bei *L. singleyana*. Die Gehäusefarbe ist weißlich mit deutlich gelblichem Periostracum. Die 3½ bis 4 Umgänge sind an der Peripherie sehr gleichmäßig kreisförmig gerundet, die Mündung ist kaum breiter als hoch. Der Mündungsrand ist wie bei *L. singleyana* nicht verdickt und nur in der Nähe des Nabels umgeschlagen. Die in der Originalbeschreibung von *L. singleyana* als differenzierendes Merkmal angegebene Spiralstreifung scheint nicht so typisch zu sein, ihr Fehlen sollte nicht als alleiniges Bestimmungsmerkmal für *L. scintilla* verwendet werden.
Maße: 2,2 × 1,1 mm.
Formen im Gebiet und ähnliche Arten: Die Art kann mit *L. singleyana* verwechselt werden.

Lebensraum: *L. scintilla* lebt offenbar tief im Boden unter Rasen oder unter Steinen, die meisten Funde wurden synanthrop gemacht. Häufiger als in ihrem Lebensraum wurden Exemplare der Gattung im Angespül von Gewässern nachgewiesen. Die Art ist wegen ihrer Lebensweise sehr schwer lebend zu finden.
Gefährdung (RL-D 2012): D – Daten unzureichend.
Verbreitung im Gebiet: Exemplare, die *L. scintilla* zugeordnet sind, wurden in ganz Deutschland sporadisch gefunden. Bei gezielter Nachsuche in geeigneten Biotopen werden die kleinen Gehäuse inzwischen häufiger gefunden, sind also weiter verbreitet als bisher vermutet. Die Identität (und damit auch die Herkunft und Ausbreitungsgeschichte) der kleinen *Lucilla*-Exemplare ist noch nicht abschließend geklärt. (VT: westpaläarktisch?).
Weiterführende Literatur: Horsák et al. 2009

Familie Discidae

Schüsselschnecken

Familie Patulidae: 1. *Discus ruderatus*, 2. *Gonyodiscus rotundatus*, 3. *Gonyodiscus perspectivus*

Früher wurden die Discidae (zwischenzeitlich als Patulidae bezeichnet) zusammen mit den Punctidae in die Familie Endodontidae gestellt. Heute werden die Gruppen mit den Helicodiscidae als selbstständige Familien getrennt. Die drei heimischen Arten sind mittelgroß, braun, scheibenförmig, grob gerippt und haben einen breit schüsselförmigen Nabel.

Discus rotundatus

Discus ruderatus (FÉRUSSAC 1821)
Braune Schüsselschnecke

Merkmale: Das mittelgroße scheibenförmige Gehäuse ist an der Peripherie gerundet bis sehr schwach geschultert. Die Naht ist wenig tief. Das Gehäuse ist mit zahlreichen regelmäßigen kräftigen Rippen skulpturiert, es ist bräunlich, gelblich oder grünlich gefärbt und nicht glänzend. Der perspektivische Nabel umfasst knapp 1/3 der Gehäusebreite. Der Mündungsrand ist nicht verdickt oder kallös.
Maße: 5–7 mm breit.
Formen im Gebiet und ähnliche Arten: Die Art variiert in der Intensität der Gehäusefärbung. *Gonyodiscus rotundatus* ist ähnlich, jedoch flacher, weist das charakteristische Schachbrettmuster auf und hat eine viel stärker geschulterte Peripherie.
Lebensraum: *D. ruderatus* lebt vorwiegend in Nadelwäldern, seltener im Laubwald oder in Sümpfen und auf Wiesen im Gebirge. Die Tiere sitzen gerne unter Holz, auch unter liegendem Totholz oder unter der Borke an alten Stämmen und Baumstümpfen.
Gefährdung (RL-D 2012): 2 – Stark gefährdet.
Verbreitung im Gebiet: *D. ruderatus* ist in Deutschland nicht sehr verbreitet. Neben montanen bis alpinen Vorkommen im südlichen und mittleren Deutschland gibt es sehr zerstreute Vorkommen im Nordosten. (VT: sibirisch-boreal-alpin).
Weiterführende Literatur: Anatomie GROSSU 1983, SCHILEYKO 2002.

Gonyodiscus rotundatus (O. F. MÜLLER 1774)
Gefleckte Schüsselschnecke

Andere Namen: *Discus rotundatus*

Merkmale: Das mittelgroße scheibenförmige Gehäuse ist an der Peripherie meist kräftig geschultert. Die Naht ist wenig tief, der Nabel sehr weit schüsselförmig und perspektivisch. Das Gehäuse weist außer zahlreichen regelmäßigen, kräftigen Rippen auch ein charakteristisches Zeichnungsmuster von schachbrettähnlichen viereckigen Flecken auf, die dadurch gebildet werden, dass jeder Umgang regelmäßig abwechselnd braun und weiß gefärbt ist. Das Fleckenmuster kann besonders bei Tieren aus dunklen und feuchten Standorten undeutlich sein. Der Mündungsrand des Gehäuses ist wie bei den anderen Arten der Gattung nicht verdickt oder kallös.
Maße: 5–7 mm breit.
Formen im Gebiet und ähnliche Arten: Die Art variiert in der Höhe des Gewindes und in der Intensität der Gehäusefärbung, auch farblose Exemplare kommen vor. Das Gehäuse ist enger aufgewunden als bei *Discus ruderatus*, der Nabel ist weiter und die Umgänge sind stärker geschultert.
Lebensraum: *G. rotundatus* lebt in der Bodenstreu oder bodennah zwischen Steinen oder Pflanzen in den verschiedensten Lebensräumen. Die Art bevorzugt feuchte, geschützte Habitate, kommt aber auch in trockeneren Biotopen vor, wenn Versteckmöglichkeiten (zum Beispiel unter Holz) vorhanden sind. Sie bewohnt gerne Wälder oder Gärten, synanthrop ist sie sehr häufig.
Gefährdung (RL-D 2012): * – Ungefährdet.
Verbreitung im Gebiet: *G. rotundatus* ist in Deutschland fast überall verbreitet und gehört zu den häufigsten Schneckenarten. (VT: west-mitteleuropäisch).
Weiterführende Literatur: Anatomie GROSSU 1983, Nomenklatur SALVADOR et al. 2013.

Gonyodiscus perspectivus (M. von Mühlfeldt 1816)
Gekielte Schüsselschnecke

Andere Namen: *Discus perspectivus*

Merkmale: Das mittelgroße scheibenförmige Gehäuse unterscheidet sich von seinen Verwandten durch einen kräftigen Kiel an der Peripherie und einen extrem weiten Nabel. Das meist bräunliche Gehäuse ist gattungstypisch mit zahlreichen regelmäßigen, kräftigen Rippen skulpturiert. Der Mündungsrand ist nicht verdickt oder kallös.
Maße: 5,5–6,5 mm breit.
Formen im Gebiet und ähnliche Arten: Die Art ist wenig variabel.
Lebensraum: *G. perspectivus* lebt an Holz, Felsen oder Moos in der Bodenstreu von Wäldern auf Kalkboden. Wie die anderen Arten der Familie sitzt auch *G. perspectivus* sehr gerne unter loser, alter Borke.
Gefährdung (RL-D 2012): 3 – Gefährdet.
Verbreitung im Gebiet: *G. perspectivus* kommt in Deutschland nur sehr zerstreut im Süden bzw. vorwiegend im Südosten vor. (VT: dinarisch-karpatisch).
Weiterführende Literatur: Anatomie Grossu 1983, Nomeklatur. Salvador et al. 2013.

Familie Euconulidae
Kegelchen

Familie Euconulidae: 1. *Euconulus fulvus*, 2. *Euconulus praticola*, 3. *„Euconulus trochiformis"*

Diese Familie kleiner kugeliger Schnecken ist in den verschiedensten Biotopen weltweit vertreten. Gehäusemorphologisch sind sich die Arten sehr ähnlich, deshalb ist die Unterscheidung trotz ihrer Häufigkeit noch ungenügend erforscht, molekulargenetisch wird die Gattung zur Zeit als wenig gegliedert betrachtet. Die heimischen Arten haben ein dünnes, braunes, enggewundenes Gehäuse mit einfachem Mundsaum und ohne Nabel (höchstens sehr eng geritzt). Es ist aufgrund der bisher geringen Fundanzahl einiger Formen noch unklar, ob die ökologische Zuordnung, die hier vorgestellt wird, so eindeutig ist, dass sie die Arten differenziert.

„Euconulus trochiformis"

Euconulus fulvus (O. F. MÜLLER 1774)
Helles Kegelchen

Andere Namen: *E. trochiformis* auctt. non MONTAGU, partim

Merkmale: Das Gehäuse von *E. fulvus* ist kugelig-kegelförmig, mit etwas abgeflachter Basis. Die Umgänge sind etwas gewölbt, die Nähte eher flach. Die Peripherie des letzten Umganges ist schwach geschultert, bei Jungtieren deutlicher gekantet. Die Mündung ist flach und symmetrisch mondsichelförmig. Die Gehäuseoberfläche ist oberhalb der Peripherie seidig glänzend und fein skulpturiert, die Unterseite des Gehäuses ist glatt mit auch unter hoher Vergrößerung kaum sichtbaren Spiralstreifen. Das lebende Tier ist relativ hell, entsprechend ist auch das Gehäuse am hindurchscheinenden lebenden Tier hell-bräunlich bis honigfarben.

Maße: 2,8–3,5 mm breit.

Formen im Gebiet und ähnliche Arten: Die Art ist relativ variabel, die Abgrenzung gegen nördliche Formen bzw. Arten ist nicht geklärt, molekulargenetisch werden zur Zeit viele Formen zu *E. fulvus* gerechnet, deren Morphologie abweichend ist. In Deutschland ist der typische *E. fulvus* gut zu erkennen.

Lebensraum: *E. fulvus* bewohnt vor allem Laub- und Nadelwälder. Die Tiere leben in der Bodenstreu und häufig unter liegendem Holz oder unter Borke von Stümpfen. Vorkommen auf Wiesen sind seltener.

Gefährdung (RL-D 2012): * – Ungefährdet.

Verbreitung im Gebiet: *E. fulvus* ist in Deutschland weit verbreitet und häufig. (VT: europäisch).

Weiterführende Literatur: Anatomie GROSSU 1983, SCHILEYKO 2002, HORSÁKOVÁ et al. 2019, HORSÁKOVÁ et al. 2020

Euconulus praticola (Reinhardt 1883)
Dunkles Kegelchen

Andere Namen: *E. alderi* auctt., partim

Merkmale: *E. praticola* hat ein dunkelhonigfarbenes bis rotbraunes Gehäuse mit kugelig-kegelförmigem Umriss, die Basis ist recht konvex. Die Umgänge sind gewölbt mit tiefer Naht. Die Mündung ist etwas asymmetrisch mondsichelförmig. Die Oberseite des Gehäuses ist hochglänzend, die Unterseite mit sehr feinen Spirallinien skulpturiert. Das lebende Tier ist schwarz, entsprechend sieht auch das Gehäuse am hindurchscheinenden lebenden Tier sehr dunkel aus.

Maße: 2,5–3,5 mm breit.

Formen im Gebiet und ähnliche Arten: Die Art ist relativ variabel, die genaue Abgrenzung ist ungeklärt, sie ist insbesondere mit den hier als „*E. trochiformis*" bezeichneten Schnecken zu verwechseln. Früher wurde sogar die Artabgrenzung zu *E. fulvus* angezweifelt, alte Literaturangaben sind deshalb oft nicht zuzuordnen. Molekulargenetisch wird die Art zur Zeit mit den britischen *E. alderi* identifiziert, wenn diese Einschätzung erhalten bleibt, hieße sie (wieder) *E. alderi* (Gray 1840).

Lebensraum: *E. praticola* bewohnt vor allem kalkreiche Sümpfe und Nasswiesen, Wälder werden nur ungerne besiedelt. Die Tiere klettern auch in der Vegetation.

Gefährdung (RL-D 2012): V – Vorwarnliste.

Verbreitung im Gebiet: *E. praticola* ist in Deutschland weit verbreitet und in geeigneten Biotopen teilweise mit recht hoher Stetigkeit anzutreffen. (VT: europäisch).

Weiterführende Literatur: Falkner et al. 2002, Horsáková et al. 2019, Horsáková et al. 2020

„*Euconulus trochiformis* (MONTAGU 1803)"
Wald-Kegelchen

Andere Namen: *E. alderi* auctt., partim

Merkmale: „*E. trochiformis*" hat ein honigfarbenes Gehäuse mit kugelig-kegelförmigem Umriss, die Basis ist recht konvex. Die Umgänge sind stark gewölbt mit tiefer Naht. Die Mündung ist etwas asymmetrisch mondsichelförmig. Die Oberseite des Gehäuses ist hochglänzend, die Spirallinien an der Unterseite sind schwächer und gröber als bei *E. praticola*. Die Tiere scheinen beim (seltenen) sympatrischen Vorkommen kleiner als *E. praticola* zu sein und etwas engere Windungen aufzuweisen.
Das lebende Tier ist meist grau, der Mantel im Gehäuse relativ hell, entsprechend sieht das Gehäuse am lebenden Tier braun aus, der kriechende Tierkörper kontrastiert dazu.
Maße: 2,5–3,5 mm breit.
Formen im Gebiet und ähnliche Arten: Die Abgrenzung zu *E. praticola* ist noch nicht abschließend geklärt. Der Name „*E. trochiformis*" ist nach vorhandenem Typusmaterial wohl in die Synonymie von *E. fulvus* zu stellen, so dass der Name für die hier dargestellten Schnecken nur noch provisorisch im Sinne der traditionellen Verwendung benutzt wird.
Lebensraum: „*E. trochiformis*" bewohnt vor allem nasse Wälder. Die Tiere klettern auch in der Vegetation.
Gefährdung (RL-D 2012): D – Daten defizitär.
Verbreitung im Gebiet: *Euconulus* ist vermutlich in Europa noch nicht ausreichend erforscht. Die Tiere sind morphologisch vielgestaltiger als bisher angenommen und regionale wie ökologische Unterschiede sollten noch genauer untersucht werden. (VT: europäisch).
Weiterführende Literatur: FALKNER et al. 2002, HORSÁKOVÁ et al. 2019, HORSÁKOVÁ et al. 2020

Familie Gastrodontidae

Dolchschnecken

Familie Gastrodontidae: 1. *Zonitoides nitidus*, 2. *Zonitoides excavatus*, 3. *Zonitoides arboreus*, 4. *Aegopinella pura*, 5. *Aegopinella nitidula*, 6. *Aegopinella nitens*, 7. *Aegopinella minor*, 8. *Aegopinella epipedostoma*, 9. *Aegopinella ressmani*, 10. *Perpolita hammonis*, 11. *Perpolita petronella*,

Diese Familie wurde früher als Unterfamilie zu den Zonitidae gestellt, heute ist sie selbstständig und seit kurzem werden eine Reihe von Arten, die zur Familie Oxychilidae gerechnet wurden, bei den Gastrodontidae geführt. Die Gattung *Zonitoides* besitzt einen Liebespfeil zur Stimulation während der Paarung, von diesem ist der deutsche Name der Familie abgeleitet.

Zonitoides nitidus (O. F. MÜLLER 1774)
Glänzende Dolchschnecke

Merkmale: Das Gehäuse von *Z. nitidus* ist dick scheibenförmig bis sehr niedrig kegelig und hochglänzend rotbraun. Eine relativ kräftige unregelmäßige Streifung ist deutlich. Die Unterseite ist verhältnismäßig weit genabelt. Die Basis ist nicht weißlich opak. Das lebende Tier ist durch seinen schwarzen Körper leicht kenntlich, er scheint durch das transparente Gehäuse hindurch. Ein gutes Bestimmungsmerkmal ist außerdem ein orangefarbener Fleck auf dem Mantel, der bei apikaler Ansicht mit geringem Abstand vom Mündungsrand deutlich erkennbar ist. Maße: 6–7 mm breit.

Formen im Gebiet und ähnliche Arten: Die Art ist in der Ausprägung der unregelmäßigen Streifung und in der Breite des Nabels etwas variabel. Durch den weiten Nabel ist *Z. nitidus* manchen Tieren der Gattung *Aegopinella* etwas ähnlich, diese sind weniger glänzend, nicht so deutlich gestreift und haben meist eine weißliche Basis.

Lebensraum: *Z. nitidus* bewohnt sehr feuchte Standorte, er lebt oft in nassen Wäldern und Sümpfen am Boden und kriecht gerne direkt auf dem nassen Schlamm. Er lebt auch im Überschwemmungsbereich der Gewässer.

Gefährdung (RL-D 2012): * – Ungefährdet.

Verbreitung im Gebiet: Die Art ist in Deutschland weit verbreitet und häufig. (VT: europäisch).

Weiterführende Literatur: Anatomie: RIEDEL 1980, GROSSU 1983, GITTENBERGER et al. 1984, SCHILEYKO 2003

Zonitoides nitidus

Zonitoides excavatus (ALDER 1830)
Britische Dolchschnecke

Merkmale: *Z. excavatus* hat ein niedrig kegeliges Gehäuse, das glänzend hellbräunlich oder grünlichbraun gefärbt ist. Die 4½ Umgänge sind regelmäßig eng aufgewunden. Sehr charakteristisch ist der wie bei den Discidae schüsselförmig eingetiefte, weit perspektivische Nabel. Das lebende Tier ist sehr dunkel, der orangefarbene Fleck auf dem Mantel (vgl. *Z. nitidus*) ist nicht ganz so deutlich, aber ebenfalls erkennbar.
Maße: 5,3–6 mm breit.
Formen im Gebiet und ähnliche Arten: Die Art ist wenig variabel.
Lebensraum: *Z. excavatus* bewohnt die Bodenstreu von Laubwäldern, in Norddeutschland zum Beispiel unter Eichen. Er toleriert sauren Boden und ist viel weniger hygrophil als *Z. nitidus*.
Gefährdung (RL-D 2012): 2 – Gefährdet.
Verbreitung im Gebiet: Die Art kommt in Deutschland nur im Nordwesten sporadisch vor. (VT: atlantisch-nordwesteuropäisch).
Weiterführende Literatur: Anatomie GITTENBERGER et al. 1984

Zonitoides arboreus (SAY 1816)
Gewächshaus-Dolchschnecke

Merkmale: Das Gehäuse von *Z. arboreus* ist scheibenförmig bis sehr flach kegelig, glänzend und durchscheinend gelblichbraun. Die 4½ Umgänge sind regelmäßig eng aufgewunden, im äußeren Aspekt ist das Gehäuse *Z. excavatus* sehr ähnlich, allerdings ist der Nabel viel enger, teilweise noch enger als bei *Z. nitidus*. Eine feine unregelmäßige Spiralskulptur hilft, die Art von ihren Verwandten zu unterscheiden. In Deutschland ist das lebende Tier relativ dunkel grau, der typische hellere Fleck auf dem Mantel (vgl. *Z. nitidus*) ist schwach erkennbar.
Maße: 4,5–5 mm breit.
Formen im Gebiet und ähnliche Arten: Die Art ist im Höhen-Breiten-Verhältnis des Gehäuses und in der Ausprägung der Streifung etwas variabel.
Lebensraum: *Z. arboreus* lebt ursprünglich in der Bodenstreu verschiedenster Biotope, bei uns fast nur synanthrop in Gewächshäusern und an Topfpflanzen.
Gefährdung (RL-D 2012): nb – Nicht bewertet.
Verbreitung im Gebiet: Die Art stammt aus Nordamerika. Sie wurde an Topfpflanzen und in Gewächshäusern in ganz Deutschland regelmäßig, im Freiland in Nordostdeutschland sehr vereinzelt nachgewiesen. (VT: nordamerikanisch).
Weiterführende Literatur: RIEDEL 1980, SCHMID 2002, Anatomie: BAKER 1928

Aegopinella pura (ALDER 1830)

Kleine Glanzschnecke

Merkmale: Das Gehäuse von *A. pura* weist ca. 3½ Umgänge auf. Es ist sehr gedrückt konisch, die Nähte sind sehr flach, die Peripherie geschultert bis sehr leicht gekielt. Die Umgänge nehmen gleichmäßig zu, der letzte Umgang ist zur Mündung hin nicht deutlich erweitert. Der Nabel ist sehr weit, perspektivisch und etwas exzentrisch. Die Färbung des Gehäuses ist bräunlich bis farblos-weißlich, es ist schwach glänzend. Die Oberfläche ist deutlich gegittert mit stärkeren Radialstreifen und schwächeren Spirallinien.
Maße: 3,5–5 mm breit.
Formen im Gebiet und ähnliche Arten: Die Art ist recht wenig variabel, farblose Gehäuse kommen vor. Die Art kann mit jungen Exemplaren der größeren *Aegopinella*-Arten verwechselt werden. Diese wirken weniger abgeflacht, der Übergang von der Basis in den Nabel ist etwas abrupter und die Anfangswindungen im Apikalbereich sind weiter (Vergleichsmaterial verwenden), außerdem ist die Oberflächenskulptur schwächer.
Lebensraum: *A. pura* lebt gerne in Laubwäldern im Bodensubstrat, sie kommt an mäßig feuchten bis trockenen Standorten vor.
Gefährdung (RL-D 2012): * – Ungefährdet.
Verbreitung im Gebiet: Die Art ist in Deutschland weit verbreitet. (VT: europäisch).
Weiterführende Literatur: Anatomie FORCART 1957, GROSSU 1983, SCHILEYKO 2003

Aegopinella nitidula (DRAPARNAUD 1805)
Rötliche Glanzschnecke

Merkmale: *A. nitidula* hat ein gedrückt-kegeliges, seidig glänzendes Gehäuse mit 4½ Umgängen. Die letzte Windung erweitert sich gegen die Mündung deutlich, innerhalb des letzten Viertelumgangs auf das Eineinhalbfache. Die Art ist allerdings sehr variabel, die Zahlen sind also nicht als exakte differenzierende Merkmale verwendbar. Das Gehäuse ist rötlichbraun bis gelblich gefärbt, die Basis wolkig weiß gezeichnet mit weitem perspektivischem Nabel. Das Gittermuster ist schwächer als bei *A. pura*.
Maße: 8–11 mm breit.
Formen im Gebiet und ähnliche Arten: Die Art variiert in der Weite des Nabels, der Erweiterung des letzten Umgangs und der Oberflächenstruktur des Gehäuses. Eine sichere Unterscheidung von den sehr ähnlichen Arten der Gattung (*A. minor, A. nitens, A. epipedostoma*) ist nur anatomisch möglich. *A. pura* ist im Apikalbereich enger gewunden (Vergleichsmaterial verwenden).
Lebensraum: *A. nitidula* lebt in den verschiedensten Biotopen, sie bevorzugt mäßig feuchte bis feuchte Standorte in Wäldern, kommt aber auch in Hecken, an Felsen und in Quellbereichen vor. Auch synanthrope Vorkommen sind häufig.
Gefährdung (RL-D 2012): * – Ungefährdet.
Verbreitung im Gebiet: Die Art ist in Deutschland weit verbreitet und sehr häufig, sie fehlt im äußersten Süden. (VT: nordwesteuropäisch).
Weiterführende Literatur: Anatomie FORCART 1959, KERNEY et al. 1983, GITTENBERGER et al. 1984, WIKTOR 2004

Aegopinella nitens (MICHAUD 1831)
Weitmündige Glanzschnecke

Merkmale: *A. nitens* hat ein grünlich-hellbraunes gedrückt-kegeliges Gehäuse mit 4½ Umgängen. Der letzte Umgang ist zur Mündung hin meist abgeböscht und erweitert sich stark, innerhalb des letzten Viertelumgangs auf das Eineinhalbfache. Wegen der großen Variabilität sind gehäusemorphologische Merkmale allerdings nicht ausreichend zur Differenzierung. Die Gehäusebasis ist wolkig weiß, der Nabel sehr weit, exzentrisch und perspektivisch.

Maße: 8–11 mm breit.

Formen im Gebiet und ähnliche Arten: Die Art variiert in der Weite des Nabels, der Erweiterung des letzten Umgangs und der Oberflächenstruktur des Gehäuses. Eine sichere Unterscheidung von den verwandten Arten der Gattung (*A. nitidula, A. minor, A. epipedostoma*) ist nur anatomisch möglich.

Lebensraum: *A. nitens* lebt ursprünglich montan in den verschiedensten Biotopen, sie bevorzugt mäßig feuchte bis feuchte Wälder und Felsen. Synanthrope und verschleppte Vorkommen sind bekannt.

Gefährdung (RL-D 2012): * – Ungefährdet.

Verbreitung im Gebiet: Die Art ist weit verbreitet und im südlichen und mittleren Deutschland häufig, genaue Angaben zu Verbreitungsgrenzen und isolierten Vorkommen im Norden sind aufgrund der Verwechslungen mit den verwandten Arten noch nicht möglich, es gibt auch nördliche sichere Nachweise (z. B. sehr vereinzelte Populationen in Hamburg, am nördlichen Harzrand und bei Salzgitter). (VT: alpin-mitteleuropäisch).

Weiterführende Literatur: Anatomie FORCART 1959, RIEDEL 1980, KERNEY et al. 1983, GITTENBERGER et al. 1984, WIKTOR 2004

Aegopinella minor (Stabile 1864)
Wärmeliebende Glanzschnecke

Merkmale: *A. minor* ist *A. nitidula* gehäusemorphologisch äußerst ähnlich, es gibt keine sicheren differenzierenden Kennzeichen. Der letzte Umgang des gelblich-braunen Gehäuses erweitert sich zur Mündung hin, innerhalb des letzten Viertelumgangs auf knapp das Eineinhalbfache, meist weniger als bei *A. nitens*. Oft ist sie auch kleiner als diese. Wegen der großen Variabilität sind die Gehäusemerkmale allerdings nicht ausreichend zur Unterscheidung der Arten. Die Gehäusebasis ist wolkig weiß, der Nabel weit und perspektivisch.
Maße: 8–10 mm breit.
Formen im Gebiet und ähnliche Arten: Die Art variiert in der Weite des Nabels, der Erweiterung des letzten Umgangs und der Oberflächenstruktur des Gehäuses. Eine sichere Unterscheidung von den verwandten Arten der Gattung (*A. nitidula, A. nitens, A. epipedostoma*) ist nur anatomisch möglich.
Lebensraum: *A. minor* lebt in den verschiedensten Biotopen, offene, warme und trockene Standorte werden von ihr regelmäßiger besiedelt als von den Verwandten, die eher als Waldarten zu bezeichnen sind. Allerdings ist auch diese ökologische Eigenschaft kein ausreichend differenzierendes Merkmal. Synanthrope und verschleppte Vorkommen sind bekannt.
Gefährdung (RL-D 2012): 3 – Gefährdet.
Verbreitung im Gebiet: Die Art ist weiter verbreitet als bisher angenommen. Der Schwerpunkt liegt im Südosten, aber genaue Angaben sind aufgrund der Verwechslungen mit den verwandten Arten noch nicht möglich. (VT: südosteuropäisch).
Weiterführende Literatur: Anatomie Forcart 1959, Riedel 1980 Grossu 1983, Kerney et al. 1983, Wiktor 2004

Aegopinella epipedostoma (Fagot 1879)
Verkannte Glanzschnecke

Merkmale: *A. epipedostoma* ist von *A. nitens* gehäusemorphologisch nicht zu unterscheiden. Der letzte Umgang ist zur Mündung hin abgeböscht und erweitert sich bei der Nominatform stark, innerhalb des letzten Viertelumgangs auf deutlich mehr als das Eineinhalbfache, teilweise noch etwas mehr als bei *A. nitens*. Bei der Unterart *A. e. iuncta* Hudec 1964 ist der Umgang weniger erweitert, sie ähnelt gehäusemorphologisch *A. nitidula*. Die Gehäusebasis ist wolkig weiß, der Nabel sehr weit, exzentrisch und perspektivisch. Maße: 8–11 mm breit.

Formen im Gebiet und ähnliche Arten: Die Art scheint wie die Verwandten variabel zu sein. Eine sichere Unterscheidung von den verwandten Arten der Gattung (*A. nitidula, A. nitens, A. minor*) ist nur anatomisch möglich.

Lebensraum: *A. epipedostoma* gilt als Wald- und Felsbewohner feuchter Bergstandorte.

Gefährdung (RL-D 2012): D – Daten unzureichend.

Verbreitung im Gebiet: Die Art ist in Deutschland bisher vereinzelt in Hessen und Baden-Württemberg nachgewiesen worden, sie ist ungenügend bekannt. Die Unterart *A. e. iuncta* wurde aktuell in Baden-Württemberg gefunden, sie kommt vermutlich in den Flusstälern der Ostalb regelmäßig vor. (VT: pyrenäisch-mitteleuropäisch).

Weiterführende Literatur: Anatomie Forcart 1959, Grossu 1983, Kerney et al. 1983, Wiktor 2004, div. Falkner & Rosenbauer 2021

Aegopinella ressmanni (WESTERLUND 1883)
Gegitterte Glanzschnecke

Andere Namen: Die Art wurde in den Ostalpen früher fälschlich nicht von *Retinella hiulca* (ALBERS 1850) getrennt.

Merkmale: *A. ressmanni* wirkt dadurch, dass ihr letzter Umgang nicht nur nach außen, sondern auch basal deutlich erweitert ist, etwas höher und kugeliger als die anderen Arten der Gattung, auch die Umgänge sind etwas konvexer und das Gewinde oft höher als bei ihren Verwandten. Die Oberfläche des Gehäuses wirkt seidenglänzend bzw. stumpf, bedingt durch eine deutliche Gitterung aus Zuwachsstreifen und Spiralstreifen.
Maße: 10–15 mm breit.
Formen im Gebiet und ähnliche Arten: Die Art scheint variabel zu sein.
Lebensraum: *A. ressmanni* lebt an feuchten Standorten in Bergwäldern.
Gefährdung (RL-D 2012): R – Extrem selten.
Verbreitung im Gebiet: Die Art ist in Deutschland bisher sehr vereinzelt in Bayern nachgewiesen worden. (VT: ostalpin).
Weiterführende Literatur: Anatomie FORCART 1959

Perpolita hammonis (Ström 1765)
Braune Streifenglanzschnecke

Andere Namen: *Nesovitrea hammonis, Retinella radiatula* (Alder 1830), *R. viridula* (Menke 1830)

Merkmale: *P. hammonis* ist klein, ihr Gehäuse weist ca. 3½ Umgänge mit rundlicher Peripherie auf. Das Gewinde ist gedrückt-kegelig mit sehr flachen Nähten. Der Mündungsrand ist nicht oder kaum verdickt. Der Nabel ist tief, aber nicht sehr weit und liegt etwas exzentrisch auf der Basis. Die Gehäuseoberfläche ist glänzend, charakteristisch ist eine Skulptur aus starken und regelmäßigen Radiärlinien. Die Struktur der Streifen unterscheidet auch Jungtiere von solchen anderer Arten der Oxychilidae oder Gastrodontidae. Oft ist das Gehäuse hellbraun, allerdings kommen farblose oder hellgrünliche Exemplare häufig vor.
Maße: 3,5–4,2 mm breit.
Formen im Gebiet und ähnliche Arten: Die Art ist recht variabel. Farblose Exemplare können mit *P. petronella* verwechselt werden. Das Gehäuse von *P. hammonis* ist flacher, seine Streifung regelmäßiger, der Nabel ist exzentrisch. Im Zweifelsfall hilft die Nutzung von Vergleichsmaterial. Auf die nomenklatorische Diskussion zur Gattungseinordnung soll an dieser Stelle nicht eingegangen werden. Während der Drucklegung des Buches wurde publiziert, dass nach molekulargenetischen Untersuchungen neben *P. hammonis* auch *Perpolita radiatella* (Reinhardt 1877) in Mitteleuropa lebt. Genaueres ist noch zu klären.
Lebensraum: *P. hammonis* s.l. lebt an trockenen bis feuchten Standorten aller Art, sie toleriert auch saure Böden und bewohnt offene ebenso wie gehölzbestandene Lebensräume.
Gefährdung (RL-D 2012): * – Ungefährdet.
Verbreitung im Gebiet: Die Art ist in Deutschland fast überall verbreitet und eine der häufigsten Schneckenarten. (VT: westpaläarktisch).
Weiterführende Literatur: Anatomie Forcart 1957, Grossu 1983

Perpolita petronella (L. PFEIFFER 1853)
Weiße Streifenglanzschnecke

Andere Namen: *Nesovitrea petronella, Retinella petronella*

Merkmale: *P. petronella* ist etwas größer als *P. hammonis*, ihr Gehäuse ist rundlicher, die Umgänge sind dicker, bei apikaler Ansicht ist der letzte Umgang relativ schmal. Der Nabel ist tief, noch etwas enger als bei *P. hammonis* und liegt auf der Basis nicht exzentrisch. Die Gehäuseoberfläche ist glänzend, die Skulptur aus starken und regelmäßigen Radiärlinien ist vor allem auf dem letzten Umgang kurz vor der Mündung unregelmäßig. Das Gehäuse ist immer farblos.
Maße: 4,2–5 mm breit.
Formen im Gebiet und ähnliche Arten: Die Art ist nicht sehr variabel. Die Tiere können mit farblosen Exemplaren von *P. hammonis* verwechselt werden, sie sind bauchiger als diese und ihre Streifung ist weniger regelmäßig. Auf die nomenklatorische Diskussion zur Gattungseinordnung soll an dieser Stelle nicht eingegangen werden.
Lebensraum: *P. petronella* lebt in unserem Gebiet vor allem an ursprünglichen Standorten, sie bevorzugt bodenfeuchte Habitate wie Sümpfe oder feuchte Wälder und hat Verbreitungsschwerpunkte im montanen Bereich.
Gefährdung (RL-D 2012): 2 – Stark gefährdet.
Verbreitung im Gebiet: Die Art ist in Deutschland im Norden selten und kommt im Süden hauptsächlich montan und subalpin vor. (VT: boreal-alpin).
Weiterführende Literatur: Anatomie GROSSU 1983, SCHILEYKO 2003

Familie Oxychilidae

Glanzschnecken

Familie Oxychilidae: 1. *Oxychilus alliarius*, 2. *Oxychilus navarricus*, 3. *Oxychilus clarus*, 4. *Oxychilus cellarius*, 5. *Oxychilus draparnaudi*, 6. *Oxychilus mortilleti*, 7. *Morlina glabra*, 8. *Mediterranea depressa*, 9. *Mediterranea inopinata*, 10. *Daudebardia rufa*, 11. *Daudebardia brevipes*

In der Verwandtschaft der Oxychilidae wurden aufgrund molekulargenetischer Untersuchungen größere systematische Änderungen vorgenommen. Früher wurden alle diese Tiere als Unterfamilie zu den Zonitidae gestellt, heute sind mehrere Familien gebildet worden, insbesondere wurden die Arten der Gattung *Aegopinella* aktuell zu den Gastrodontidae gestellt.
Die Gehäuse sind flach, mittelgroß, oft hochglänzend, meist genabelt und nur selten weisen sie eine deutliche Oberflächenskulptur auf. Eine Verdickung des Mündungsrandes fehlt meistens. Der Tierkörper ist oft bläulich bis kräftig dunkelblau gefärbt. Viele der Tiere leben räuberisch, in Europa kommen einige Dutzend Arten vor. Für die Bestimmung einiger Tiere der Familien Gastrodontidae (zum Beispiel in der Gattung *Aegopinella*) und Oxychilidae sind anatomische Untersuchungen nötig.

Oxychilus draparnaudi

Oxychilus alliarius (Miller 1822)

Knoblauch-Glanzschnecke

Merkmale: *O. alliarius* hat ein relativ flaches, braunes, hochglänzendes Gehäuse mit 4–4½ auf der Oberseite sehr schwach gewölbten Umgängen. Manchmal ist der letzte Viertelumgang etwas abgesenkt. Der Nabel ist mäßig eng, die Basis des Gehäuses manchmal etwas weißlich opak. Der Tierkörper ist dunkel. Das Tier riecht beim Berühren sehr charakteristisch stark nach Knoblauch. Dieser Geruch ist oft sogar im Wald festzustellen, wenn man die Streu des Waldbodens bewegt, und verrät das Vorkommen der Schnecke. Der Geruch ist allerdings nur in seiner Intensität artspezifisch, auch *O. draparnaudi* und *O. navarricus* riechen schwach nach Knoblauch.

Maße: 5,5–7 mm breit.

Formen im Gebiet und ähnliche Arten: Die Art ist in der Höhe des Gewindes und damit im Höhen-Breiten-Verhältnis des Gehäuses etwas variabel.

Lebensraum: *O. alliarius* lebt in trockenen bis feuchten Biotopen unterschiedlichster Art, zum Beispiel in Wäldern und an Felsen, aber auch auf Äckern und in Gärten. Die Art toleriert auch leicht saure Böden.

Gefährdung (RL-D 2012): V – Vorwarnliste.

Verbreitung im Gebiet: Die Art ist in Deutschland verbreitet mit Schwerpunkt in Mittel- und Norddeutschland. In Baden-Württemberg und Bayern kommt sie nur äußerst vereinzelt vor. (VT: westeuropäisch).

Weiterführende Literatur: Anatomie Gittenberger et al. 1984, Wiktor 2004, Weichtier des Jahres 2014

Oxychilus navarricus (Bourguignat 1870)
Schweizer Glanzschnecke

Andere Namen: *O. helveticus* (Blum 1881)

Merkmale: Das Gehäuse von *O. navarricus* ist hochglänzend, braungelb und weist eine wenig erhobene Oberseite auf. Der letzte Umgang ist an der Peripherie gerundet bis schwach geschultert, das Gehäuse mit 5 Umgängen hat nur einen engen Nabel. Das lebende Tier riecht beim Berühren schwach nach Knoblauch, der Weichkörper hat als arttypisches Merkmal einen schwarzen Mantelsaum, der nahe der Mündung als breites schwarzes Band erkennbar ist. Dieses ist auch sichtbar, wenn sich das Tier ins Gehäuse zurückgezogen hat.
Maße: 8–10 mm breit.
Formen im Gebiet und ähnliche Arten: Die Art ist wenig variabel, früher wurde sie unter ihrem Synonym *O. helveticus* geführt.
Lebensraum: *O. navarricus* lebt in verschiedenen, meist feuchten Standorten, gerne in Laubwäldern oder zwischen Felsen.
Gefährdung (RL-D 2012): R – Extrem selten.
Verbreitung im Gebiet: Es existieren vereinzelte Angaben zum Vorkommen der Art in Süddeutschland (gesichert nur in Rheinland-Pfalz). (VT: westalpin).
Weiterführende Literatur: Anatomie Schileyko 2003

Oxychilus clarus (HELD 1838)
Farblose Glanzschnecke

Andere Namen: *Retinella clara*

Merkmale: Das Gehäuse von *O. clarus* ist klein, durchsichtig, schwach glänzend und farblos. Das Gewinde ist etwas erhoben, die Peripherie des letzten Umganges gerundet. Der Nabel ist recht groß und etwas exzentrisch und das Gehäuse weist eine sehr schwache Spiralskulptur auf. Aus diesen Gründen wurde die Art früher in die Gattung *Retinella* gestellt.
Maße: 4–4,2 mm breit.
Formen im Gebiet und ähnliche Arten: Die Art ist scheint etwas variabel zu sein, sie ist ungenügend bekannt. Gehäuse von *O. clarus* sind in Größe und Form *Perpolita hammonis* etwas ähnlich.
Lebensraum: *O. clarus* lebt vermutlich subterran zwischen feuchten Steinen und Felsen, Leergehäuse in trockeneren Biotopen lassen vermuten, dass die Art auch solche Standorte bewohnt. Vermutlich sind die Tiere kalkstet.
Gefährdung (RL-D 2012): 0 – Ausgestorben oder verschollen.
Verbreitung im Gebiet: Es existieren vereinzelte Angaben von Funden von Leergehäusen aus Südbayern, die Art ist wenig bekannt. Lebendfunde sind in anderen Alpenländern bekannt, in Deutschland ist die Art bisher nicht wiedergefunden worden. (VT: alpin-pyrenäisch).

Weiterführende Literatur: Anatomie FORCART 1957

Oxychilus cellarius (O. F. MÜLLER 1774)
Keller-Glanzschnecke

Merkmale: Das Gehäuse von *O. cellarius* ist etwas glänzend, rund mit mehr oder weniger flachem Gewinde, bräunlich-gelblich-transparent mit kaum weißlich opaker Basis und kleinem offenem Nabel. Die Gehäuseoberfläche ist glatt und kaum gestreift. Der letzte Umgang des Gehäuses ist gegen den Rest der Umgänge nicht stark erweitert, sondern deutlich weniger als doppelt so breit wie der vorletzte. Der Weichkörper ist hell blaugrau.
Maße: 9–14 mm breit.
Formen im Gebiet und ähnliche Arten: Die Art ist in Größe, Färbung, Gewindehöhe und Erweiterung des letzten Umganges etwas variabel.
Lebensraum: *O. cellarius* lebt in den verschiedensten Biotopen, in Wäldern und zwischen Felsen ebenso wie synanthrop in Gärten und Gewächshäusern.
Gefährdung (RL-D 2012): * – Ungefährdet.
Verbreitung im Gebiet: Die Art ist in Deutschland weit verbreitet und meist häufig. (VT: nord-mitteleuropäisch).
Weiterführende Literatur: Anatomie FORCART 1957, GITTENBERGER et al. 1984, GIUSTI & MANGANELLI 1997, SCHILEYKO 2003, WIKTOR 2004

Oxychilus draparnaudi (BECK 1837)
Große Glanzschnecke

Merkmale: *O. draparnaudi* ist durch den erweiterten letzten Umgang, der etwa doppelt so breit wie der vorletzte ist, gekennzeichnet. Das scheibenförmige Gehäuse ist recht glänzend und hat ein flaches Gewinde, in naturnahen Biotopen kann das Gehäuse etwas höher sein. Die Gehäuseoberfläche ist relativ glatt und etwas gestreift, nahe der Naht ist die Streifung am deutlichsten. Der Nabel ist eng. Der Weichkörper ist kräftig dunkelblau, der Mantel grau, dadurch kann das Gehäuse am lebenden Tier recht dunkel aussehen. Das Tier riecht bei Berührung oder Verletzung etwas nach Knoblauch. Maße: 11–16 mm breit.

Formen im Gebiet und ähnliche Arten: Die Art ist in Größe, Färbung, Gewindehöhe und Erweiterung des letzten Umganges variabel.

Lebensraum: *O. draparnaudi* lebt ursprünglich in Wäldern und zwischen Felsen, in unserem Gebiet meist synanthrop in Gärten und Gewächshäusern. Die Art wird auch mit Gemüse oder Gartenpflanzen verschleppt.

Gefährdung (RL-D 2012): * – Ungefährdet.

Verbreitung im Gebiet: Die Art ist in Deutschland recht verbreitet und meist häufig. (VT: westeuropäisch).

Weiterführende Literatur: Anatomie RIEDEL 1972, GROSSU 1983, GITTENBERGER et al. 1984, GIUSTI & MANGANELLI 1997, WIKTOR 2004

Oxychilus mortilleti (L. PFEIFFER 1859)
Mortillets Glanzschnecke und Kelheim-Glanzschnecke

Andere Namen: *O. villae* (STROBEL 1853), *O. m. planus* (CLESSIN 1877)

Merkmale: Das Gehäuse von *O. mortilleti* ist etwas glänzend, rund mit etwas erhabenem bis flachem Gewinde, es ähnelt einem vergrößerten *O. cellarius*. Die Färbung ist gelblich-bräunlich mit kaum weißlich opaker Basis, der Nabel ist klein und offen. Der letzte Umgang des Gehäuses ist weniger als doppelt so breit wie der vorletzte, die Mündung ist etwas größer als bei *O. cellarius*. Bei *O. m. planus* ist die Oberseite ganz eben und der Nabel etwas größer.
Der Weichkörper ist hell blaugrau, manchmal auch dunkler bläulichbraun.
Maße: 12–14 (in den Südalpen und eingeschleppt 16–17) mm breit.
Formen im Gebiet und ähnliche Arten: Die Art ist in Gewindehöhe und Erweiterung des letzten Umganges etwas variabel, im Gebiet werden die Unterarten *O. mortilleti planus* (aus der Umgebung von Kelheim) und *O. mortilleti mortilleti* unterschieden.
Lebensraum: *O. mortilleti* lebt in den verschiedensten Biotopen, in Wäldern und zwischen Felsen ebenso wie synanthrop in Gärten und Gewächshäusern.
Gefährdung (RL-D 2012): R – Extrem selten.
Verbreitung im Gebiet: Die Art lebt im Gebiet in den Alpen und an einigen weiteren isolierten Standorten in Bayern. Eingeschleppte Populationen waren bisher selten, kamen aber auch in anderen Bundesländern vor. (VT: südalpin).
Weiterführende Literatur: MANGANELLI & GIUSTI 1998

Morlina glabra (ROSSMÄSSLER 1835)
Glatte Glanzschnecke

Andere Namen: *Oxychilus glaber*

Merkmale: *M. glabra* hat ein braunes, hochglänzendes Gehäuse mit tiefem, sehr engem Nabel, die Basis ist etwas weißfleckig. Die 5–5½ Windungen werden sehr regelmäßig breiter, der letzte Umgang ist nicht erweitert, seine Peripherie ist oft etwas geschultert. Der Weichkörper ist dunkel bläulichgrau.
Maße: 11–14 mm breit, größere Exemplare kommen vor.
Formen im Gebiet und ähnliche Arten: Die Art variiert vor allem in der Gewindehöhe.
Lebensraum: *M. glabra* ist eine Art feuchter schattiger Wälder und Felsen, in größeren Höhen besiedelt sie auch offenere Standorte.
Gefährdung (RL-D 2012): 1 – Vom Aussterben bedroht.
Verbreitung im Gebiet: Die Art lebt sehr zerstreut in einigen Gebieten im südlichen und südöstlichen Deutschland, in Nordrhein-Westfalen wurden aktuell mehrere Populationen nachgewiesen, die vermutlich eingeschleppt wurden. Weitere Ausbreitung ist zu erwarten. (VT: süd-mitteleuropäisch).
Weiterführende Literatur: Anatomie GROSSU 1983, SCHILEYKO 2003, WIKTOR 2004, WALTER et al. 2021

Mediterranea depressa (STERKI 1880)
Flache Glanzschnecke

Andere Namen: *Oxychilus depressus, Riedelius depressus, Riedeliconcha depressa*

Merkmale: Das scheibenförmige Gehäuse von *M. depressa* ist gelblich, glänzend und hat den engsten Nabel aller heimischen Arten der Familie. Es weist

4½-5 Windungen auf, die Peripherie des letzten Umganges ist gleichmäßig gerundet, das Gewinde sehr flach. Der Weichkörper ist variabel gefärbt, von sehr hell bis bläulichgrau.
Maße: 7–8,5 mm breit, größere Exemplare kommen vor.
Formen im Gebiet und ähnliche Arten: Das Gehäuse ist recht wenig variabel, die Weichkörperfärbung kann unterschiedlich sein.
Lebensraum: *M. depressa* lebt unter Holz und an Felsen in feuchten schattigen Wäldern, in größeren Höhen besiedelt sie auch Blockhalden und offenere Standorte.
Gefährdung (RL-D 2012): 1 – Vom Aussterben bedroht.
Verbreitung im Gebiet: Die Art lebt im südlichen und südöstlichen Deutschland zerstreut und recht selten. (VT: alpin-karpatisch).
Weiterführende Literatur: Anatomie RIEDEL 1969, GROSSU 1983, SCHILEYKO 2003, WIKTOR 2004

Mediterranea depressa

Mediterranea inopinata (Ulicný 1887)
Enggewundene Glanzschnecke

Andere Namen: *Oxychilus inopinatus, Vitrea Inopinata*

Merkmale: *M. inopinata* hat am lebenden Tier ein farbloses, durchsichtiges bis durchscheinendes, glänzendes Gehäuse, das eine sehr feine unregelmäßige Streifung aufweist. Leergehäuse sind wie in der Familie üblich matter und opak. Die Windungen sind recht eng, das Gewinde ist schwach erhoben, der Nabel sehr eng stichförmig.
Maße: 4,8–5,6 mm breit.
Formen im Gebiet und ähnliche Arten: *M. inopinata* ähnelt einer vergrößerten Kristallschnecke, sie erinnert mit dem stichförmigen Nabel an *Vitrea subrimata.* Früher wurde sie in dieser Gattung geführt.
Lebensraum: *M. inopinata* lebt unterirdisch oder unter Steinen an trockenen und warmen Hängen. Im Hauptverbreitungsgebiet ist sie auch in Kulturgelände nachgewiesen worden. Lebende Exemplare sind schwer zu finden.
Gefährdung (RL-D 2012): nicht genannt.
Verbreitung im Gebiet: Leergehäuse der Art wurden in einem Fundgebiet in Sachsen nachgewiesen. (VT: subkarpatisch-balkanisch).
Weiterführende Literatur: Anatomie u. div. Riedel 1969, Grossu 1973, Wiktor 2004

Daudebardia rufa (DRAPARNAUD 1805)
Rötliche Daudebardie

Merkmale: Die Unterfamilie der Daudebardiinae hat innerhalb der Oxychilidae das am weitesten reduzierte Gehäuse. Die Tiere sind Halbnacktschnecken, die sich nicht mehr komplett in das rudimentäre Gehäuse zurückziehen können. Dieses ist ohrförmig erweitert und umfasst 2½ flache Umgänge. Die Mündung hat einen fast parallelen Ober- und Unterrand, die Peripherie des letzten Umgangs ist an der Mündung gerade bis konkav (Apikalansicht). Der Nabel ist eng. Der sehr große Weichkörper (20 mm) ist meist bläulichgrau.
Maße: 4–6 mm breit.
Formen im Gebiet und ähnliche Arten: Die Art ist wenig variabel.
Lebensraum: *D. rufa* lebt montan unter Holz und Steinen in feuchten Wäldern.
Gefährdung (RL-D 2012): 3 – Gefährdet.
Verbreitung im Gebiet: *D. rufa* ist weit verbreitet, jedoch meist nicht häufig. Sie fehlt in der norddeutschen Tiefebene. (VT: mittel-südeuropäisch).
Weiterführende Literatur: Anatomie PLATE 1891, GROSSU 1983, SCHILEYKO 2003, allgemein WAGNER 1952

Daudebardia rufa

Daudebardia brevipes (DRAPARNAUD 1805)
Kleine Daudebardie

Merkmale: Das Gehäuse von *D. brevipes* ist ähnlich dem von *D. rufa* sehr ohrförmig und abgeflacht, lediglich etwas kleiner. Die Windungen sind etwas enger, die Mündung hat ebenfalls den fast parallelen Ober- und Unterrand, allerdings ist die Peripherie des letzten Umgangs an der Mündung deutlich konvex, dadurch ist die Gesamtform des Gehäuses mehr oval als länglich. Der sehr große Weichkörper ähnelt dem von *D. rufa*.
Maße: 4–6 mm breit.
Formen im Gebiet und ähnliche Arten: Die Art ist in der Weite des letzten Umganges etwas variabel.
Lebensraum: *D. brevipes* lebt wie *D. rufa* montan unter Holz und Steinen in feuchten Wäldern.
Gefährdung (RL-D 2012): 2 – Stark gefährdet.
Verbreitung im Gebiet: *D. brevipes* ist recht weit verbreitet, jedoch selten. Sie fehlt im Osten und in der norddeutschen Tiefebene. (VT: mittel-südeuropäisch).
Weiterführende Literatur: Anatomie PLATE 1891, allgemein WAGNER 1952

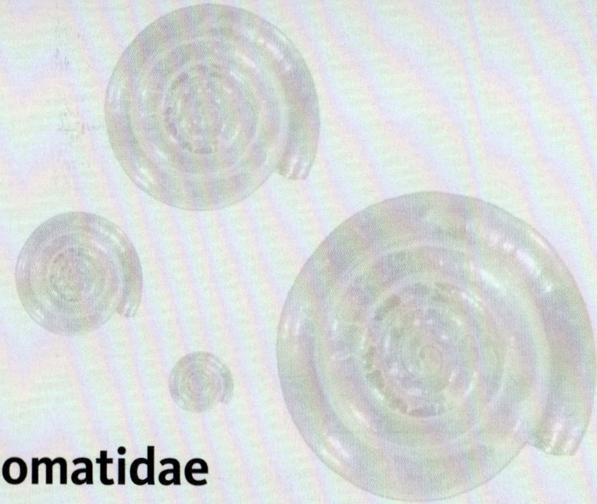

Familie Pristilomatidae
Kristallschnecken

Familie Pristilomatidae: 1. *Vitrea crystallina*, 2. *Vitrea contracta*, 3. *Vitrea transsylvanica*, 4. *Vitrea subrimata*, 5. *Vitrea diaphana*, 6. *Hawaiia minuscula*

Vitrea crystallina

Diese Familie wurde früher als Unterfamilie zu den Zonitidae gestellt, heute ist sie selbstständig. Die kleinen Gehäuse der Gattung *Vitrea* sind flach, farblos, durchsichtig und nicht oder relativ eng genabelt. Der Mündungsrand kann verdickt sein. Die weitere (eingeschleppte) Gattung *Hawaiia* weist weitgenabelte, winzige, gelbliche Gehäuse auf. In Europa leben etwa 60 Arten der Familie.

Vitrea crystallina (O. F. MÜLLER 1774)

Gemeine Kristallschnecke

Merkmale: Das Gehäuse von *V. crystallina* ist dick scheibenförmig, das Gewinde etwas erhoben. Die Unterseite ist deutlich gewölbt, der letzte Umgang gleichmäßig gerundet. Der Nabel ist eng und trichterförmig, der letzte Umgang im Nabel etwas exzentrisch. Erwachsene Tiere weisen meistens eine weißlich verdickte Lippe auf. Das frische Gehäuse ist farblos, durchsichtig und hochglänzend. Leergehäuse verfärben sich schnell milchig.

Maße: 3–4 mm breit.

Formen im Gebiet und ähnliche Arten: Die Art ist im Höhen-Breiten-Verhältnis, in der Ausprägung der verdickten Lippe und in der Breite des Nabels etwas variabel, sie unterscheidet sich von *V. contracta* durch das dickere Gehäuse mit höherem Gewinde und den etwas exzentrischen Nabel.

Lebensraum: *V. crystallina* ist in den verschiedensten Biotopen verbreitet, sie lebt in der Bodenstreu von Wäldern ebenso wie in feuchten Wiesen oder in Sümpfen. Trockenere Standorte werden bei ausreichender Streuschicht ebenfalls besiedelt, hier herrscht aber oft *V. contracta* vor, die Arten leben teilweise sympatrisch.

Gefährdung (RL-D 2012): * – Ungefährdet.

Verbreitung im Gebiet: Die Art ist in Deutschland weit verbreitet und häufig. (VT: europäisch).

Weiterführende Literatur: Anatomie GROSSU 1983, SCHILEYKO 2003

Vitrea contracta (WESTERLUND 1871)
Weitgenabelte Kristallschnecke

Merkmale: *V. contracta* ist *V. crystallina* ähnlich, ihr Gehäuse ist jedoch verhältnismäßig weniger dick. Die Unterseite ist recht flach, das Gewinde ist niedriger als bei *V. crystallina*. Das Gehäuse ist scheibenförmig, sein letzter Umgang ist relativ schmal. Der Nabel ist tief und wirkt nicht exzentrisch, er wird als bohrlochartig beschrieben. Die Lippe ist nicht verdickt. Das frische Gehäuse ist farblos und glänzend, jedoch meist etwas weniger durchsichtig oder sogar etwas milchig im Vergleich zu *V. crystallina*.
Maße: bis ca. 3 mm breit.
Formen im Gebiet und ähnliche Arten: Die Art ist wie *V. crystallina* etwas variabel.
Lebensraum: *V. contracta* bevorzugt frische bis trockene und meist etwas kalkreiche Biotope, sie lebt in der Bodenstreu. An Felsen oder zwischen Geröll ist sie oft häufig. Sie lebt teilweise mit *V. crystallina* zusammen.
Gefährdung (RL-D 2012): * – Ungefährdet.
Verbreitung im Gebiet: Die Art ist in Deutschland weit verbreitet und häufig. (VT: westeuropäisch).
Weiterführende Literatur: allgemein PINTÉR 1972

Vitrea transsylvanica (Clessin 1877)
Transsylvanische Kristallschnecke

Andere Namen: *Vitrea goldfussi* A. J. Wagner 1890

Merkmale: *V. transsylvanica* ist ungenabelt und das Gewinde ist fast eben. Der letzte Umgang ist innerhalb der Gattung vergleichsweise weit, er ist zweieinhalb- bis dreimal so breit wie der vorletzte und greift auf der Oberseite recht weit über die Peripherie. In apikaler Ansicht ist die Lippe gebogen. Das Gehäuse ist farblos bis gelblich.
Maße: 3–4,5 mm breit.
Formen im Gebiet und ähnliche Arten: Die Art ist wenig variabel.
Lebensraum: *V. transsylvanica* lebt montan in der Bodenstreu von Laubwäldern oder zwischen Felsen.
Gefährdung (RL-D 2012): R – Extrem selten.
Verbreitung im Gebiet: Von dieser Art gibt es in Deutschland nur sehr vereinzelte Vorkommen in den bayerischen Alpen. (VT: karpatisch).
Weiterführende Literatur: Anatomie Grossu 1983, allgemein Pintér 1972

Vitrea subrimata (REINHARDT 1871)
Enggenabelte Kristallschnecke

Merkmale: *V. subrimata* ist aufgrund ihres sehr engen Nabels meist recht gut zu erkennen, allerdings ist der Nabel manchmal häutig bedeckt (z. B. bei lebenden Tieren) und erscheint dadurch geschlossen. *V. subrimata* hat 4½–5 Umgänge, ist scheibenförmig und der Nabel ist sehr eng stichförmig. Eine Verdickung der Lippe fehlt meistens.
Maße: 2,5–3 mm breit (manchmal größer).
Formen im Gebiet und ähnliche Arten: Die Art ist in der Breite des letzten Umganges, in der Nabelbreite und Bedeckung des Nabels und in der Größe sehr variabel. Wenn der Nabel geschlossen erscheint, bestehen Verwechslungsmöglichkeiten mit *V. diaphana* (ungenabelt, meist größer und enger gewunden) oder *V. transsylvanica* (ungenabelt, weiter gewunden).
Lebensraum: *V. subrimata* bevorzugt Waldstandorte und lebt in der Bodenstreu zwischen Felsen.
Gefährdung (RL-D 2012): 3 – Gefährdet.
Verbreitung im Gebiet: Die Art lebt im mittleren und südlichen Deutschland sehr zerstreut. (VT: alpin-mediterran).
Weiterführende Literatur: Anatomie GROSSU 1983, SCHILEYKO 2003

Vitrea diaphana (STUDER 1820)
Ungenabelte Kristallschnecke

Merkmale: *V. diaphana* hat wie die anderen Arten der Gattung ein durchsichtiges und dick scheibenförmiges Gehäuse. Die Art ist aufgrund ihres geschlossenen Nabels in Verbindung mit den sehr eng aufgewundenen Umgängen kaum zu verwechseln.
Maße: 3,7–4,2 mm breit.
Formen im Gebiet und ähnliche Arten: Die Art gilt als wenig veränderlich. *V. transsylvanica* hat einen viel weiteren letzten Umgang und *V. subrimata* einen stichförmigen offenen Nabel (der allerdings manchmal häutig verschlossen erscheint).
Lebensraum: *V. diaphana* lebt montan zwischen Felsen in der Bodenstreu, sie bevorzugt dabei mäßig feuchte Wälder.
Gefährdung (RL-D 2012): G – Gefährdung unbekannten Ausmaßes.
Verbreitung im Gebiet: Die Art lebt verbreitet, aber spärlich, im mittleren und südlichen Deutschland. (VT: mitteleuropäisch).
Weiterführende Literatur: Anatomie GROSSU 1983, SCHILEYKO 2003

Hawaiia minuscula (Binney 1840)
Falsche Scheibchenschnecke

Merkmale: *H. minuscula* ist etwas größer als *Punctum pygmaeum* und heller und farbloser als dieses. Sie ähnelt den *Lucilla*-Arten, hat einen noch weiteren perspektivischen Nabel und ist höher aufgewunden als diese. Die Nähte sind tief, die Mündung fast kreisrund. Die Gehäuseoberfläche erscheint durch eine feine Streifung seidig.
Maße: 2,2–2,5 mm breit.
Formen im Gebiet und ähnliche Arten: Die Art gilt als wenig veränderlich, ist allerdings manchen *Lucilla*-Formen so ähnlich, dass eine anatomische Bestimmung hilfreich ist.
Lebensraum: *H. minuscula* lebt in sehr vielfältigen Habitaten, bei uns synanthrop zum Beispiel in Gewächshäusern oder Gärten.
Gefährdung (RL-D 2012): nicht genannt (würde als Neozoon mit nb – Nicht bewertet eingestuft).
Verbreitung im Gebiet: Die Art stammt ursprünglich aus Nordamerika. Sie ist nach Europa eingeschleppt worden und wurde bisher sehr vereinzelt im Freiland gefunden, regelmäßiger in Gewächshäusern. (VT: nordamerikanisch).
Weiterführende Literatur: Anatomie Schileyko 2003

Familie Milacidae

Kielnacktschnecken

Schälchen

Die Milacidae sind mittelgroße Nacktschnecken, die unter ihrem Mantel noch ein symmetrisches, recht dickes Kalkplättchen (Schälchen) als Gehäuserudiment aufweisen. Der Hinterkörper hinter dem Mantel ist auf der Oberseite durchgängig deutlich gekielt. Das Atemloch liegt hinter der Mitte des Mantels, vor der Mitte befindet sich eine Rinne. Einige Arten haben einen auffällig zähen Schleim. Ursprünglich leben in Deutschland nur ein oder zwei Arten der Familie, mehrere weitere sind mit Gartenpflanzen oder Gemüse eingeschleppt worden. Manche Arten sind so variabel, dass eine anatomische Bestimmung nötig ist.

Milax gagates (DRAPARNAUD 1801)

Dunkler Kielschnegel

Merkmale: Die mittelgroße Nacktschnecke ist meist relativ einfarbig dunkelgrau, am Rücken ein wenig dunkler als an den Flanken. Körper- und Sohlenschleim sind

farblos oder weiß, die Tiere wirken relativ glatt und wenig runzelig, beiderseits sind etwa 14 Runzelreihen ausgebildet. Die Sohle ist weißlich, die Atemöffnung ist wie der Rest des Körpers gefärbt, für den Kiel gilt dies meistens ebenfalls. Es sind allerdings auch Tiere mit hellerem oder sogar bräunlichem Kiel gefunden worden. Auch Tiere mit insgesamt bräunlichem Körper wurden nachgewiesen.
Maße: ausgestreckt 50–60 mm lang.
Formen im Gebiet und ähnliche Arten: Es kommen in Deutschland einige Farbvarianten vor, zur Unterscheidung von *M. nigricans* ist anatomische Untersuchung nötig.
Lebensraum: *M. gagates* lebt in Deutschland synanthrop in Kulturland. In den Ursprungsländern besiedelt die Art auch küstennahe Grasfluren.
Gefährdung (RL-D 2012): nb – Nicht bewertet.
Verbreitung im Gebiet: In Deutschland ist die Art seit einigen Jahrzehnten vor allem im Westen und vereinzelt in Schleswig-Holstein nachgewiesen worden. (VT: mediterran-westeuropäisch).
Weiterführende Literatur: Anatomie KERNEY et al. 1983, GITTENBERGER et al. 1984, WIKTOR 1996, SCHILEYKO 2003

Milax nigricans (PHILIPPI 1836)
Schwarzer Kielschnegel

Merkmale: Die mittelgroße Nacktschnecke ist meist bräunlich bis schwärzlich gefärbt, kann aber auch hell sein. Körper- und Sohlenschleim sind farblos oder weiß. Oft sind die Tiere auf dem Rücken dunkler als am Rand. Der Kiel ist scharf und am Ende gestutzt, bei dunklen Tieren schwarz, bei hellen oft so gefärbt wie der Tierkörper. Die Sohle ist bräunlich und häufig dunkel.
Maße: ausgestreckt 50–75 mm lang.
Formen im Gebiet und ähnliche Arten: Es kommen einige Farbvarianten vor, zur Unterscheidung von *M. gagates* ist anatomische Untersuchung nötig.
Lebensraum: *M. nigricans* wurde vereinzelt synanthrop gefunden.

Gefährdung (RL-D 2012): nicht genannt, da bisher nicht etabliert.
Verbreitung im Gebiet: In Deutschland wurde die Art vereinzelt im Freiland nachgewiesen, ist jedoch offensichtlich bisher nicht etabliert. (VT: mediterran).
Weiterführende Literatur: Anatomie KERNEY et al. 1983, WIKTOR 1996, NARDI 2011, HUTCHINSON & REISE 2013

Tandonia rustica (MILLET 1843)
Großer Kielschnegel

Andere Namen: *Milax rusticus*

Merkmale: *T. rustica* ist meist rötlichgrau, rosa-gelblich oder bräunlich gefärbt, im unteren Bereich der Flanken meistens ein wenig heller. Der ganze Körper ist fein und deutlich schwarz gepunktet. Der Rand der Atemöffnung ist etwas schwächer gefärbt, ebenso ist der Kiel meist heller als der Rücken. Die Sohle ist gelblich-weiß, der Schleim weiß oder farblos.
Maße: ausgestreckt bis 100 mm lang, oft kleiner.
Formen im Gebiet und ähnliche Arten: Die Art ist relativ wenig variabel.
Lebensraum: *T. rustica* ist kalkliebend, sie lebt in felsigen Gebieten, in Wäldern und an Wald- und Wegrändern. Sie besiedelt meistens keine Kulturstandorte, in solchen Biotopen sollten Funde anatomisch untersucht werden, um sie mit noch nicht nachgewiesenen anderen Arten zu vergleichen.
Gefährdung (RL-D 2012): 3 – Gefährdet.
Verbreitung im Gebiet: *T. rustica* ist im mittleren und südlichen Deutschland vorwiegend montan verbreitet, aber nicht häufig, sie fehlt im Norden. (VT: südmitteleuropäisch).
Weiterführende Literatur: Anatomie GROSSU 1983, KERNEY et al. 1983, GITTENBERGER et al. 1984, WIKTOR 1996, SCHILEYKO 2003, WIKTOR 2004

Tandonia budapestensis (HAZAY 1880)
Boden-Kielschnegel

Merkmale: *T. budapestensis* ist eine ausgestreckt auffällig schlanke Nacktschnecke. Sie ist gelblich, bräunlich, braun oder dunkelgraubraun gefärbt. Ein dunkles Netzmuster ist charakteristisch. Ein schwarzer Rand umschließt die Atemöffnung, der Kiel ist meistens gelb oder orangefarben. Die Sohle kann gelblich-weiß mit dunklerem Mittelstreifen oder insgesamt etwas dunkler sein, die Felderung in drei Streifen ist deutlich erkennbar. Der Schleim ist farblos.
Maße: ausgestreckt 50–60 mm lang.
Formen im Gebiet und ähnliche Arten: Die Art ist in der Färbung variabel, eine anatomische Untersuchung ist anzuraten.
Lebensraum: *T. budapestensis* lebt vorwiegend synanthrop in Gärten, Parks, Ruderalflächen und auf Feldern. Sie gilt als Schädling an Kulturpflanzen.
Gefährdung (RL-D 2012): nb – Nicht bewertet.
Verbreitung im Gebiet: *T. budapestensis* wurde in Deutschland eingeschleppt und vereinzelt im Freiland nachgewiesen. (VT: südosteuropäisch).
Weiterführende Literatur: Anatomie GROSSU 1983, KERNEY et al. 1983, GITTENBERGER et al. 1984, WIKTOR 1996, WIKTOR 2004

Tandonia ehrmanni (SIMROTH 1910)

Ehrmanns Kielschnegel

Andere Namen: *Tandonia simrothi* (HESSE 1923)

Merkmale: *T. ehrmanni* ist grauschwarz bis schwarz gefärbt, ihre Flanken sind etwas heller. Die Sohle und der Nacken sind hell. Der Schleim ist farblos.
Maße: ausgestreckt bis 40 mm lang.
Formen im Gebiet und ähnliche Arten: Im Bearbeitungsgebiet ungenügend bekannt.
Lebensraum: *T. ehrmanni* lebt überwiegend oberhalb der Waldgrenze in den Alpen, sie bewohnt Grasflächen.
Gefährdung (RL-D 2012): R – Extrem selten.
Verbreitung im Gebiet: *T. ehrmanni* wurde in Deutschland nur sehr vereinzelt in den bayerischen Alpen gefunden. (VT: alpin).
Weiterführende Literatur (auch als *T. simrothi*)**:** (auch Anatomie) WIKTOR 1987, WIKTOR 1996, NARDI 2011

Familie Zonitidae

Riesenglanzschnecken

Familie Zonitidae: 1. *Aegopis verticillus*, zum Vergleich: 2.-3. Familie Helicidae

In dieser Familie wurden früher mehrere Gruppen vereinigt, denen heute eigener Familienrang zukommt (z. B. Pristilomatidae, Oxychilidae). Im heutigen Sinne ist es eine Familie von Schnecken mit genabelten, großen bis sehr großen flachen oder flachkegeligen Gehäusen. Oft sind die Gehäuse (mindestens von Jungtieren) gekielt, viele weisen eine Feinstruktur der Oberfläche auf. Viele Arten leben in Südosteuropa und Kleinasien.

Aegopis verticillus

Aegopis verticillus (LAMARCK 1822)
Riesenglanzschnecke

Merkmale: Das sehr große Gehäuse von *A. verticillus* ist gelblich, grünlich, bräunlich oder hornfarben und weist einige hellere Bereiche auf. Diese markieren Verdickungen des ehemaligen Mündungsrandes bei Wachstumspausen. Die ca. 6 Umgänge sind gleichmäßig gewölbt und an der Peripherie gerundet (bei Jungtieren kräftig gekielt). Das Gehäuse ist flach-kegelig, die Nähte sind deutlich. Die Unterseite des Gehäuses ist glatt, glänzend und tief perspektivisch genabelt. Die Oberseite ist kräftig fein gegittert (Rippenstreifen werden von Spirallinien gekreuzt), die Skulptur endet an der Peripherie abrupt.
Maße: 26–33 mm breit.
Formen im Gebiet und ähnliche Arten: Die Art ist im Breiten-Höhen-Verhältnis des Gehäuses etwas variabel.
Lebensraum: *A. verticillus* lebt meist eingegraben in grobem Bodensubstrat. Bevorzugte Lebensräume sind Bergwälder, hier kommt sie an feuchten Standorten und zwischen Felsen und Steinen vor.
Gefährdung (RL-D 2012): 2 – Stark gefährdet.
Verbreitung im Gebiet: Neben den ursprünglichen Vorkommen in den östlichen Alpen und im Bayerischen Wald wurde die Art an mehreren Orten in Deutschland eingeschleppt, unter anderem in Landsberg am Lech und am Pinnower See in Mecklenburg-Vorpommern. (VT: dinarisch-ostalpin).
Weiterführende Literatur: Anatomie: SCHILEYKO 2003; Norddeutschland: ZETTLER ET AL. 2006

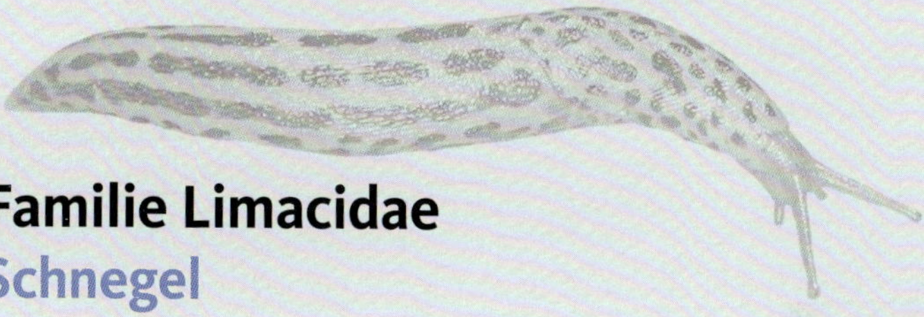

Familie Limacidae

Schnegel

Schälchen

Die Limacidae, die früher auch als „Egelschnecken" bezeichnet wurden, sind überwiegend große Nacktschnecken, deren rudimentäres Gehäuse unter dem Mantel einen asymmetrischen Aufbau hat. Der Kiel auf dem Hinterkörper reicht nicht nach vorn bis zum Mantel. Die Atemöffnung befindet sich hinter der Mitte des Mantels auf der rechten Seite. Der Mantel ist mit einem Runzelmuster aus feinen Linien bedeckt, diese haben Ähnlichkeit mit Fingerabdrücken. Die Tiere sind vergleichsweise sehr aktiv und beweglich, sie ernähren sich überwiegend von Pilzen, Algen und faulendem Pflanzenmaterial.
Die Abgrenzung der Formen innerhalb der Gattung *Limax* ist noch nicht abschließend geklärt und wird zur Zeit intensiv erforscht. Vermutlich kommen auch in Mitteleuropa noch weitere Arten vor. Für viele der kleineren Arten ist die anatomische Bestimmung dringend empfohlen, für manche unerlässlich.

Bielzia coerulans

Bielzia coerulans (M. Bielz 1851)
Blauschnegel

Merkmale: Die große, schlanke Nacktschnecke ist als erwachsenes Tier wegen ihrer blauen Färbung unverwechselbar. Die Farbe variiert von kornblumenblau bis türkis, violett, seltener grün oder schwärzlich. Die Grundfärbung ist manchmal dunkel-rötlichbraun, dann sind die erhabenen Bereiche der Runzeln bei den erwachsenen Tieren mehr oder weniger blau. Der Rücken ist leicht gekielt, der Kopf manchmal dunkler als der meist relativ einheitlich blaue Mantel. Jungtiere sind braun und haben Seitenbinden, bei sehr alten Exemplaren (nach der Eiablage) ist die Blaufärbung oft etwas degeneriert.
Maße: soll ausgestreckt bis zu 180 mm erreichen, meist halb so groß.
Formen im Gebiet und ähnliche Arten: Im Gebiet zeigt die Art bisher nur geringe Variabilität.
Lebensraum: *Bielzia coerulans* lebt in ihrer Heimat in Bergwäldern, sowohl in Nadel- als auch in Laubholzbeständen.
Gefährdung (RL-D 2012): Nicht genannt. (Als Neozoon einzustufen mit: nb – Nicht bewertet).
Verbreitung im Gebiet: Die Art wurde in Deutschland in einer etablierten Population im Westerwald nachgewiesen, sie ist dort eingeschleppt und stammt ursprünglich aus der karpatischen Region. (VT: karpatisch).
Weiterführende Literatur: Likharev & Wiktor 1980, Kerney et al. 1983, Fechter & Falkner 1989, Schileyko 2003, Wiese & Glasow 2013, Anatomie Grossu 1983

Limax maximus LINNAEUS 1758
Tigerschnegel (früher auch „Großer Schnegel")

Merkmale: Die große bis sehr große Nacktschnecke ist zumeist beigefarben mit einer schwarzen Flecken- oder Streifenzeichnung, die auf dem Hinterleib oft in Längsbändern angeordnet ist. Der Mantel ist gefleckt und nicht gebändert. Insgesamt kommen graubraun gefärbte Formen ebenso vor wie hell-rötlichbraune. Die Fühler sind rötlichbraun, der Kiel ist relativ kurz und umfasst nur das hintere Drittel des Hinterkörpers (hinter dem Mantel). Beim zusammengezogenen Tier bedeckt der Mantel schildartig auch den eingezogenen Kopf. Die Sohle ist einfarbig weißlich.
Maße: ausgestreckt bis 200 mm lang, meist zwischen 100 und 150 mm.
Formen im Gebiet und ähnliche Arten: *L. maximus* ist in der Färbung und Zeichnung ausgesprochen variabel. Es handelt sich offensichtlich um einen Komplex aus mehreren verwandten Arten, deren Abgrenzung noch nicht geklärt ist, die Tiere werden hier vorerst als eine (Sammel-)Art betrachtet. Die (Sammel-)Art *L. cinereoniger* ist vor allem durch die dunklen Außenfelder der dreigeteilten Sohle, die dunklen Fühler und den längeren Kiel unterschieden, *Lehmannia marginata* und ihre Verwandten durch wässerigen Schleim und ein leierförmiges Zeichnungsmuster auf dem Mantel.
Lebensraum: *L. maximus* lebt in Deutschland in sehr vielfältigen Biotopen, in Wäldern und auf Waldwiesen ebenso wie in Gebüschen, häufig auch in Gärten, an Gebäuden und an alten Mauern.
Gefährdung (RL-D 2012): * – Ungefährdet.
Verbreitung im Gebiet: In Deutschland weit verbreitet und meist häufig. (VT: mediterran-westeuropäisch).
Weiterführende Literatur: Anatomie GROSSU 1983, KERNEY et al. 1983, GITTENBERGER et al. 1984, WIKTOR 1996, WIKTOR 2000, SCHILEYKO 2003, WIKTOR 2004, Weichtier des Jahres 2005.

Limax cinereoniger WOLF 1803

Schwarzer Schnegel

Merkmale: Die sehr große Nacktschnecke ist oft ganz schwarz, manchmal allerdings auch hell- oder dunkel-bräunlich, grau oder weißlich. Die helleren Exemplare haben meist Zeichnungselemente, die ein Längsmuster bilden. Charakteristisch sind die dreigeteilte Sohle, deren äußere Felder dunkel sind, die dunklen Fühler und ein langer, etwa zwei Drittel des Hinterleibs überspannender Kiel. Körper- und Sohlenschleim sind farblos. *L. cinereoniger* ist die größte heimische Nacktschnecke.
Maße: ausgestreckt meist bis 200 mm lang, selten bis 300 mm.
Formen im Gebiet und ähnliche Arten: *L. cinereoniger* ist in der Färbung und Zeichnung ebenfalls extrem variabel. Es handelt sich um einen Artkomplex, der noch nicht endgültig erforscht ist. *L. maximus* ist vor allem durch die weiße Sohle, die rötlichen Fühler und den kürzeren Kiel unterschieden.
Lebensraum: *L. cinereoniger* lebt in Deutschland überwiegend in Wäldern, er bevorzugt ursprünglichere Biotope.
Gefährdung (RL-D 2012): * – Ungefährdet.
Verbreitung im Gebiet: In Deutschland weit verbreitet und in geeigneten Biotopen recht regelmäßig anzutreffen. (VT: europäisch).
Weiterführende Literatur: Anatomie GROSSU 1983, KERNEY et al. 1983, GITTENBERGER et al. 1984, WIKTOR 1996, WIKTOR 2000, WIKTOR 2004

Limacus flavus (Linnaeus 1758)
Bierschnegel

Andere Namen: *Limax flavus*

Merkmale: *L. flavus* ist meist gelblich bis orange gefärbt, Jungtiere oft grünlich. Die Art hat ein feines Muster aus helleren Flecken, dunkle Binden oder Längsmuster fehlen, nur der Kiel auf dem Rücken ist meist durch eine helle Fleckenreihe betont. Es kommen auch einheitlich hell orangefarbene Tiere vor. Die Sohle ist weiß, der Kiel auf dem Rücken ist kurz, das Schwanzende ist gleichmäßig verjüngt. Der Körperschleim ist gelb, der Sohlenschleim farblos. Charakteristisch sind die blauen bis blaugrauen Fühler.
Maße: ausgestreckt meist 75–100 mm lang.
Formen im Gebiet und ähnliche Arten: *L. flavus* ist dem neu eingeschleppten *L. maculatus* sehr ähnlich, beide Arten sind variabel und sich ähnlicher, als häufig publiziert wurde. Anatomische oder genetische Untersuchung ist fast immer nötig.
Lebensraum: *L. flavus* lebt in Deutschland fast ausschließlich synanthrop, meist in feuchten alten Kellern und Gewölben (traditionell in Bier- oder Vorratskellern), aber auch im Freiland in Gärten und an feuchten Mauern, er ist nachtaktiv.
Gefährdung (RL-D 2012): 1 – Vom Austerben bedroht (ist nicht mehr aktuell!).
Verbreitung im Gebiet: Viele ehemalige Populationen von *L. flavus* waren erloschen, durch sorgfältige Nachsuche sind allerdings etliche besiedelte Standorte neu nachgewiesen oder bestätigt worden. Die Mitteilung von Nachweisen ist weiterhin sehr erwünscht. Verwechslungen mit *L. maculatus* sind wegen der aktuellen Einschleppung und der bisherigen ungenauen Kenntnis und Differenzierung möglich. (VT: als Archäozoon europäisch, vorher vermutlich kleinasiatisch).
Weiterführende Literatur: Anatomie Grossu 1983, Kerney et al. 1983, Gittenberger et al. 1984, Wiktor 1996, Wiktor 2000, Schileyko 2003, Wiktor 2004, Rowson et al. 2014
Weichtier des Jahres 2023

Limacus maculatus (Kaleniczenko 1851)
Grünschnegel

Andere Namen: *Limax maculatus*, *Limax ecarinatus* Boettger 1881, *Limax grossui* Lupu 1970, *Limax pseudoflavus* Evans 1978

Merkmale: *L. maculatus* ist meist gelblich, grünlich, teilweise auch graugelb oder bräunlich gefärbt, Jungtiere meist grünlich. Die Art hat ein feines bis grobes Muster aus hellen Flecken, Binden oder Längsmuster fehlen. Die Sohle ist weiß, der Kiel auf dem Rücken ist kurz. Der Körperschleim ist weißlich, am Kopf teilweise gelb, der Sohlenschleim farblos. Die Fühler sind grau oder blaugrau.
Maße: ausgestreckt meist 75–100 mm lang.
Formen im Gebiet und ähnliche Arten: *L. maculatus* ist variabel, Verwechslungen sind mit *L. flavus* möglich, die etwas gröbere Runzelung, die etwas dunkleren Fühler, der am Ende eher plötzlich (statt allmählich) spitz zulaufende Schwanz und vor allem die fehlenden strichartig auf dem Rückenkiel angeordneten hellen Markierungen unterscheiden *L. maculatus* von *L. flavus*. Anatomische oder genetische Untersuchung ist fast immer nötig.
Lebensraum: *L. maculatus* lebt in Deutschland überwiegend synanthrop, allerdings weniger in Kellern, sondern im Freiland, zum Beispiel in Gärten und an Mauern. Im Freiland ist er nachts kriechend zu beobachten.
Gefährdung (RL-D 2012): nicht genannt.
Verbreitung im Gebiet: Vermutlich betreffen einige Meldungen von *L. flavus* stattdessen *L. maculatus*. Die Art wurde erst vor wenigen Jahren nachgewiesen, wahrscheinlich gehören viele der aktuellen *Limacus*-Funde zu dieser Art, beide Arten sind ungenau bekannt (VT: kaukasisch, als Neozoon west-europäisch).
Weiterführende Literatur: Anatomie Kerney et al. 1983, Rowson et al. 2014, Weichtier des Jahres 2023

Malacolimax tenellus (O. F. MÜLLER 1774)
Pilzschnegel

Merkmale: *M. tenellus* ist gelb mit etwas dunkleren, sehr schwachen Längsbinden. Der Körper erscheint relativ glatt, glänzend und etwas transparent. Kopf und Fühler sind sehr dunkel. Der Kiel ist kurz, die Sohle gelblichweiß. Trotz des glänzenden Körpers ist der Schleim bei Berührung zäh, der Körperschleim ist orange-gelblich, der Sohlenschleim farblos.
Maße: ausgestreckt 25–50 mm lang
Formen im Gebiet und ähnliche Arten: *M. tenellus* ist in der Intensität der Färbung etwas variabel.
Lebensraum: *M. tenellus* lebt in Laub- oder Nadelwäldern und bevorzugt ursprüngliche Biotope. Der Nachweis gelingt meist im Herbst.
Gefährdung (RL-D 2012): * – Ungefährdet.
Verbreitung im Gebiet: Da den kleineren Nacktschnecken nicht immer viel Aufmerksamkeit geschenkt wurde, ist die Verbreitung nicht in allen Einzelheiten bekannt. *M. tenellus* ist weit verbreitet und in geeigneten Biotopen noch recht häufig. (VT: nord-mitteleuropäisch).
Weiterführende Literatur: Anatomie GROSSU 1983, KERNEY et al. 1983, GITTENBERGER et al. 1984, SCHILEYKO 2003, WIKTOR 2004, ROWSON et al. 2014

Lehmannia marginata (O. F. MÜLLER 1774)
Baumschnegel

Merkmale: *L. marginata* ist meist hellgrau-beige mit dunklen Längsbinden und einer dunklen leierförmigen Bänderung auf dem Mantel. Die dunklen Zeichnungen können seltener auch fleckig oder wolkig sein. Der Kiel ist meistens heller als der Rest des Körpers. Bei feuchter Witterung wirkt die Schnecke sehr wässrig, gelatinös und transparent. Die Sohle ist schmutzigweiß bis hellgrau, der Schleim farblos.
Maße: ausgestreckt 25–50 mm lang.
Formen im Gebiet und ähnliche Arten: *L. marginata* variiert in der Ausprägung der Bänderung und der Intensität der Zeichnung. Die verwandten Arten sind äußerlich sehr ähnlich, für sie ist anatomische Bestimmung nötig.
Lebensraum: *L. marginata* lebt vorwiegend in Laub-, seltener in Nadelwäldern. Sie klettert sehr gerne und sitzt unter der Borke toter Bäume oder Stümpfe. Auch feuchte felsige Standorte oder Mauern werden besiedelt.
Gefährdung (RL-D 2012): G – Gefährdung unbekannten Ausmaßes.
Verbreitung im Gebiet: Die Veränderungen der Populationen sind nicht ausreichend untersucht. *L. marginata* ist weit verbreitet und in geeigneten Biotopen noch recht häufig. (VT: nord-mitteleuropäisch).
Weiterführende Literatur: Anatomie GROSSU 1983, KERNEY et al. 1983, GITTENBERGER et al. 1984, WIKTOR 1996, SCHILEYKO 2003, WIKTOR 2004

Lehmannia rupicola Lessona et Pollonera 1882
Gebirgsschnegel

Merkmale: *L. rupicola* ist eine recht große baumbewohnende Nacktschnecke. Teilweise ist sie dunkler als *L. marginata*, hat auf dem Hinterleib oft keine oder nur schwache Seitenbinden, die leierförmigen Binden auf dem Mantelschild sind gerader ausgebildet. Die helle Rückenlinie ist schmal oder kann fehlen, es kommen auch gefleckte und variabel gezeichnete Tiere vor.
Maße: ausgestreckt ca. 80 mm lang.
Formen im Gebiet und ähnliche Arten: *L. rupicola* ist ähnlich variabel wie *L. marginata*. Die verwandten Arten sind äußerlich sehr ähnlich, es ist anatomische Bestimmung nötig.
Lebensraum: *L. rupicola* lebt vorwiegend in Bergwäldern, sie klettert wie *L. marginata* und bewohnt vorzugsweise Baumhöhlen.
Gefährdung (RL-D 2012): R – Extrem selten.
Verbreitung im Gebiet: *L. rupicola* ist in Deutschland nur äußerst vereinzelt nachgewiesen worden. Eine Population im Vogelsberg-Gebiet wurde dort in Vogel-Nistkästen im Wald über viele Jahre beobachtet. (VT: alpin-westmediterran).
Weiterführende Literatur: Anatomie Nardi 2011

„*Lehmannia carpatica* HUTCHINSON, REISE & SCHLITT 2022"
Östlicher Schnegel

Andere Namen: *Lehmannia nyctelia* auctt. non BOURGUIGNAT partim

Merkmale: „*L. carpatica*" ist eine recht kleine Vertreterin der Gattung. Ihr Körper ist hell gelblichgrau mit den gattungstypischen leierförmigen Binden auf dem Mantelschild und schwachen seitlichen Längsbinden. Das Atemloch ist etwas aufgehellt umrandet.
Maße: ausgestreckt ca. 50 mm lang.
Formen im Gebiet und ähnliche Arten: „*L. carpatica*" und ihre Verwandten sind nur anatomisch oder genetisch sicher zu bestimmen.
Lebensraum: *L. carpatica* ist in Ost- und Südosteuropa eine Waldart, es ist unklar, ob die deutschen Funde dieser Art zuzuordnen sind.
Gefährdung (RL-D 2012): Als *L. nyctelia* 0 – Ausgestorben oder verschollen.
Verbreitung im Gebiet: „*L. carpatica*" wurde als *L. nyctelia* neben einzelnen Gewächshausfunden sehr vereinzelt aus dem Freiland gemeldet, z. B. aus einer Gärtnerei. Die nachträgliche Zuordnung zu *L. carpatica* ist provisorisch, die Funde waren vermutlich keine nordafrikanischen *Letourneuxia nyctelia* (BOURGUIGNAT 1861). Ähnliche Tiere könnten auch *Ambigolimax parvipenis* HUTCHINSON, REISE & SCHLITT 2020 sein. (VT: „*L. carpatica*" südosteuropäisch).
Weiterführende Literatur: Anatomie GROSSU 1983, KERNEY et al. 1983, WIKTOR 1996, WIKTOR 2004, HUTCHINSON, REISE & SCHLITT 2022

Lehmannia janetscheki Forcart 1966
Alpenschnegel

Merkmale: *L. janetscheki* weicht in Farbe und Zeichnung etwas von der typischen *L. marginata* ab, ihr Rücken ist meist olivgrau, nach unten schließt sich eine helle und eine dunkle Längsbinde an. Auf dem Mantel sind dunkel-bräunliche Längsstreifen vorhanden, ein kräftiger mittlerer und beiderseits ein kräftiger innerer und ein schwacher äußerer Streifen. Die Art ist ungenügend bekannt.
Maße: ausgestreckt ca. 40 mm lang.
Formen im Gebiet und ähnliche Arten: *L. janetscheki* ist eine kleinere Art der Gattung, anatomische Bestimmung ist nötig.
Lebensraum: *L. janetscheki* lebt in Bergwäldern.
Gefährdung (RL-D 2012): R – Extrem selten.
Verbreitung im Gebiet: *L. janetscheki* wurde einmal in Baden-Württemberg nachgewiesen, außerdem existieren Angaben aus den Bayerischen Alpen, die Art ist ungenügend bekannt, ihr Status ist unklar. (VT: südosteuropäisch).
Weiterführende Literatur: Forcart 1966, Wiktor 1996

Ambigolimax valentianus (FÉRUSSAC 1822)
Gewächshausschnegel

Andere Namen: *Lehmannia valentiana*

Merkmale: *A valentianus* ist meist gelblich-grau, rötlich-grau oder gelblich-violett, die Schnecke erscheint oft etwas runzeliger als die glatte und wässerige *Lehmannia marginata*. Die Bänderung ist meist kräftiger, dunkle Längsbänder an den Seiten sind durch ein zentrales Rückenband ergänzt, manchmal durch eine aufgehellte Zone getrennt. Zwischen den geschwungenen seitlichen Bändern auf dem Mantel befindet sich ebenfalls ein dunkles mittleres Band. Die Sohle ist sehr hell grau, der Schleim farblos.
Maße: ausgestreckt bis ca. 70 mm lang.
Formen im Gebiet und ähnliche Arten: *A. valentianus* ist oft etwas kräftiger gefärbt und weniger wässerig-transparent als *L. marginata*, die Art ist aber variabel, anatomische Untersuchung ist nötig, um sie von Verwandten der Gattungen *Ambigolimax*, *Lehmannia* oder *Letourneuxia* zu unterscheiden.
Lebensraum: *A. valentianus* lebt im Gegensatz zu den verwandten Arten nicht an Bäumen, sondern am Boden. Die Art wurde regelmäßig in Gewächshäusern gefunden und wird auch mit größeren Topfpflanzen verschleppt.
Gefährdung (RL-D 2012): nb – Nicht bewertet.
Verbreitung im Gebiet: *A. valentianus* wurde in Gewächshäusern und inzwischen immer häufiger im Freiland nachgewiesen und bildet in mehreren Bundesländern bereits den Winter überdauernde Bestände. Als weitere eingeschleppte Art ist *A. parvipenis* HUTCHINSON, REISE & SCHLITT 2022 zu erwarten.
Weiterführende Literatur: Anatomie GROSSU 1983, KERNEY et al. 1983, GITTENBERGER et al. 1984, WIKTOR 2004, HUTCHINSON, REISE & SCHLITT 2022

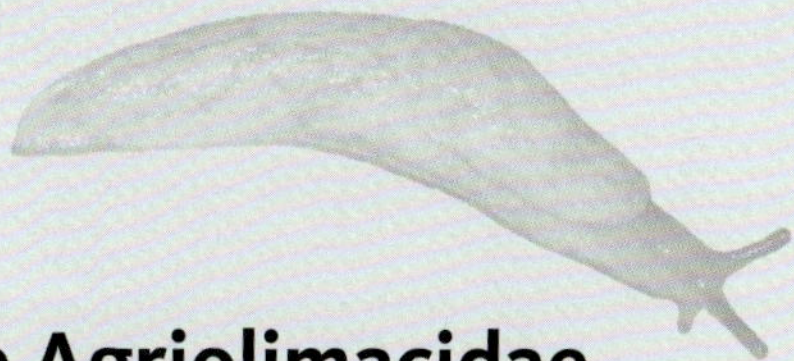

Familie Agriolimacidae

Ackerschnecken

Die Agriolimacidae sind kleine und aktive Nacktschnecken, deren asymmetrisches rudimentäres Gehäuse wie bei den Limacidae unter dem Mantel liegt. Die Tiere sind teilweise bedeutende Kulturpflanzenschädlinge, viele Arten sind schwer zu unterscheiden, oftmals ist anatomische Untersuchung nötig.

Schälchen

Krynickillus melanocephalus Kaleniczenko 1851

Schwarzkopfschnegel

Merkmale: *K. melanocephalus* ist meist weißlich bis gelblich-bläulich-grau gefärbt, Mantel und Rücken sind etwas dunkler, Kopf und Fühler sind schwarz.
Maße: ausgestreckt bis ca. 45 mm lang.
Formen im Gebiet und ähnliche Arten: *K. melanocephalus* ist in der Färbung etwas variabel.

Lebensraum: *K. melanocephalus* lebt im Ursprungsland in Wäldern unter Borke und im Bodenmulm.
Gefährdung (RL-D 2012): nb – Nicht bewertet.
Verbreitung im Gebiet: *K. melanocephalus* wurde in Thüringen und in Nordrhein-Westfalen eingeschleppt nachgewiesen, weitere Ausbreitung ist zu erwarten, die Art stammt aus Südwestasien. (VT: kaukasisch).
Weiterführende Literatur: MENG & BÖSSNECK 1999, SCHILEYKO 2003, Wiese 2021

Deroceras laeve (O. F. MÜLLER 1774)
Wasserschnegel

Merkmale: *D. laeve* ist eine kleine glatte Nacktschnecke. Er ist meist einfarbig, oft sehr dunkel rotbraun gefärbt, jedoch manchmal auch schwarz, hellbraun oder weißlich. Bei den dunkel pigmentierten Exemplaren scheint das Schälchen meist nicht durch den Mantel, bei hellen Exemplaren kommt dies vor. Unter Vergrößerung sieht man bei hellen Tieren auch kleine dunkelgraue Pigmentflecken auf dem Körper. Der Schleim ist wasserklar, die Tiere können sich am Schleimfaden abseilen.
Maße: ausgestreckt 15–25 mm lang.
Formen im Gebiet und ähnliche Arten: *D. laeve* ist in der Färbung sehr variabel. Zur sicheren Bestimmung sind in wenigen Fällen anatomische Untersuchungen nötig (vgl. bei *D. panormitanum* und *D. sturanyi*).
Lebensraum: *D. laeve* lebt an sehr feuchten bis nassen Standorten, in Bruchwäldern, Sümpfen und Sumpfwiesen und an Gewässern. Eine helle und meist aphallische Variante kommt auch in Gewächshäusern vor.
Gefährdung (RL-D 2012): * – Ungefährdet.
Verbreitung im Gebiet: *D. laeve* lebt in Deutschland weit verbreitet und ist in geeigneten Biotopen häufig. (VT: holarktisch).
Weiterführende Literatur: Anatomie GROSSU 1983, KERNEY et al. 1983, GITTENBERGER et al. 1984, WIKTOR 1996, SCHILEYKO 2003, WIKTOR 2004

Deroceras sturanyi (SIMROTH 1894)
Hammerschnegel

Merkmale: *D. sturanyi* ähnelt einem vergrößerten hellen *D. laeve* mit deutlich durch den Mantel scheinendem Schälchen. Typische Tiere sind hell rosagrau-cremefarben, die Farbe kann allerdings bis dunkelbraun oder fast schwarz variieren. Die Färbung des Körpers ist relativ einheitlich, dunkle Flecken fehlen. Der Mantel ist groß und nimmt fast die Hälfte der Körperlänge ein. Der Rand der Atemöffnung ist meist nicht deutlich heller als der Rest des Körpers. Die Sohle ist hell, das mittlere Feld meist dunkler. Wie bei *D. laeve* ist der Schleim von Körper und Sohle wässrig und farblos. Der deutsche Name bezieht sich auf die Form des männlichen Genitalapparats.
Maße: ausgestreckt 30–40 mm lang, teilweise auch größer.
Formen im Gebiet und ähnliche Arten: *D. sturanyi* ist in der Färbung variabel, allerdings sind die hellen einheitlichen Formen mit Abstand am häufigsten. Die Art kann mindestens mit *D. laeve*, *D. invadens* und dem erst seit kurzem in Deutschland nachgewiesenen *Deroceras cecconii* (POLLONERA 1896) verwechselt werden. Anatomische Untersuchung ist nötig.
Lebensraum: *D. sturanyi* lebt an frischen bis feuchten Standorten, die Art besiedelt auch Brachland sowie Ränder von Äckern und Straßen, synanthrope Vorkommen sind häufig.
Gefährdung (RL-D 2012): * – Ungefährdet.
Verbreitung im Gebiet: *D. sturanyi* lebt in Deutschland zwar in vielen Regionen, aber nur in einigen Bereichen in größerer Stetigkeit, meist kommt die Art nur zerstreut vor. (VT: mediterran-mitteleuropäisch).
Weiterführende Literatur: Anatomie GROSSU 1983, KERNEY et al. 1983, GITTENBERGER et al. 1984, WIKTOR 1996, WIKTOR 2004, HUTCHINSON et al. 2020

Deroceras invadens Reise, Hutchinson, Schunack & Schlitt 2011

Mittelmeer-Ackerschnecke

Andere Namen: *D. caruanae* auctt. non Pollonera 1891 partim, *D. pollonerai* auctt. non Simroth 1889 partim, *D. panormitanum* aucct. non Lessona & Pollonera 1882 partim. Bis vor kurzem war diese weltweit verschleppte Art unter dem Namen *D. panormitanum* bekannt. Inzwischen ist sie vom eigentlichen *D. panormitanum* durch Neubeschreibung abgetrennt worden. Die meisten mitteleuropäischen Funde gehören zur neuen Art, vermutlich ist aber auch der eigentliche *D. panormitanum* verschleppt worden.

Merkmale: *D. invadens* ist eine sehr schlanke und bewegliche kleine Ackerschnecke. Der Körperschleim ist wie bei *D. laeve* und *D. sturanyi* wässrig und klar. Die Färbung ist oft relativ dunkel schmutzig-bräunlichgrau, bei helleren Formen scheint das Schälchen recht deutlich durch den Mantel. Cremefarbene Tiere kommen ebenfalls häufig vor und die Tiere sind teilweise wolkig dunkel gefleckt, allerdings nicht mit einer Netzzeichnung, die der Runzelung entspricht. Der Mantel nimmt etwa 1/3 der Körperlänge ein, der Rand der Atemöffnung ist fast immer deutlich heller als der Rest des Körpers.
Maße: ausgestreckt 25–35 mm lang.
Formen im Gebiet und ähnliche Arten: *D. invadens* ist in der Färbung sehr variabel, dunklere Formen kommen ebenso vor wie einheitlich helle. *D. sturanyi* und der in Deutschland bisher vereinzelt nachgewiesene ebenfalls aus dem Mittelmeergebiet stammende *Deroceras cecconii* (Pollonera 1896) können sehr ähnlich aussehen, anatomische Untersuchung ist nötig.
Lebensraum: *D. invadens* lebt im italienischen Mittelmeergebiet, das als Ursprungsregion vermutet wird, in den verschiedensten Biotopen, bei uns vorwiegend synanthrop in Gärten, Parks und auf Ödland.
Gefährdung (RL-D 2012): nb – Nicht bewertet.
Verbreitung im Gebiet: *D. invadens* lebt in Deutschland oft übersehen in Gärten und Parks in vielen Regionen. Die Art ist bei uns eingeschleppt und inzwischen offensichtlich sehr häufig. (VT: mediterran-mitteleuropäisch).
Weiterführende Literatur: Anatomie Kerney et al. 1983, Gittenberger et al. 1984, Wiktor 2004, Reise et al. 2011, Hutchinson et al. 2020

Deroceras klemmi GROSSU 1972
Sichel-Ackerschnecke

Andere Namen: *D. lothari* auctt. non Giusti 1973

Merkmale: *D. klemmi* ist eine helle Ackerschnecke, die meist bräunliche Flecken als Zeichnungselemente aufweist. Sie ist relativ fein gerunzelt. *D. klemmi* ist in Mitteleuropa sehr wenig erforscht und scheint verwechselt oder nicht erkannt worden zu sein.
Maße: ausgestreckt 25–35 mm lang.
Formen im Gebiet und ähnliche Arten: *D. klemmi* ist in der Färbung recht variabel und offensichtlich auch verwechselt (mit *D. reticulatum* oder *D. agreste*) und fehlbestimmt worden. Anatomische Untersuchung ist nötig. Über die Arttrennung von *D. lothari* oder anderen Verwandten soll hier nicht diskutiert werden.
Lebensraum: *D. klemmi* lebt synanthrop.
Gefährdung (RL-D 2012): nb – Nicht bewertet.
Verbreitung im Gebiet: *D. klemmi* stammt aus Südosteuropa. Es liegen zu wenige anatomisch gesicherte Nachweise vor, die Verbreitung in Deutschland ist nur ungenügend bekannt, inwieweit die Funde selbst fraglich sind, ist noch nicht geklärt. (VT: südeuropäisch).
Weiterführende Literatur: Anatomie GROSSU 1972, KERNEY et al. 1983, WIKTOR 1996

Deroceras agreste (LINNAEUS 1758)
Einfarbige Ackerschnecke

Andere Namen: *Agriolimax agrestis*

Merkmale: *D. agreste* ist eine einfarbige helle Ackerschnecke, die weißlichgelb, falb oder hellbräunlich gefärbt sein kann. Mantel und Hinterkörper sind gleichfarbig, ein Netz- oder Fleckenmuster fehlt. Kopf und Fühler sind meist etwas dunkler, der Rand der Atemöffnung ist oft etwas heller abgesetzt. Der Schleim der Tiere ist farblos bis weiß, gereizte Tiere sondern zäheren weißen Schleim ab. Maße: ausgestreckt meist 35–50 mm lang.
Formen im Gebiet und ähnliche Arten: *D. agreste* ist in der Färbung etwas variabel, wahrscheinlich gehören auch die aktuell *D. agreste* zugeordneten Exemplare nicht ausschließlich zu dieser Art. *D. agreste* wurde früher sehr häufig mit *D. reticulatum* verwechselt. Anatomische Untersuchung ist nötig.
Lebensraum: *D. agreste* lebt in offenen Biotopen, zum Beispiel auf Wiesen oder an Ackerrändern. Auch an synanthropen Standorten wurde die Art nachgewiesen, insgesamt bevorzugt sie aber etwas ursprünglichere Bereiche.
Gefährdung (RL-D 2012): G – Gefährdung unbekannten Ausmaßes.
Verbreitung im Gebiet: *D. agreste* scheint in Deutschland recht weit verbreitet zu sein, aufgrund der früheren Verwechslungen ist die Verbreitung ungenügend bekannt. Es liegen noch zu wenige anatomisch gesicherte Daten vor. (VT: europäisch).
Weiterführende Literatur: Anatomie GROSSU 1983, KERNEY et al. 1983, SCHILEYKO 2003, WIKTOR 2004

Deroceras reticulatum (O. F. MÜLLER 1774)
Genetzte Ackerschnecke

Andere Namen: *Agriolimax reticulatus, A. agrestis* auctt. non LINNAEUS partim.

Merkmale: *D. reticulatum* ist hell- bis mittelbraun gefärbt und weist meist eine charakteristische dunkelbraune bis schwarze Netz- oder Fleckenzeichnung auf. Die Zeichnungsmuster können dabei sehr verschieden sein, oft sind die Furchen zwischen den Runzeln dunkel. Allerdings kommen auch einfarbige Tiere vor, von denen sehr hell weißlichgelbe Exemplare die bekanntesten sind, sie sind in montanen Gebieten oft häufig. Mantel und Hinterkörper sind gleichfarbig, Kopf und Fühler sind meist dunkler, der Rand der Atemöffnung ist im Allgemeinen heller abgesetzt. Der Schleim ist farblos, bei Reizung weiß.
Maße: ausgestreckt meist 35–50 mm lang.
Formen im Gebiet und ähnliche Arten: *D. reticulatum* ist sehr variabel. Die Art wurde früher sehr häufig mit dem viel selteneren *D. agreste* verwechselt. Anatomische Untersuchung ist nötig.
Lebensraum: *D. reticulatum* lebt in den verschiedensten Biotopen, sowohl an ursprünglichen Standorten als auch synanthrop. Die Art gehört zu den Schädlingen an Kulturpflanzen.
Gefährdung (RL-D 2012): * – Ungefährdet.
Verbreitung im Gebiet: *D. reticulatum* ist in Deutschland weit verbreitet und meist sehr häufig, die Art wurde früher häufig nicht von *D. agreste* getrennt. (VT: europäisch).
Weiterführende Literatur: Anatomie GROSSU 1983, KERNEY et al. 1983, GITTENBERGER et al. 1984, WIKTOR 1996, WIKTOR 2004

Deroceras juranum WÜTHRICH 1993
Helle Ackerschnecke

Andere Namen: *Deroceras rodnae* auctt. non GROSSU & LUPU 1965 partim

Merkmale: Die sehr hell gelblichweiße Farbe von *D. juranum* in Verbindung mit einer dunklen bis schwarzen Wolkenzeichnung sind für diese Schnecke relativ typisch, es kommen allerdings auch andere Färbungen vor. Der Name *D. juranum* wurde seinerzeit für eine dunkel-violette Schnecke eingeführt, die allerdings nicht artlich von den anderen Formen zu trennen ist. Kopf und Fühler sind etwas dunkler, der Körperschleim ist bei Reizung weiß.
Maße: ausgestreckt meist 30–40 mm lang.
Formen im Gebiet und ähnliche Arten: Die früher als *D. rodnae* bezeichneten Schnecken sind jetzt verhaltensbiologisch und molekulargenetisch in verschiedene Arten getrennt worden. Für die westlichen, auch in Deutschland vorkommenden Exemplare ist der Name *D. juranum* zu verwenden, die Abgrenzung der sehr ähnlichen Ackerschnecken dieser Gruppe ist nicht in jeder Hinsicht geklärt. Anatomische oder genetische Untersuchung ist nötig. Die Klärung der Identität von östlichen Exemplaren aus Sachsen, die außer zu *D. juranum* ggf. zu *D. praecox* oder *D. rodnae* gehören, steht noch aus.
Lebensraum: *D. juranum* lebt montan, vorwiegend in feuchten Wäldern, aber auch auf Bergwiesen.
Gefährdung (RL-D 2012): D – Daten unzureichend.
Verbreitung im Gebiet: *D. juranum* lebt sporadisch und mit Bevorzugung von kalkhaltigen Standorten im mittleren und südlichen Deutschland und in Sachsen. Weitere gesicherte Daten sind wünschenswert. (VT: europäisch).
Weiterführende Literatur: Anatomie (für *D. rodnae* agg.) GROSSU 1983, KERNEY et al. 1983, REISE 1995, WIKTOR 1996, WIKTOR 2004, HUTCHINSON & REISE 2009.

Deroceras praecox Wiktor 1966
Östliche Ackerschnecke

Merkmale: *D. praecox* ist in der Färbung *D. reticulatum*, *D. rodnae* und *D. juranum* ähnlich. Seine Grundfarbe ist weiß, manche Tiere sind ungefleckt, zumeist sind jedoch kleine bis große deutliche und unregelmäßige Flecken vorhanden. Kopf und Hals sind bräunlich. Der Körperschleim ist weiß.
Maße: Ausgestreckt bis ca. 40 mm lang.
Formen im Gebiet und ähnliche Arten: *D. reticulatum*, *D. juranum* und *D. rodnae* sind sehr ähnlich, anatomische Untersuchung ist nötig.
Lebensraum: *D. praecox* lebt in Sachsen in Laubwäldern, besonders in Beständen mit Linden und Buchen.
Gefährdung (RL-D 2012): nicht genannt.
Verbreitung im Gebiet: *D. praecox* wurde bisher nur in Sachsen nachgewiesen und ist seit mehreren Jahren im Datenportal der sächsischen Mollusken dargestellt. Die Verbreitung ist allerdings ungenau bekannt und die Abgrenzung zu verwandten Arten im Gebiet ist noch zu klären.
Weiterführende Literatur: Anatomie Kerney et al. 1983, Reise 1995, Wiktor 2004, Hutchinson & Reise 2009

Familie Boettgerillidae
Wurmnacktschnecken

Die Boettgerillidae sind in Mitteleuropa nur mit einer Art vertreten, im Kaukasusgebiet kommt eine weitere vor. Die Tiere leben recht versteckt, teilweise auch subterran.

Boettgerilla pallens SIMROTH 1912
Wurmnacktschnecke

Andere Namen: *B. vermiformis* WIKTOR 1959

Merkmale: *B. pallens* ist hell weißlich bis grauweiß gefärbt, manchmal bläulichgrau. Meist sind Rücken und Kopf etwas dunkler als der Rest des Körpers, die Fühler sind dunkelgrau, der hintere Rückenbereich ist deutlich gekielt. Vor und hinter dem Atemloch befinden sich auf dem Mantel gebogene Rinnen. Insgesamt ist der Körper sehr schlank und bei Aktivität wurmförmig.
Maße: ausgestreckt meist bis 40, selten bis ca. 50 mm.
Formen im Gebiet und ähnliche Arten: Die Art ist im Gebiet in der Intensität der Färbung etwas variabel.
Lebensraum: *B. pallens* lebt gerne synanthrop, z. B. in Gärten und Parks, sie kommt allerdings auch in naturnahen Biotopen, wie feuchten Wäldern, vor.
Gefährdung (RL-D 2012): nb – Nicht bewertet.
Verbreitung im Gebiet: *B. pallens* ist in Deutschland weit verbreitet, sie wurde oft übersehen. (VT: kaukasisch).
Weiterführende Literatur: Anatomie GROSSU 1983, KERNEY et al. 1983, GITTENBERGER et al. 1984, SCHILEYKO 2003, WIKTOR 2004

Familie Vitrinidae
Glasschnecken

Familie Vitrinidae: 1. *Vitrina pellucida*, 2. *Phenacolimax major*, 3. *Oligolimax annularis*, 4. *Vitrinobrachium breve*, 5. *Semilimax semilimax*, 6. *Hessemilimax kotulae*, 7. *Eucobresia diaphana*, 8. *Eucobresia nivalis*, 9. *Eucobresia pegorarii*, 10. *Eucobresia glacialis*

Die Vitrinidae haben sehr dünnschalige, meist farblose bis leicht grünliche und durchsichtige Gehäuse, in die sich die Tiere nicht mehr vollständig zurückziehen können. Aufgrund der Durchsichtigkeit sieht man am lebenden Tier ausschließlich die Weichkörperfärbung. Die Gehäuse haben nur wenige Windungen, viele sind ohrförmig erweitert. Die meisten Arten haben am unteren Mündungsrand des Gehäuses einen transparenten Hautsaum aus Conchin, dessen Breite und Ausprägung als ergänzendes Bestimmungsmerkmal nutzbar ist. Meist sind die Gehäuse im vordersten Bereich von Teilen des sehr großen Mantels bedeckt und rechtsseitig reicht ein Mantellappen nach hinten auf Teile des Gehäuses hinauf, teilweise ist das Gewinde großflächig überdeckt. Allerdings ist der Mantellappen nicht immer komplett ausgestreckt, so dass auch dieses Bestimmungsmerkmal sorgfältiger Betrachtung bedarf. Einige Arten sind vorwiegend anatomisch zu unterscheiden, diese Merkmale sind allerdings noch nicht in jeder Hinsicht erforscht.

Vitrina pellucida (O. F. MÜLLER 1774)
Kugelige Glasschnecke

Andere Namen: *Helicolimax pellucidus*

Merkmale: *V. pellucida* hat ein kugeliges, durchsichtiges, glattes und hochglänzendes Gehäuse, das meist schwach grünlich gefärbt ist. Beim Blick auf das Gewinde ist dieses größer als die Hälfte der Gehäusebreite, der letzte Umgang ist also deutlich schmaler. Der Hautsaum an der Mündung fehlt oder ist nur angedeutet, ein sehr kleiner offener Nabel ist vorhanden. Wie bei allen einheimischen Arten der Familie ist das Gehäuse sehr dünn. Der Mantellappen des grauen bis dunkelgrauen Tieres ist klein und reicht kaum auf das Gehäuse hinauf.
Maße: 4,5–6 mm breit.
Formen im Gebiet und ähnliche Arten: Die Art ist im Längen-Breiten-Verhältnis wenig variabel und mit *Phenacolimax major* zu verwechseln.
Lebensraum: *V. pellucida* lebt in den verschiedensten ursprünglichen oder synanthropen Habitaten. Sie ist in Wäldern, auf Wiesen, an Felsen oder in Dünen oft häufig und toleriert mäßig feuchte bis trockene Standorte.
Gefährdung (RL-D 2012): * – Ungefährdet.
Verbreitung im Gebiet: Die Art ist fast überall sehr verbreitet und gehört zu den häufigsten Mollusken in Mitteleuropa. (VT: holarktisch).

Weiterführende Literatur: Anatomie GROSSU 1983, KERNEY et al. 1983, GITTENBERGER et al. 1984, SCHILEYKO 2003

Phenacolimax major (FÉRUSSAC 1807)
Große Glasschnecke

Merkmale: *P. major* hat ein gedrückt-kugeliges, durchsichtiges, glattes und hochglänzendes Gehäuse, dessen Gewinde meist sehr flach ist. Die Färbung ist typisch für Vitrinidae meist schwach grünlich. Bei Apikalansicht ist das Gewinde etwas größer als die Hälfte der Gehäusebreite. Der Hautsaum ist sehr kurz und schmal. Der graue Weichkörper ist etwas größer als bei *V. pellucida* und der Mantellappen reicht deutlich auf das Gehäuse hinauf, meist ungefähr bis zum Apex.
Maße: 5–7 mm breit.
Formen im Gebiet und ähnliche Arten: Die Art ist wenig variabel und mit *Vitrina pellucida* zu verwechseln. Die Mündung ist etwas gedrückter als bei dieser, das Gewinde ist niedriger.
Lebensraum: *P. major* lebt an feuchten Standorten, unter anderem in Wäldern, auf Wiesen und an Felsen.
Gefährdung (RL-D 2012): * – Ungefährdet.
Verbreitung im Gebiet: *P. major* lebt im westlichen und südwestlichen Deutschland. (VT: westeuropäisch).
Weiterführende Literatur: Anatomie KERNEY et al. 1983, GITTENBERGER et al. 1984

Oligolimax annularis (STUDER 1820)
Alpen-Glasschnecke

Andere Namen: *Gallandia annularis, Helicolimax annularis, Phenacolimax annularis*

Merkmale: *O. annularis* hat ein recht kugelförmiges Gehäuse, das unter den einheimischen Arten der Familie das größte und am stärksten erhobene Gewinde aufweist. Der letzte Umgang umfasst nur etwa ⅖ der Gehäusebreite. Die Umgänge sind recht kräftig gewölbt und die Naht ist deutlich eingeschnitten, wie bei *V. pellucida* ist der Nabel manchmal etwas offen. Das Gehäuse ist weniger durchsichtig als bei den anderen heimischen Arten, es ist meist etwas weißlich-grünlich-transparent. Der Hautsaum fehlt oder ist sehr klein. Der Weichkörper ist sehr dunkel, ein Mantellappen ist nicht sichtbar.

Maße: 5–7 mm breit.

Formen im Gebiet und ähnliche Arten: Die Art ist in der Ausprägung der Streifung bzw. Rippung etwas variabel, bei flüchtiger Betrachtung besteht Ähnlichkeit mit *Vitrina pellucida*.

Lebensraum: *O. annularis* lebt an feuchten bis trockenen Standorten, vor allem auf Wiesen und unter Steinen, auch an trockenen Kalkhängen. Die Art besiedelt auch hochalpine Lebensräume über 2500 m ü. NN.

Gefährdung (RL-D 2012): R – Extrem selten.

Verbreitung im Gebiet: *O. annularis* lebt in Deutschland nur alpin im südlichsten Bayern. (VT: alpin-ponto-mediterran).

Weiterführende Literatur: Anatomie GROSSU 1983, SCHILEYKO 2003, externe Morphologie FORCART 1944

Vitrinobrachium breve (FÉRUSSAC 1821)
Kurze Glasschnecke

Andere Namen: *Semilimax brevis*

Merkmale: *V. breve* ist durch ein sehr flach-ohrförmiges Gehäuse mit sehr kleinem Gewinde gekennzeichnet. Der letzte Umgang umfasst etwa ⅔ der Gehäusebreite. Das hochglänzende Gehäuse ist schwach grünlich, der Hautsaum ist deutlich ausgeprägt und erstreckt sich knapp einen halben Umgang weit nach innen. Der Weichkörper ist meist sehr dunkel und groß, etwas größer als bei *V. pellucida* und der Mantellappen reicht deutlich auf das Gehäuse hinauf, meist ungefähr bis zum Apex.
Maße: 5–5,5 mm breit.
Formen im Gebiet und ähnliche Arten: Die Art ist wenig variabel.
Lebensraum: *V. breve* hat seine ursprünglichen Lebensräume im Auenbereich der Flüsse. Inzwischen ist die Art genauer bekannt und wurde in sehr unterschiedlichen Biotopen gefunden, darunter auch verschleppt in Gärten oder in anderen anthropogenen Habitaten.
Gefährdung (RL-D 2012): * – Ungefährdet.
Verbreitung im Gebiet: *V. breve* galt als auf West- bzw. Südwestdeutschland beschränkt. Inzwischen wurden zahlreiche Fundorte nachgewiesen, darunter auch in den östlichen Bundesländern (zumeist verschleppt). (VT: west-mitteleuropäisch).
Weiterführende Literatur: Anatomie KERNEY et al. 1983, GITTENBERGER et al. 1984, SCHILEYKO 2003

Semilimax semilimax (FÉRUSSAC 1802)
Weitmündige Glasschnecke

Andere Namen: *Vitrina elongata* DRAPARNAUD 1805, *Vitrinopugio elongatus*

Merkmale: Das Gehäuse von *S. semilimax* ist extrem flach und ohrförmig, es hat weniger als 2 Umgänge, von denen der letzte etwa ¾ der Gehäusebreite einnimmt. Das Gewinde ist sehr klein und ein wenig erhoben. Der Hautsaum ist breit, dabei meist nur wenig breiter als der angrenzende, auf der Basis sichtbare Rest der Außenseite des Gehäuses. Er erstreckt sich noch etwa ⅔ des Umgangs an der Spindel entlang ins Gehäuse.
Der 12–15 mm lange Weichkörper ist oben dunkler und unten heller grau und weist einen sehr großen Mantel auf, dessen langer Lappen bis zum Apex reicht und diesen bedeckt.
Maße: 4–5 mm breit.
Formen im Gebiet und ähnliche Arten: Die Art ist wenig variabel.
Lebensraum: *S. semilimax* lebt montan an feuchten Standorten in Wäldern und unter Felsen und Steinen.
Gefährdung (RL-D 2012): 3 – Gefährdet.
Verbreitung im Gebiet: *S. semilimax* ist weit verbreitet, aber nicht häufig, die Art lebt südlich des Harzes im mittleren und südlichen Deutschland, sie fehlt im äußersten Westen. (VT: alpin-mitteleuropäisch).
Weiterführende Literatur: Anatomie GROSSU 1983, KERNEY et al. 1983, SCHILEYKO 2003

Semilimax semilimax

Hessemilimax kotulae (WESTERLUND 1883)
Berg-Glasschnecke

Andere Namen: *Semilimax kotulae, S. kotulai, S. goeotiformis* (POLLONERA 1884),

Merkmale: *H. kotulae* hat ein äußerst flaches und extrem weitmündiges Gehäuse, das weniger als zwei Umgänge hat. Der letzte Umgang nimmt etwa ¾ der Gehäusebreite ein, das Gewinde ist sehr klein und nicht erhoben. Der Hautsaum ist sehr breit, oft zwei- bis dreimal so breit wie der angrenzende, auf der Basis sichtbare Rest der Außenseite des Gehäuses. Er läuft perspektivisch weit nach innen und lässt die früheren Umgänge des Gehäuses bis zum Apex sichtbar. Der Weichkörper ist grau, teilweise mit dunkleren Flecken, teilweise auch schwärzlich. Der Mantel ist sehr groß, der Mantellappen reicht bis zum Apex und bedeckt diesen. Maße: 4,3–6 mm breit.

Formen im Gebiet und ähnliche Arten: Die Art ist wenig variabel.

Lebensraum: *H. kotulae* lebt montan oder alpin an schattigen und oft sehr feuchten Standorten in Wäldern und unter Felsen und Steinen.

Gefährdung (RL-D 2012): G – Gefährdung unbekannten Ausmaßes.

Verbreitung im Gebiet: *H. kotulae* lebt sporadisch und selten in den Alpen und den höheren Gebirgen Süd- und Ostdeutschlands. (VT: alpin-karpatisch).

Weiterführende Literatur: Anatomie GROSSU 1983, SCHILEYKO 2003

Eucobresia diaphana (Draparnaud 1805)
Ohrförmige Glasschnecke

Merkmale: *E. diaphana* hat ein flaches und ohrförmiges Gehäuse mit 2¼ Umgängen. Der letzte Umgang ist deutlich breiter als das abgeflachte Gewinde. Der Hautsaum ist ausgeprägt und meist kaum schmaler als der angrenzende auf der Basis sichtbare Rest der Außenseite des Gehäuses. Der Mündungsrand dreht sich perspektivisch an der Spindel entlang ins Gehäuse. Der Weichkörper ist groß und meist dunkel grau mit etwas dunklerem Mantel. Es kommen allerdings auch Tiere mit sehr hellem Körper vor. Der breite Mantellappen bedeckt das Gewinde. Dies gilt allerdings nur für Tiere, die entspannt kriechen. Bei Störungen oder bei nicht optimalen Lebensbedingungen wird der Mantellappen oft etwas zurückgezogen. Maße: 6–6,5 mm breit.

Formen im Gebiet und ähnliche Arten: Die Art ist in der Färbung des Weichkörpers recht variabel. Da sie im Gebirge auch in die alpine Region vordringt, kann sie dort mit ihren Verwandten, die ausschließlich die Hochlagen besiedeln, verwechselt werden.

Lebensraum: *E. diaphana* lebt in mäßig feuchten bis nassen Biotopen, oft zwischen Felsen oder im Bodenbereich unter liegendem Holz oder liegenden Pflanzenteilen, gerne in Wäldern, aber auch oberhalb der Baumgrenze.

Gefährdung (RL-D 2012): * – Ungefährdet.

Verbreitung im Gebiet: *E. diaphana* lebt in Deutschland von Schleswig-Holstein bis in die Hochalpen und nach Ostdeutschland, wobei der Norden und vor allem Nordosten nur sehr sporadisch oder nicht besiedelt sind. (VT: alpin-mitteleuropäisch).

Weiterführende Literatur: Anatomie Forcart 1944, Grossu 1983, Kerney et al. 1983, Gittenberger et al. 1984, Schileyko 2003

Eucobresia nivalis (DUMONT & MORTILLET 1854)
Alm-Glasschnecke

Andere Namen: *Semilimax nivalis, Vitrinopugio nivalis, Vitrina kochi* auctt. non ANDREAE

Merkmale: *E. nivalis* hat ein ohrförmiges Gehäuse mit 2¼ bis 2½ Umgängen, von denen der letzte etwas breiter ist als das etwas erhabene Gewinde. Die Umgänge sind leicht gewölbt. Der Hautsaum ist deutlich, jedoch schmal, er erreicht meist ¼ der Breite des auf der Basis sichtbaren Rests der Außenseite des Gehäuses, der Mündungsrand dreht sich nicht perspektivisch ins Gehäuse. Der Weichkörper ist groß, grau-marmoriert bis sehr dunkel, der Mantellappen reicht fast bis ans Gewinde oder bedeckt dieses.
Maße: 5–6 mm breit.
Formen im Gebiet und ähnliche Arten: Der Weichkörper ist variabler als die Beschreibungen in einigen Publikationen vermuten lassen.
Lebensraum: *E. nivalis* lebt in feuchten Regionen, oft zwischen Felsen oder im Bodenbereich auf Bergwiesen unter Steinen oder liegendem Holz, sie kommt auch in Wäldern vor, bevorzugt aber offene Biotope. Viele Standorte liegen oberhalb der Baumgrenze, in schattigen Biotopen lebt sie auch in niedrigeren Lagen.
Gefährdung (RL-D 2012): R – Extrem selten.
Verbreitung im Gebiet: *E. nivalis* ist in Deutschland auf montane bis alpine Lebensräume beschränkt, sie kommt vereinzelt in Thüringen vor, der Verbreitungsschwerpunkt liegt in den Alpen. (VT: alpin-karpatisch).
Weiterführende Literatur: Anatomie FORCART 1944, GROSSU 1983

Eucobresia pegorarii (POLLONERA 1884)
Gipfel-Glasschnecke

Merkmale: *E. pegorarii* hat ein ohrförmiges Gehäuse mit 2½ Umgängen, von denen der letzte kaum breiter ist als das wenig erhabene Gewinde. Der Hautsaum ist deutlich, jedoch schmal, er umfasst ⅓ bis ¼ der Breite des auf der Basis sichtbaren Rests der Außenseite des Gehäuses, der Mündungsrand dreht sich kaum perspektivisch ins Gehäuse. Die Mündung ist langgestreckt, der Mündungsrand nahe dem vorletzten Umgang bei basaler Ansicht oft konkav. Der Weichkörper ist groß, grau und braun marmoriert mit dunklen Markierungen (oft auf dem Mantellappen, der fast bis ans Gewinde reicht oder dieses bedeckt).
Maße: 6 mm breit.
Formen im Gebiet und ähnliche Arten: Die Art ist *E. glacialis* äußerst ähnlich. Der konkrete Vergleich von lebenden Exemplaren zeigt, dass diese recht variabel sind und dass sowohl beschriebene äußere Besonderheiten als auch die Anatomie der Genitalien nicht so charakteristisch sind, wie früher angenommen.
Lebensraum: *E. pegorarii* lebt unter Steinen oberhalb der Baumgrenze, sie bevorzugt kalkreiche Standorte.
Gefährdung (RL-D 2012): R – Extrem selten.
Verbreitung im Gebiet: *E. pegorarii* ist auf einzelne Standorte in den Alpen beschränkt. (VT: alpin).
Weiterführende Literatur: Anatomie FORCART 1944, KERNEY ET AL. 1983

Eucobresia glacialis (Forbes 1837)
Gletscher-Glasschnecke

Andere Namen: *Phenacolimax glacialis, Insulivitrina glacialis*

Merkmale: *E. glacialis* hat ein ohrförmiges Gehäuse mit 2½ Umgängen, von denen der letzte kaum breiter ist als das wenig erhabene Gewinde. Der Hautsaum ist deutlich und umfasst ⅓ bis ¼ der Breite des auf der Basis sichtbaren Rests der Außenseite des Gehäuses, der Mündungsrand dreht sich kaum perspektivisch ins Gehäuse. Die Mündung ist langgestreckt, der Mündungsrand nahe dem vorletzten Umgang bei basaler Ansicht oft konvex. Der Weichkörper ist groß, grau-braun marmoriert und zeigt meist dunkle Markierungen. Der Mantellappen reicht fast bis ans Gewinde oder bedeckt dieses.
Maße: 4,5–6 mm breit.
Formen im Gebiet und ähnliche Arten: Die Art ist *E. pegorarii* äußerst ähnlich. Die morphologischen und anatomischen Unterschiede zwischen dieser und den verwandten Arten sind weniger deutlich als früher beschrieben.
Lebensraum: *E. glacialis* lebt unter Felsen und Steinen auf feuchten Standorten oberhalb der Baumgrenze.
Gefährdung (RL-D 2012): R – Extrem selten.
Verbreitung im Gebiet: *E. glacialis* ist auf einzelne Standorte in den Alpen beschränkt. (VT: alpin).
Weiterführende Literatur: Anatomie Forcart 1944, Kerney et al. 1983

Familie Arionidae
Wegschnecken

Die Arionidae sind kleine bis große Nacktschnecken, die ihr Gehäuse ganz oder fast ganz reduziert haben. Bei den größeren Arten befinden sich noch einige Kalkkörner unterhalb des hinteren Bereichs des Mantels. Das Atemloch befindet sich auf der rechten Körperseite vor der Mitte des Mantels. Die Sohle ist breit und nicht in deutliche Längsfelder geteilt.
Es lassen sich mehrere Gruppen (zumeist als Untergattungen abgetrennt) unterscheiden. Innerhalb dieser Gruppen ist die Bestimmung teilweise sehr schwierig, für eine sichere Entscheidung ist oftmals eine Sektion nötig, also die Untersuchung der Morphologie der inneren Genitalorgane. Dazu wird an dieser Stelle noch einmal darauf hingewiesen, dass die Genitalzeichnungen in allgemeinen Bestimmungswerken teilweise kritisch zu betrachten sind, weil sie Details teilweise sehr vergröbert oder nicht eindeutig darstellen. Es ist oft Spezialliteratur nötig. Viele Vertreter der Familie sind Pflanzenfresser, die grüne oder faulende Pflanzenteile verzehren, manche nehmen auch Aas oder greifen selten sogar lebende Tiere (wie andere Schnecken) an. Bekannt sind vor allem die größeren Wegschneckenarten (und dabei speziell die eingeschleppte Art) als Garten- und Landwirtschaftsschädlinge.

Arion ater ater (LINNAEUS 1758)
(Große) Schwarze Wegschnecke

Andere Namen: *Arion empiricorum* FÉRUSSAC 1819, partim

Merkmale: Die sehr große Nacktschnecke ist meist völlig schwarz, auch mit schwarzem Fußsaum und schwarzgrauer Sohle. Der Hinterleib ist mit länglichen groben Runzeln versehen, der Mantel fein gekörnelt. Jungtiere sind weißlich mit

schwarzem Kopf. Pigmentarme reinweiße Exemplare oder weiße Tiere mit gelblichem Fußsaum kommen offensichtlich häufiger vor als bei den anderen Unterarten.
Maße: ausgestreckt 100–130 mm (selten 150 mm) lang.
Formen im Gebiet und ähnliche Arten: Es kommen in Deutschland zwei einheimische und eine eingeschleppte Unterart von *Arion ater* vor. Die genetischen Unterschiede stimmen nicht immer mit den anatomischen überein. Die Unterarten sind kaum zu unterscheiden. Alle drei Unterarten hybridisieren mit *Arion vulgaris*, und werden dadurch auch genetisch von ihm verdrängt.
Lebensraum: *A. ater ater* lebt meist in naturnahen gehölzbestandenen Biotopen auf basischem Grund. In Nordeuropa sind die Tiere in Bezug auf ihre Biotope weniger selektiv.
Gefährdung (RL-D 2012): D – Daten unzureichend.
Verbreitung im Gebiet: Die Verbreitung von *A. ater ater* ist aufgrund der viel zu geringen Dichte von anatomisch bestimmten Exemplaren nicht ausreichend bekannt. Die frühere Begrenzung auf Schleswig-Holstein und Mecklenburg-Vorpommern ist inzwischen wesentlich erweitert (VT: nordeuropäisch).
Weiterführende Literatur: Anatomie Kerney et al. 1983, Schileyko 2007, Reise et al. 2020

Arion ater ruber (Garsault 1764) und *Arion ater rufus* (Linnaeus 1758)
(Große) Rote Wegschnecke

Andere Namen: *Arion empiricorum* Férussac 1819, partim

Merkmale: *A. a. ruber* und *A. a. rufus* sind vom äußeren Körperbau identisch zu *A. ater*, sehr groß und mit länglichen groben Runzeln auf dem Hinterleib, der Mantel

ist fein gekörnelt. Jungtiere sind gelblich bis hellorange oder weißlich und haben einen schwarzen Kopf. Ursprünglich herrschten im Norden rein schwarze Formen vor und die Diversität der Farben nahm nach Süden hin zu. Inzwischen ist durch menschliche Verschleppung (mit Pflanzen und Gemüse) eine erhebliche Durchmischung der Populationen erfolgt, so dass überall sehr variable Färbungen und beide heimischen Unterarten vorkommen. Sehr häufig sind leuchtend orangerote oder rote Tiere, auch hell- bis dunkelbraune, graubraune oder schwarze Exemplare mit allen Abstufungen kommen vor. Die Sohle ist oft heller als bei *A. a. ater*, also hellgrau bis rötlich, bei schwarzen Tieren aber auch relativ dunkel. Der Fußsaum ist meist rötlich oder gelblich und manchmal (bei schwarzen Tieren fast nie) vom Rest des Tieres farblich abgesetzt.
Maße: ausgestreckt 100–150 mm (selten 180 mm) lang.
Formen im Gebiet und ähnliche Arten: Es kommen in Deutschland zahlreiche Farbvarianten vor. Erwachsene Tiere von roten und braunen Formen sind von *A. vulgaris* äußerlich kaum zu unterscheiden. Es kommen Hybridisierungen zwischen den großen heimischen und den eingeschleppten Wegschnecken vor, deren morphologische Abgrenzung noch schwieriger ist.
Lebensraum: *A. a. ruber* und *A. ater rufus* leben in den verschiedensten Biotopen, häufig auch synanthrop in Gärten und Parks. Die Tiere gelten als Schädlinge an Kulturpflanzen.
Gefährdung (RL-D 2012): * – Ungefährdet.
Verbreitung im Gebiet: *A. ater ruber* ist der häufigere große *Arion*, der eingeschleppte *A. ater rufus* wurde bisher nur selten nachgewiesen. Alle großen Wegschnecken werden von Menschen häufig verschleppt. Die Bestände der heimischen Unterart gehen stark zurück bzw. werden durch konkurrierende und hybridisierende eingeschleppte Tiere ökologisch und genetisch verdrängt (VT: west-mitteleuropäisch).
Weiterführende Literatur: Anatomie Kerney et al. 1983, Gittenberger et al. 1984, Wiktor 2004, Reise et al. 2020

Arion vulgaris MOQUIN-TANDON 1855
Spanische Wegschnecke

Andere Namen: *Arion lusitanicus* auctt. non MABILLE 1868.
Seit mehr als 40 Jahren wurde in Mitteleuropa für die eingeschleppte Spanische Wegschnecke der Name *Arion lusitanicus* verwendet, zumeist mit der Autorschaft MABILLE 1868. Inzwischen hat es sich allerdings herausgestellt, dass die von MABILLE beschriebene Art eine andere und endemische ist, während der nächst-gültige Name für die allgemein verbreitete und bei uns eingeschleppte Art *Arion vulgaris* ist.

Merkmale: *A. vulgaris* ist unseren heimischen Wegschnecken sehr ähnlich, groß und mit fein gekörneltem Mantel. Die länglichen Runzeln auf dem Hinterleib sind meist etwas feiner als bei *A. a. ruber*. Jungtiere sind leicht zu erkennen, sie sind meist grünlich oder bräunlich und haben sehr auffällige Seitenbinden, oft sind die Binden leuchtend gelblich oder orangefarben. Auch die erwachsenen Tiere sind farbvariabel, am häufigsten kommen braune, schmutzig-braungraue, orangebraune oder hell orangefarbene Tiere vor. Der Kopf ist jeweils dunkler.
Maße: ausgestreckt 80–120 mm lang.
Formen im Gebiet und ähnliche Arten: Die Art ist farblich sehr variabel, *A. ater* äußerst ähnlich und meist nur anatomisch von diesem zu unterscheiden. Die Arten differieren in der Genitalmorphologie und auch im Paarungsverhalten, trotzdem scheinen sie Hybriden zu bilden, die teilweise anpassungsfähiger und im Lebensraum erfolgreicher zu sein scheinen als die Elterntiere.
Lebensraum: *A. vulgaris* lebt in den verschiedensten Biotopen, ausgehend von synanthropen Standorten, wie Gärten, Friedhöfen und Parks. Er hat sich leider inzwischen auch in naturnahe Standorte ausgebreitet. Die Tiere sind unter den Mollusken die bedeutendsten Fraßschädlinge an Kulturpflanzen in Gärten und in der Landwirtschaft.
Gefährdung (RL-D 2012): nb – Nicht bewertet.

Verbreitung im Gebiet: *A. vulgaris* ist inzwischen mit Abstand der häufigste große *Arion*, er wurde etwa 1970 nach Deutschland eingeschleppt und hat sich explosionsartig vermehrt. (VT: west-mitteleuropäisch).
Weiterführende Literatur: Anatomie KERNEY et al. 1983, WIKTOR 1996, WIKTOR 2004, div. REISE et al. 2020

Paarung

Jungtier

Arion fuscus (O. F. MÜLLER 1774)

Braune Wegschnecke

Andere Namen: *Arion subfuscus* (auctt. non DRAPARNAUD 1805, partim)

Merkmale: Die Schnecke ist hellgelb bis braun gefärbt, der Rücken und der obere Teil des Mantelschildes sind etwas dunkler. Insgesamt ist der Mantelbereich jedoch meist etwas heller als der Rest des Körpers. Auffällig ist auf beiden Seiten eine dunkle Längsbinde auf dem Körper ebenso wie auf dem Mantel. Auf der rechten Seite verläuft die Seitenbinde über dem Atemloch. Die Sohle ist hellgrau bis weiß (nicht gelb). Der Schleim ist kräftig gelb bis orangefarben, diese und die weiteren äußeren Merkmale teilt die Art mit dem verwandten *Arion subfuscus*.
Maße: ausgestreckt 50–70 mm lang.
Formen im Gebiet und ähnliche Arten: Die Art wurde früher unter dem Namen *A. subfuscus* geführt, inzwischen werden mehrere verwandte Formen als eigene Arten abgetrennt. Die Identität einiger Formen ist noch nicht geklärt, so dass auch die Variabilität noch nicht abschließend beurteilt werden kann. Nach jetziger Auffassung ist *A. fuscus* die im Bearbeitungsgebiet am weitesten verbreitete Art der Gruppe der mittelgroßen Arionidae, eine der Formen mit gelbem Körperschleim und deutlicher Bänderung. Die Tiere dieser Gruppe können sich nur unvollständig zusammenziehen, sie sind kontrahiert verhältnismäßig länger als die anderen Gruppen der Gattung.
Lebensraum: *A. fuscus* lebt in den verschiedensten Biotopen, in feuchten und trockenen Wäldern, synanthrop in Gärten und Parks und auch auf Grünlandflächen. Die Art toleriert auch bodensaure Biotope.
Gefährdung (RL-D 2012): * – Ungefährdet.
Verbreitung im Gebiet: *A. fuscus* ist in ganz Deutschland verbreitet und häufig. (VT: europäisch).
Weiterführende Literatur: KOBIALKA & KAPPES 2008, PINCEEL et al. 2004, JORDAENS et al. 2006, Anatomie GROSSU 1983 („*subfuscus*“), GITTENBERGER et al. 1984 („*subfuscus*“), WIKTOR 1996, WIKTOR 2004 („*subfuscus*“), SCHILEYKO 2007 („*subfuscus*“)

Arion subfuscus (DRAPARNAUD 1805)

Hellbraune Wegschnecke

Andere Namen: *Arion subfuscus* (auctt. non DRAPARNAUD 1805, partim)

Merkmale: Die Schnecke ist orangebraun, ockergelb oder dunkler bräunlich mit dunklerer seitlicher Längsbinde auf Körper und Mantelschild. Der Mantelschild ist heller als der Rest des Körpers. Die Längsbinde verläuft unter und über dem Atemloch. Die Sohle ist hellgrau bis weiß (nicht gelb). Der Schleim ist kräftig gelb bis orangefarben, diese und die weiteren äußeren Merkmale teilt die Art mit dem verwandten *Arion fuscus*, von dem sie nach äußeren Merkmalen nicht sicher unterschieden werden kann.
Maße: ausgestreckt 50–70 mm lang.
Formen im Gebiet und ähnliche Arten: Der Name *A. subfuscus* ist seit langem für die mittelgroßen *Arion*-Exemplare in Mitteleuropa in Gebrauch. Diese sind nach jetzigem Verständnis Vertreter der separaten Art *A. fuscus*. *A. subfuscus* hat dagegen eine eher westliche Verbreitung. Die Tiere dieser Gruppe mittelgroßer Wegschnecken mit meist gelbem Körperschleim können sich nur unvollständig zusammenziehen.
Lebensraum: *A. subfuscus* lebt überwiegend in Wäldern, die Art toleriert auch bodensaure Biotope. Sie fehlt im Gegensatz zu *A. fuscus* allerdings fast überall in Gärten, Parks oder Offenland.
Gefährdung (RL-D 2012): D – Daten unzureichend.
Verbreitung im Gebiet: *A. subfuscus* ist eine westliche Art. Aufgrund der Verwechslungen mit *A. fuscus* ist die Verbreitung nur ungenügend bekannt. (VT: westeuropäisch).
Weiterführende Literatur: KOBIALKA & KAPPES 2008, PINCEEL et al. 2004, JORDAENS et al. 2006

„*Arion brunneus* LEHMANN 1862“
Moor-Wegschnecke

Andere Namen: *Arion subfuscus* (auctt. non DRAPARNAUD 1805, partim)

Merkmale: Die Schnecke ähnelt *A. fuscus*, ist braun bis graubraun, auf dem Rücken schwärzlich braun, die Flanken sind heller. Die seitlichen Längsbinden sind nur schwach ausgebildet oder fehlen. Der Körperschleim ist sehr hellgelblich bis weißlich. Von den ihr verwandten *A. fuscus* und *A. subfuscus* ist „*A. brunneus*“ durch schwächere Bänderung und vor allem durch das Fehlen der durch den Körperschleim unterstützten Gelbfärbung unterschieden. Eine sichere Bestimmung ist nur anatomisch möglich.
Maße: ausgestreckt 50–70 mm lang.
Formen im Gebiet und ähnliche Arten: Der Name *A. brunneus* wird seit einigen Jahren wieder verwendet, nachdem sich herausgestellt hat, dass im Komplex von *A. fuscus/subfuscus* s.l. vermutlich weitere Arten enthalten sind. Als „*A. brunneus*“ werden zumeist die mittelgroßen Tiere dieses Komplexes bezeichnet, deren Körperschleim sehr hellgelb oder weißlich ist. Die Tiere sind ungenügend bekannt, die Abgrenzung ist unklar und provisorisch.
Lebensraum: „*A. brunneus*“ lebt nach jetziger Kenntnis an ursprünglichen feuchten Standorten, z. B. im Quellsümpfen und Flachmooren.
Gefährdung (RL-D 2012): R – Extrem selten.
Verbreitung im Gebiet: Als „*A. brunneus*“ bezeichnete Tiere wurden sporadisch in vielen Bundesländern gefunden, ihre Verbreitung ist nur unzureichend bekannt. (VT: europäisch).
Weiterführende Literatur: Anatomie GROSSU 1983, div. KOBIALKA & KAPPES 2008

„*Arion simrothi* GEYER 1909 (NON COCKERELL 1893)"
Simroths Wegschnecke

Andere Namen: *Arion subfuscus* (auctt. non DRAPARNAUD 1805, partim)

Merkmale: Die Schnecke ähnelt sehr großen *A. fuscus* ohne dunkle Markierungen, sie ist hell leuchtend orangebraun, an den Flanken etwas heller. Der Körperschleim ist gelb. Von den ihr verwandten *A. fuscus*, *A. subfuscus* und „*A. brunneus*" ist sie durch einen größeren Körper und das Fehlen dunkler Körperzeichnungen unterschieden, die Trennung ist nicht sicher definiert.
Maße: ausgestreckt größer als 50–70 mm, es kann die Größe von Großen Wegschnecken erreicht werden.
Formen im Gebiet und ähnliche Arten: Da der Name durch *A. simrothi* COCKERELL 1893 präokkupiert ist, ist er eigentlich für die heimische Schnecke nicht verwendbar. Die Identität der Tiere ist jedoch noch in keiner Weise geklärt und der Name wurde seit der Beschreibung regelmäßig verwendet, deshalb wird er bis zur abschließenden Beurteilung hier provisorisch beibehalten. In einigen Publikationen wird KÜNKEL als Autor der Beschreibung in GEYER 1909 geführt, dies soll hier nicht diskutiert werden. Für alle Tiere des *A. fuscus/subfuscus*-Komplexes wird die anatomische Untersuchung dringend empfohlen.
Lebensraum: „*A. simrothi*" lebt nach jetziger Kenntnis in ursprünglichen Wäldern.
Gefährdung (RL-D 2012): D – Daten unzureichend.
Verbreitung im Gebiet: „*A. simrothi*" wurde aus Baden-Württemberg beschrieben, er galt lange als verschollen. Die nach der vorliegenden Auffassung provisorisch als „*A. simrothi*" bezeichneten Schnecken scheinen in Deutschland weiter verbreitet, jedoch selten zu sein. (VT: mitteleuropäisch?).
Weiterführende Literatur: KÜNKEL 1908, GEYER 1909, GEYER 1927, EHRMANN 1933, BACKELJAU 1989, FALKNER et al. 2001

Arion fasciatus (NILSSON 1823)
Gelbstreifige Wegschnecke

Merkmale: *A. fasciatus* ist durch einen gelbbräunlichen bis graubräunlichen Körper mit helleren Flanken, dunklerer Seitenbinde und oft einem schmalen gelben Streifen parallel unterhalb (und z.T. auch oberhalb) der Seitenbinde gekennzeichnet. Meist sind Rücken und Mantelschild insgesamt gelblich überhaucht, bei höherer Vergrößerung sieht man kleine gelbliche Pigmentflecken, die dem Tier ein etwas schmutziges Aussehen geben. Die dunkle Seitenbinde verläuft oberhalb des Atemlochs.
Maße: ausgestreckt 40–50 mm, selten bis 70 mm lang.
Formen im Gebiet und ähnliche Arten: Die Art gehört zur Gruppe der kleinen weißsohligen Arionidae. *A. fasciatus* wurde zeitweise nicht von *A. silvaticus* und *A. circumscriptus* getrennt. Eine Bestimmung dieser Formen ist durch morphologische und anatomische Unterschiede möglich. Allerdings scheint es sich nur um Varietäten zu handeln, die aufgrund der Möglichkeit der Selbstbefruchtung stabile unterschiedliche Eigenschaften entwickelt haben.
Lebensraum: *A. fasciatus* ist in der weißsohligen *Arion*-Gruppe die Form, die Kulturland wie Gärten, Parks und Ruderalstandorte bevorzugt, kommt aber auch in Wäldern vor.
Gefährdung (RL-D 2012): * – Ungefährdet.
Verbreitung im Gebiet: Weißsohlige kleine *Arion* der Gruppe von *A. fasciatus* sind in ganz Deutschland verbreitet und häufig. (VT: europäisch).
Weiterführende Literatur: Anatomie GROSSU 1983, KERNEY et al. 1983, WIKTOR 1996, 2004, GEENEN et al. 2006

"*Arion circumscriptus* JOHNSTON 1828"
Graue Wegschnecke

Merkmale: "*A. circumscriptus*" ist die dunkelste Form der kleinen weißsohligen Wegschnecken. Er ist meist oben und an den Flanken grau meliert, eine dunkle Längsbinde ist relativ deutlich ausgebildet. Meist ist der oberhalb des Sohlenrandes gelegene Teil der Flanke nur wenig heller als der Rücken, es kommen aber auch Tiere vor, bei denen dieser Teil weißlich ist.
Maße: ausgestreckt 30–50 mm lang.
Formen im Gebiet und ähnliche Arten: Die Tiere werden nach aktueller Einschätzung mit "*A. silvaticus*" und "*A. fasciatus*" zu einer Art zusammengefasst, die aus Prioritätsgründen *A. fasciatus* heißt. Damit wären die früheren Zuordnungsprobleme unwichtig geworden. Ob die Zusammenfassung der Arten Bestand haben wird, bleibt abzuwarten.
Lebensraum: Die Form "*A. circumscriptus*" der weißsohligen *Arion* lebt überwiegend in Wäldern, besiedelt auch verschiedene anthropogene Standorte, bevorzugt jedoch ursprüngliche Habitate. Im Norden ist die Form euryöker als im Süden.
Gefährdung (RL-D 2012): * – Ungefährdet.
Verbreitung im Gebiet: "*A. circumscriptus*" lebt in ganz Deutschland, ist allerdings weniger verbreitet und weniger häufig als "*A. silvaticus*". (VT: mitteleuropäisch).
Weiterführende Literatur: Anatomie GROSSU 1983, KERNEY et al. 1983, GITTENBERGER et al. 1984, GEENEN et al. 2006, WIKTOR 2004, SCHILEYKO 2007

"*Arion silvaticus* LOHMANDER 1937"
Wald-Wegschnecke

Merkmale: "*A. silvaticus*" ist in der typischen Form grau mit meist deutlich hell abgesetzten Flanken und dann die hellste Form der kleinen weißsohligen Wegschnecken. Auch oberhalb der dunklen seitlichen Längsbinde befindet sich oft noch eine parallele helle Binde. Flanken und Rücken sind meist sehr unterschiedlich gefärbt.
Maße: ausgestreckt 30–40 mm lang.
Formen im Gebiet und ähnliche Arten: "A. silvaticus" ist die kleinste und häufigste Form in der Gruppe der kleinen weißsohligen Arionidae. Sie wurde oft mit "*A. circumscriptus*" und *A. fasciatus* verwechselt, entsprechende Zuordnungsprobleme gibt es bei Altangaben. Die Sektion ermöglicht eine Bestimmung der individuellen Formen, die allerdings aufgrund der aktuellen Beurteilung als Artkomplex aus drei Formen unwichtig wird.
Lebensraum: "*A. silvaticus*" lebt in Wäldern, Gebüschen, Gärten und Parks, einen Schwerpunkt bilden Laubwälder. Er bewohnt die Bodenstreu unter Laub und liegendem Holz.
Gefährdung (RL-D 2012): * – Ungefährdet.
Verbreitung im Gebiet: "*A. silvaticus*" ist in ganz Deutschland verbreitet und häufig. (VT: nord-mitteleuropäisch).
Weiterführende Literatur: Anatomie KERNEY et al. 1983, GITTENBERGER et al. 1984, WIKTOR 1996, WIKTOR 2004, GEENEN et al. 2006

Arion distinctus J. Mabille 1868
Gemeine Wegschnecke

Andere Namen: *Arion hortensis* (auctt. non A. Férussac 1819, partim)

Merkmale: *A. distinctus* ist in der typischen Form gelblich-grauschwarz mit einem hellen Längsstreifen am Sohlenrand und einem weiteren an der seitlichen Flanke. Der Mantelschild weist ebenfalls Streifen auf, von denen ein dunkler den Schild mehr oder weniger umrandet. Kopf und Fühler sind blauschwarz oder grau. Die Sohle ist mehr oder weniger kräftig gelb.
Maße: ausgestreckt 30–40 mm lang.
Formen im Gebiet und ähnliche Arten: *A. distinctus* ist die verbreitete und massenhaft auftretende Vertreterin der kleinen gelbsohligen Arionidae. Die Art variiert in der Sohlen- ebenso wie in der Rückenfärbung. So kann die Sohle hellgelb bis rotorange und der Rücken bräunlich, grünlichbraun, schwarzblau, grau oder schwarz sein. In Deutschland kommt außerdem *A. hortensis* vor, der von *A. distinctus* nur anatomisch sicher zu unterscheiden ist.
Lebensraum: *A. distinctus* bevorzugt synanthrope Standorte wie Gärten und Parks, kann aber auch in den verschiedensten anderen Biotopen gefunden werden.
Gefährdung (RL-D 2012): * – Ungefährdet.
Verbreitung im Gebiet: *A. distinctus* ist in ganz Deutschland verbreitet und sehr häufig. (VT: west-mitteleuropäisch).
Weiterführende Literatur: Anatomie Grossu 1983 („*hortensis*"), Kerney et al. 1983, De Winter 1984, Wiktor 1996, Gittenberger et al. 1984, Wiktor 2004

Arion hortensis A. FÉRUSSAC 1819
Garten-Wegschnecke

Andere Namen: *Arion hortensis* (auctt. non A. FÉRUSSAC 1819, partim)

Merkmale: *A. hortensis* hat in der typischen Form einen fast schwarzen Rücken mit blauschwarzen Seitenbinden, die unterste Reihe der Runzeln oberhalb des Fußsaumes ist oft hell gefärbt. Der Kopf ist schwarz oder graurötlich, die Fühler sind rötlich. Die Sohlenfärbung variiert von hellgelb bis dunkelorange.
Maße: ausgestreckt 30–40 mm lang.
Formen im Gebiet und ähnliche Arten: *A. hortensis* ist die weniger verbreitete westeuropäische Art der kleinen gelbsohligen Arionidae. Die alten Angaben von *Arion hortensis* in Mitteleuropa beziehen sich fast ausschließlich auf *A. distinctus*. Die Art variiert in der Sohlen- ebenso wie in der Rückenfärbung. Die Sohle kann hellgelb bis rotorange gefärbt sein, der Rücken ist häufiger schwarzblau als bei den anderen Formen der nahen Verwandtschaft. *A. hortensis* ist nur anatomisch sicher zu bestimmen.
Lebensraum: *A. hortensis* scheint Waldstandorte zu bevorzugen und kommt weniger an synanthropen Standorten vor. Insgesamt ist die Art aber noch ungenügend bekannt.
Gefährdung (RL-D 2012): nb – Nicht bewertet.
Verbreitung im Gebiet: *A. hortensis* wurde bisher im westlichen Deutschland nachgewiesen, er ist dort mäßig häufig. Für abschließende Beurteilungen liegen viel zu wenige Daten vor. (VT: atlantisch).
Weiterführende Literatur: Anatomie KERNEY et al. 1983; DE WINTER 1984, GITTENBERGER et al. 1984, SCHILEYKO 2007

Arion obesoductus Reischütz 1973
Alpen-Wegschnecke

Andere Namen: *Arion alpinus* auctt. non Pollonera 1887

Merkmale: *A. obesoductus* ist gelbbraun bis dunkel olivbraun mit einer seitlichen dunkleren Längsbinde. Der Mantelschild umfasst nur ca. ¼ der Körperlänge. Die rechte Längsbinde auf dem Mantelschild verläuft oberhalb des Atemlochs, die Sohle ist intensiv gelb.
Maße: ausgestreckt 20–30 mm lang.
Formen im Gebiet und ähnliche Arten: Helle Exemplare von *A. obesoductus* ähneln Jungtieren von *A. fuscus*, dunkle Varianten auch *A. distinctus*. Über die Identität von *A. alpinus* Pollonera gibt es unterschiedliche Ansichten, die hier nicht diskutiert werden sollen, es scheint sich für die hier besprochene Schnecke der Name *A. obesoductus* durchzusetzen.
Lebensraum: *A. obesoductus* lebt in der Laubschicht und zwischen Moos am Boden in naturnahen Bergwäldern.
Gefährdung (RL-D 2012): D – Daten unzureichend.
Verbreitung im Gebiet: *A. obesoductus* wurde bisher in den Alpen, in einigen süddeutschen Mittelgebirgen und in Ostbayern gefunden, es liegen zu wenige sichere Daten vor. (VT: alpin).
Weiterführende Literatur (incl. Anatomie)**:** Reischütz 1973, Wiktor 1996, Dvořák et al. 2006, Manganelli et al. 2010

Arion intermedius Normand 1852
Kleine Wegschnecke

Merkmale: *A. intermedius* ist gelblich, graugelblich, grau oder weißlich gefärbt, Kopf und Fühler sind dunkel, Seitenbinden meist nicht vorhanden. Die Sohle ist hellgelb, der Schleim gelb. Kontrahiert zeigt die Art ein knotiges Runzelmuster, die Runzeln sind fast stachelig und viel deutlicher erhoben als bei den anderen Vertretern der Gattung *Arion*.
Maße: ausgestreckt 20 mm lang.
Formen im Gebiet und ähnliche Arten: In Deutschland kommen normalfarbig gelbliche und graue Formen von *A. intermedius* vor, die sich offensichtlich in ihrer Biologie unterscheiden. Die Abgrenzung und Bedeutung dieser Unterschiede ist noch nicht geklärt.
Lebensraum: *A. intermedius* lebt in vielen verschiedenen Habitaten, er toleriert auch nährstoff- und kalkarme Biotope.
Gefährdung (RL-D 2012): * – Ungefährdet.
Verbreitung im Gebiet: *A. intermedius* ist in Deutschland weit verbreitet. Er galt in einigen Gegenden als selten, dies ist sicher nicht der Fall. Die Art wurde vermutlich oft übersehen, sie scheint recht zahlreich vorzukommen. (VT: westeuropäisch).
Weiterführende Literatur: Anatomie Gittenberger et al. 1984, Wiktor 2004, Schileyko 2007, div.: Fechter & Falkner 1989, Reichholf & Steinbach (Hrsg.) 1992

Familie Bradybaenidae
Strauchschnecken

Familie Bradybaenidae: 1. *Fruticicola fruticum*, zum Vergleich: 2. Familie Helicidae

Die Bradybaenidae (zwischenzeitlich auch als Fruticicolidae bezeichnet, vermutlich aufgrund von molekulargenetischen Untersuchungen in Zukunft Camaenidae) sind in Mitteleuropa nur mit einer Art vertreten, die entfernt einer Schnirkelschnecke ähnelt. In Asien gibt es zahlreiche Verwandte in einer großen Vielgestaltigkeit.

Fruticicola fruticum (O. F. MÜLLER 1774)
Genabelte Strauchschnecke

Andere Namen: *Bradybaena fruticum*

Merkmale: Das Gehäuse ist rundlich mit 5–6½ gerundeten (nicht geschulterten) Umgängen, die durch eine tiefe Naht getrennt sind. Die Gehäuseoberseite ist meist leicht konvex. Auf der Unterseite ist ein breiter, tiefer, etwas exzentrischer Nabel ausgebildet (1/7 der Gehäusebreite). Der nur basal etwas umgeschlagene Mündungsrand bedeckt einen kleinen Teil des Nabels. Die rundliche Mündung ist innen mit einer schwachen Lippe verdickt, die farblich vom Rest des Gehäuses etwas abgesetzt ist. Deutliche unregelmäßige Zuwachsstreifen werden von feinen Spiralstreifen gekreuzt, die Spiralskulptur ist wellig. Die Färbung des Gehäuses ist entweder gelblich (weißlich bis grüngelblich) oder rötlich. Gelbliche Morphen leben häufiger auf trockeneren Böden und sind oft dickschaliger als rötliche. Einige Gehäuse weisen ein peripheres bräunliches Spiralband auf. Vor allem bei rötlichen Tieren ist das Gehäuse oft etwas transparent, so dass die Mantelzeichnung und die helle Niere hindurchscheinen.
Maße: ca. 10–19 × 12–23 mm.
Formen im Gebiet und ähnliche Arten: Die Art tritt in zwei Farbmorphen auf, die jeweils ein Band an der Peripherie aufweisen können. *Monacha cantiana* ist ihr ähnlich und *Euomphalia strigella* kann durch den weiten Nabel ebenfalls entfernte Ähnlichkeit aufweisen.
Lebensraum: *F. fruticum* lebt meist in feuchten Biotopen mit Gehölzbestand, Hecken oder Gebüsche und Feuchtwälder sind charakteristische Standorte. Auf Kalkboden werden auch trockenere Habitate toleriert.
Gefährdung (RL-D 2012): * – Ungefährdet.
Verbreitung im Gebiet: *F. fruticum* ist in Deutschland weit verbreitet und meist mäßig häufig. (VT: w-asiatisch-europäisch).
Weiterführende Literatur: Anatomie GROSSU 1983, GITTENBERGER et al. 1984, SCHILEYKO 2004

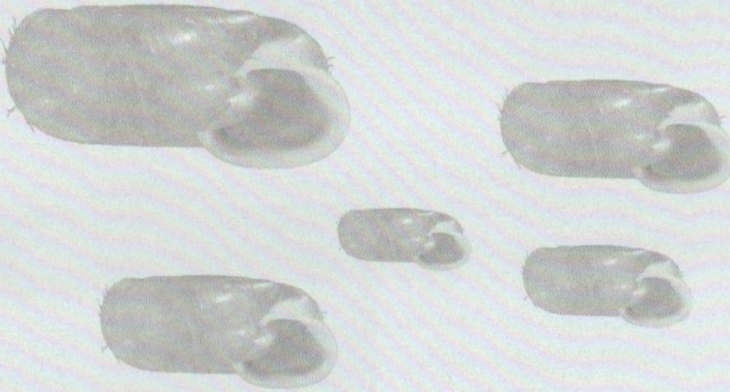

Familie Helicodontidae

Riemenschnecken

Familie Helicodontidae: 1. *Helicodonta obvoluta*, zum Vergleich: 2. Familie Helicidae (*Causa holosericea*)

Die Helicodontidae leben in Europa und Westasien. Die Familie umfasst einige Arten, viele sind mittelgroß und haben braune und mehr oder weniger abgeflachte Gehäuse. Sie wurden früher zu den Helicidae gestellt und jetzt als eigene Familie abgetrennt. In Deutschland kommt nur eine Art vor.

Helicodonta obvoluta

Helicodonta obvoluta (O. F. MÜLLER 1774)
Riemenschnecke

Merkmale: Das Gehäuse von *H. obvoluta* ist von oben gesehen rund, die Oberseite ist flach, das Gewinde etwas eingesenkt. Die 6–7 Umgänge sind eng aufgewunden, die Naht ist tief. Der letzte Umgang ist gleichmäßig gerundet und nicht geschultert. Die Unterseite ist recht flach und weist einen tiefen perspektivischen Nabel auf. Die Mündung ist eckig, der Mundrand kallös verdickt, die Außenlippe etwas umgeschlagen. In der Mündung sind außen und teilweise auch unten Verdickungen vorhanden, durch die die Mündung in drei Buchten unterteilt wird. Die Gehäuse von Jungtieren sind dicht und lang behaart, die Haare fehlen bei erwachsenen Tieren oft. Die Gehäusefärbung ist braun. Maße: 5–7 × 11–12 mm.

Formen im Gebiet und ähnliche Arten: Die Art ist im Gebiet wenig veränderlich. *Causa holosericea* ist durch kräftige Mündungsbezahnung und geschulterte abgeflachte Umgänge unterschieden. In der Schweiz kommt eine weitere Art der Gattung *Helicodonta* vor.

Lebensraum: *H. obvoluta* bevorzugt kalkhaltige Böden und lebt in Wäldern oder unter Gebüsch.

Gefährdung (RL-D 2012): * – Ungefährdet.

Verbreitung im Gebiet: *H. obvoluta* ist in Deutschland weit verbreitet, jedoch auf die mittleren und südlichen Regionen beschränkt. Außerdem kommt sie in Quellgebieten in Schleswig-Holstein an zwei isolierten Standorten vor, die aus postglazialen Warmzeiten erhalten sind. (VT: süd-mitteleuropäisch).

Weiterführende Literatur: Anatomie GITTENBERGER et al. 1984, SCHILEYKO 2005

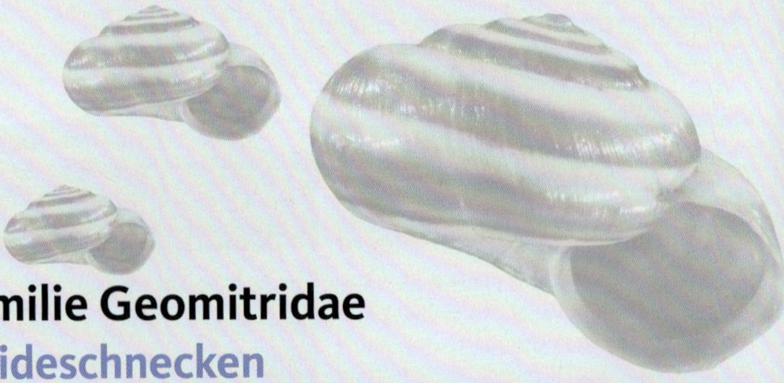

Familie Geomitridae
Heideschnecken

Familie Geomitridae: 1. *Cochlicella acuta*, 2. *Candidula unifasciata*, 3. *Xeroplexa intersecta*, 4. *Backeljaja gigaxii*, 5. *Cernuella virgata*, 6. *Cernuella cisalpina*, 7. *Cernuella neglecta*, 8. *Cernuella aginnica*, 9. *Xerotricha conspurcata*, 10. *Helicella itala*, 11. *Helicella bolenensis*, 11. *Xeropicta derbentina*, 13. *Xerolenta obvia*, 14. *Xerocrassa geyeri*, 15. *Helicopsis striata*.

Die Geomitridae leben von Europa und Nordafrika bis nach Zentralasien. Die Familie umfasst sehr zahlreiche Arten, bei denen in sehr vielen Fällen anatomische oder molekulargenetische Untersuchungen zur sicheren Bestimmung nötig sind. Jungtiere können Conchin-Haare auf dem Gehäuse aufweisen. Die Tiere werden sehr häufig verschleppt, neben zahlreichen Neozoen-Arten kommen auch einige ursprünglich einheimische vor. Die Vertreter der Geomitridae sind zumeist noch nicht vollständig erforscht, viele Arten sind variabel und schwer zu bestimmen.

Die Tiere klettern oft an Felsen, Mauern, Bäumen, Kräutern oder aufrecht stehenden Gegenständen. Lebende Tiere einiger Trockenrasenarten sind bei trockener Witterung oft sehr verborgen, von ihnen sind leere Gehäuse, auch wegen ihrer Größe, meist leicht zu finden.

Candidula unifasciata

Cernuella neglecta

Zu den Heideschnecken gehört seit neuerer Zeit auch die Gattung Cochlicella. Die nur wenige Arten umfassende Gruppe der Spitzschnecken wurde früher zu den Helicidae gerechnet und wurde dann als eigene Familie abgetrennt. Aktuell werden die Tiere bei den Geomitridae eingeordnet. Die trockenheitsliebenden Arten sind überwiegend mediterran und westeuropäisch verbreitet und leben oft in Küstennähe. In Deutschland ist das Vorkommen der Spitzschnecken auf den ostfriesischen Inseln oder auf Helgoland zu erwarten, vermutlich lebt *Cochlicella acuta* bereits im Küstenbereich der deutschen Nordsee.

Cochlicella acuta (O. F. MÜLLER 1774)

Schlanke Spitzschnecke

Merkmale: Das Gehäuse ist rechtsgewunden, hochgetürmt kegelig und weiß bzw. hell-beige mit mehr oder weniger ausgeprägter bräunlicher oder schwärzlicher Zeichnung. Auch ganz weiße Exemplare kommen vor. Die Umgänge sind etwas konvex, die Nähte wenig tief. Der Mündungsrand ist nicht verdickt, sondern scharfrandig und zerbrechlich. Bei Jungtieren sind die Umgänge gekantet. Maße: ca. 10–20 (selten bis 30) × 4–7 mm.

Formen im Gebiet und ähnliche Arten: Die Art ist in der Farbzeichnung sehr variabel.

Lebensraum: *C. acuta* lebt überwiegend auf kalkreichen Meeresdünen.

Gefährdung (RL-D 2012): nicht gelistet.

Verbreitung im Gebiet: *C. acuta* ist atlantisch und mediterran weit verbreitet und kommt oft häufig vor, in Deutschland ist die Art an der Nordseeküste zu erwarten. (VT: mediterran und atlantisch).

Weiterführende Literatur: Anatomie GROSSU 1983, SCHILEYKO 2004

Candidula unifasciata (POIRET 1801)
Quendelschnecke

Andere Namen: *Helicella unifasciata*

Merkmale: Das Gehäuse von *C. unifasciata* ist klein, weiß, gedrückt kugelig bis kugelig und kräftig und mehr oder weniger gleichmäßig gerippt. Das Gehäuse ist meist deutlich breiter als hoch und das dünne braune Band direkt oberhalb der Peripherie meist vorhanden. Die Umgänge sind durch eine tiefe Naht getrennt. Die Mündung ist queroval, die Lippe meist kräftig verdickt. Der Nabel ist mäßig weit und etwas exzentrisch. Es kommen auch Populationen mit unregelmäßiger Rippung und schwacher Lippe vor, die *Xerocrassa geyeri* sehr ähneln. Für neue oder nicht abgesicherte Standorte wird die anatomische Bestimmung empfohlen. Maße: 3–6 × 5–9 mm.

Formen im Gebiet und ähnliche Arten: Die Art ist in der Schalendicke, Intensität und Gleichmäßigkeit der Rippung, Ausbildung der Innenlippe, sowie Größe und Ausbildung der dunklen Peripheriebänderung variabler als in den Beschreibungen in der üblichen Bestimmungsliteratur angegeben. Verwechslungen sind mit *Xerocrassa geyeri*, *Helicopsis striata* und seltener auch mit *Xeroplexa intersecta* möglich.

Lebensraum: *C. unifasciata* bewohnt offene Trockenrasenstandorte und bevorzugt kalkreiche Böden, auch auf Felsen.

Gefährdung (RL-D 2012): 2 – Stark gefährdet.

Verbreitung im Gebiet: *C. unifasciata* lebt zerstreut bis vereinzelt im mittleren und südlichen Deutschland, im Norden kommt die Art praktisch nur synanthrop vor. (VT: west-mitteleuropäisch).

Weiterführende Literatur: Anatomie GITTENBERGER et al. 1984, SCHILEYKO 2005

Xeroplexa intersecta (Poiret 1801)
Gefleckte Heideschnecke

Andere Namen: *Candidula intersecta, Candidula caperata* (Montagu 1803), *Helicella intersecta*

Merkmale: Das Gehäuse von *X. intersecta* ist gedrückt kugelig, deutlich breiter als hoch, meist weiß-braun gefleckt bzw. gestreift und kräftig unregelmäßig gerippt. Die 5–6½ Umgänge sind durch eine nicht sehr tiefe Naht getrennt, die Peripherie ist etwas geschultert, bei jüngeren Tieren gekantet. Die rundliche Mündung ist am Rand durch eine deutliche weiße Lippe verstärkt. Es kommen zahlreiche Färbungsvarianten zwischen ganz weiß und ganz braun vor. Meist ist das Gehäuse weißlich oder hell bräunlich gefärbt und mit dunklen Spiralstreifen oder spiralig angeordneten Flecken gezeichnet. Der Nabel ist mäßig weit und wenig exzentrisch. Für neue oder nicht abgesicherte Standorte wird die anatomische Bestimmung empfohlen.
Maße: 5–8 × 7–13 mm.
Formen im Gebiet und ähnliche Arten: Die Art ist in Rippung, Ausprägung der Lippe und Färbung sehr variabel. Verwechslungen sind mit den anderen Arten der Familie, insbesondere *Backeljaja gigaxii* und *Cernuella cisalpina* möglich.
Lebensraum: *X. intersecta* bewohnt die verschiedensten mehr oder weniger offenen Biotope, sie lebt gerne auf Trockenrasen, aber auch in geeigneten Gärten oder auf Ruderalstandorten. Sie bevorzugt kalkreiche Böden.
Gefährdung (RL-D 2012): * – Ungefährdet.
Verbreitung im Gebiet: *X. intersecta* hat sich seit vielen Jahrzehnten von Westeuropa nach Norddeutschland ausgebreitet, geeignete Biotope im östlichen Schleswig-Holstein sind inzwischen dicht besiedelt. Die Art breitet sich von Norden nach Süden auch in die weiteren Bundesländer aus. Sie wird wie viele Arten der Ruderalstandorte häufig verschleppt. (VT: westeuropäisch).
Weiterführende Literatur: Anatomie Gittenberger et al. 1984

Backeljaja gigaxii (L. Pfeiffer 1850)
Helle Heideschnecke

Andere Namen: *Candidula gigaxii, Helicella gigaxii, Helicella heripensis* (Mabille 1877)

Merkmale: Das Gehäuse von *B. gigaxii* ist recht breit, das Gewinde niedrig und der letzte der 5–5½ Umgänge meist deutlich erweitert. Die Peripherie ist recht wenig geschultert, das Gehäuse insgesamt fein und unregelmäßig gestreift bis gerippt. Die Färbung des Gehäuses ist weißlich bis hell-bräunlich, oft ist eine schwache, braune, unterbrochene Spiralzeichnung vorhanden. Insgesamt sind die Kontraste schwächer als bei *Xeroplexa intersecta* und die Rippenstreifung ist feiner. Der Nabel ist recht weit und charakteristisch exzentrisch.

Maße: 4–8 × 6–15 mm.

Formen im Gebiet und ähnliche Arten: Die Art ist in der Erweiterung des letzten Umganges, der Intensität der Rippung und der Färbung etwas variabel. Verwechslungen sind mit den anderen Arten der Familie möglich. Für neue oder nicht abgesicherte Standorte wird die anatomische Bestimmung empfohlen.

Lebensraum: *B. gigaxii* bewohnt trockene, offene und oft kalkreiche Standorte. Sekundär lebt sie auf Ruderalflächen.

Gefährdung (RL-D 2012): 2 – Stark gefährdet.

Verbreitung im Gebiet: *B. gigaxii* ist in Deutschland bisher nur an sehr isolierten Standorten eingebürgert und breitet sich durch Verschleppung langsamer aus als einige andere Heideschnecken. Von einigen kleinen Fundgebieten, die schon seit mehr als 100 Jahren im östlichen Niedersachsen bekannt waren, hat sie inzwischen größere Areale besiedelt. (VT: westeuropäisch).

Weiterführende Literatur: Anatomie Gittenberger et al. 1984

Cernuella virgata (Da Costa 1778)

Mittelmeer-Heideschnecke

Andere Namen: *Helicella virgata, Helicella variabilis* (Draparnaud 1801)

Merkmale: Das Gehäuse von *C. virgata* ist gedrückt kugelig bis kugelig, das Gewinde meist recht hoch und konisch. Die 5–7 konvexen Umgänge sind an der Peripherie gerundet. Der Nabel ist eng, der Mundsaum gattungstypisch rötlich bis bräunlich. Die Lippe ist in Spindelnähe etwas umgeschlagen und verdeckt so einen kleinen Teil des recht engen Nabels. Meist ist das Gehäuse weiß gefärbt und weist braune Spiralbänder auf. Vollständig weiße Gehäuse oder solche mit hyalinen Bändern kommen vor. Typisch gezeichnete Exemplare haben ein breites braunes Peripherieband und mehrere Spiralbänder auf der Basis.
Maße: 4–8 × 6–15 mm.
Formen im Gebiet und ähnliche Arten: Die Art ist in Größe, relativer Gehäusehöhe, Färbung und Rippung äußerst variabel. Verwechslungen sind, vor allem bei untypischen Exemplaren, mit verschiedenen anderen Heideschnecken möglich. Die anatomische Absicherung der Bestimmung wird empfohlen.
Lebensraum: *C. virgata* bewohnt trockene, offene und kalkreiche Standorte, sehr gerne in Küstennähe. Sekundär lebt sie auf Ruderalflächen.
Gefährdung (RL-D 2012): R – Extrem selten.
Verbreitung im Gebiet: *C. virgata* war in der Nähe von Kiel eingebürgert, ihr Siedlungsgebiet wurde später bebaut. Inzwischen wurden an einem Standort in Baden und in Norddeutschland (unter anderem auf Helgoland) vereinzelte überdauernde Populationen festgestellt. *C. virgata* breitet sich aus. (VT: mediterran-westeuropäisch).
Weiterführende Literatur: Anatomie Clerx & Gittenberger 1977, Grossu 1983, Gittenberger et al. 1984, Schileyko 2005

Cernuella cisalpina (Rossmässler 1837)
Ödland-Heideschnecke

Andere Namen: *Cernuella jonica* (Mousson 1854)

Merkmale: Das Gehäuse von *C. cisalpina* ist gedrückt rundlich, die 5–6 Umgänge sind gewölbt und an der Peripherie abgerundet. Insgesamt weist das Gehäuse eine recht kräftige unregelmäßige Rippung auf. Die Färbung ist meist bräunlich, eine leichte Spiralzeichnung ist oft vorhanden, zum Beispiel helle Streifen an der Peripherie oder unter der Naht und etwas dunklere Streifen, die die hellen begrenzen. Der Nabel ist offen und recht eng. Die gattungstypisch rote Mündung mit etwas umgebogenem Mündungsrand hilft, die Tiere von *Xeroplexa intersecta* zu unterscheiden. Der Tierkörper ist meist grauschwarz, insgesamt wirkt die Art im Gelände dunkler als andere Heideschneckenarten.
Maße: 6,5–9 × 8–12 mm.
Formen im Gebiet und ähnliche Arten: Die Art ist in relativer Gehäusehöhe, Färbung und Rippung recht variabel. Verwechslungen sind, vor allem bei untypischen Exemplaren, mit verschiedenen anderen Heideschnecken möglich. Für neue oder nicht abgesicherte Fundorte wird die anatomische Bestimmung empfohlen.
Lebensraum: *C. cisalpina* bewohnt trockene, offene Standorte, gerne an Küstendünen oder Deichen.
Gefährdung (RL-D 2012): nb – Nicht bewertet.
Verbreitung im Gebiet: *C. cisalpina* ist seit einigen Jahrzehnten an der Ostseeküste Schleswig-Holsteins und Mecklenburg-Vorpommerns eingebürgert. (VT: mediterran).
Weiterführende Literatur: Anatomie Clerx & Gittenberger 1977

Cernuella neglecta (Draparnaud 1805)
Rotmündige Heideschnecke

Andere Namen: *Helicella neglecta*

Merkmale: *C. neglecta* hat ein niedriges Gewinde mit geradem bis konvexem Rand. Die Umgänge sind durch flache Nähte getrennt, der Nabel ist recht weit (¼ bis ⅕ der Gehäusebreite). Die Mündung ist rundlich, der Mündungsrand ist scharf, wenig verdickt und kaum umgeschlagen. Die Lippe ist rötlich gefärbt. Das Gehäuse ist insgesamt recht dickschalig, weiß, opak und fast glatt. Eine braune Spiralbänderung ist meist vorhanden, überwiegend unter der Peripherie und auf der Basis.
Maße: 6–10 × 9–18 mm.
Formen im Gebiet und ähnliche Arten: Die Art ist in Färbung und Gehäusehöhe recht variabel. Für eine sichere Bestimmung von lebenden Tieren wird eine anatomische Untersuchung empfohlen. *C. neglecta* ähnelt den anderen großen Heideschneckenarten. Vor allem ausgeblichene Leergehäuse oder solche, bei denen der rötliche Mündungsrand noch nicht fertig ausgebildet ist, können auch mit *Helicella itala* verwechselt werden, deren Nabel weiter ist.
Lebensraum: *C. neglecta* lebt auf Trockenstandorten, sowohl auf natürlichen Trockenrasen, wie auch an Straßenrändern oder auf Brachflächen.
Gefährdung (RL-D 2009): nb – Nicht bewertet.
Verbreitung im Gebiet: *C. neglecta* kommt in Deutschland nur sporadisch vor, seit längerem sind vereinzelte Populationen im Südwesten und in Ostdeutschland bekannt. Einzelfunde wurden auch in anderen Regionen festgestellt. (VT: mediterran).
Weiterführende Literatur: Anatomie Clerx & Gittenberger 1977, Gittenberger et al. 1984, Wiktor 2004, Schileyko 2005

Cernuella aginnica (LOCARD 1882)

Französische Heideschnecke

Merkmale: Das gedrückt konische Gehäuse von *C. aginnica* ist weißlich bis hell bräunlich, etwas dunklere, teilweise in Flecken aufgelöste Spiralbänder sind meist nur schwach ausgeprägt. Die Umgänge sind gleichmäßig gerundet, der Nabel ist recht breit, er nimmt etwa ⅙ der Gehäusebreite ein. Die Basis ist recht eng spiralgestreift. Die Gehäuseoberfläche weist schwache radiale Anwachsstreifen auf und ist etwas glänzend. Der Mündungsrand ist nur wenig umgeschlagen, die rötliche Mündung ist innen durch eine etwas kallöse und oft hellere Lippe verstärkt.

Maße: 7–12 × 10–19 mm.

Formen im Gebiet und ähnliche Arten: Die Art ist mit den anderen Vertretern der Gattung *Cernuella* zu verwechseln, das Gehäuse von *C. virgata* ist höher, von *C. neglecta* meistens etwas flacher mit tieferen Nähten, von *C. cisalpina* stärker gerippt. *C. aginnica* ist meistens gelblich gefärbt. Für die sichere Bestimmung ist eine anatomische Untersuchung nötig.

Lebensraum: *C. aginnica* bewohnt offene grasige oder vegetationsarme Lebensräume, häufig in Küstennähe. Gerne werden Dünenstandorte besiedelt.

Gefährdung (RL-D 2012): nicht genannt. (Als Neozoon unter nb – Nicht bewertet zu führen).

Verbreitung im Gebiet: In Deutschland wurde *C. aginnica* bisher nicht sicher nachgewiesen. In den Niederlanden gibt es einige eingeschleppte Vorkommen, so dass die ersten Funde in küstennahen Biotopen in Deutschland zu erwarten sind. (VT: südwesteuropäisch).

Weiterführende Literatur: Anatomie CLERX & GITTENBERGER 1977, GITTENBERGER et al. 1984

Xerotricha conspurcata (DRAPARNAUD 1801)
Haarige Heideschnecke

Andere Namen: *Helicella conspurcata*

Merkmale: Die Grundfarbe des gedrückt konischen Gehäuses von *X. conspurcata* ist hell-bräunlich, meist mit etwas dunklerer bräunlicher Spiral-Fleckenzeichnung oder weißlichen Flecken. Die Umgänge sind gewölbt, die Nähte tief. Die Peripherie ist etwas geschultert, sie liegt deutlich oberhalb der Mitte des Umgangs. Der offene Nabel ist recht eng, die Mündung nicht nach außen krempenartig umgeschlagen und ohne kallöse Lippe. Das Gehäuse ist regelmäßig rippenstreifig, kurze gebogene Haare sind bei Jungtieren zahlreich, bei erwachsenen Gehäusen meist noch vorhanden, manchmal bis auf die Haarnarben erodiert.
Maße: 3–5 × 5–8 mm.
Formen im Gebiet und ähnliche Arten: Die Art ist in ihrem großen mediterranen Verbreitungsgebiet in Färbung, Behaarung und Schulterung des letzten Umganges etwas variabel. In Deutschland wurde die sehr ähnliche, etwas weiter genabelte *Microxeromagna lowei* (POTIEZ & MICHAUD 1838) noch nicht nachgewiesen.
Lebensraum: *X. conspurcata* bewohnt teilweise geschütztere Standorte als die anderen Heideschnecken.
Gefährdung (RL-D 2012): nicht genannt. (Als Neozoon unter nb – Nicht bewertet zu führen).
Verbreitung im Gebiet: In Deutschland lebt *X. conspurcata* eingeschleppt an einem Standort in Baden-Württemberg. Weitere Einzelfunde wären nicht überraschend. (VT: westeuropäisch).
Weiterführende Literatur: Anatomie SCHILEYKO 2005

Helicella itala (LINNAEUS 1758)
Gemeine Heideschnecke

Andere Namen: *Helicella ericetorum* (O. F. MÜLLER 1774)

Merkmale: Das Gehäuse von *Helicella itala* ist flach und weiß oder hell bräunlich. Das Gewinde ist sehr niedrig, das Gehäuse insgesamt gedrückt, die Umgänge sind durch eine flache Naht getrennt. Der letzte Umgang ist gerundet, der sehr weite Nabel nimmt etwa ⅓ der Gehäusebreite ein. Die Endwindung senkt sich leicht ab, der Mündungsbereich ist deutlich herabgezogen. Die Mündung ist elliptisch, die Lippe kaum verdickt, der Mündungsrand meistens etwas nach außen erweitert. Das weiße Gehäuse weist oft braune Spiralbänder auf, von denen ein breites Band oberhalb der Peripherie und mehrere schmalere auf der Basis angelegt sind.

Maße: 5–12 × 9–25 mm.

Formen im Gebiet und ähnliche Arten: Die Art ist in Färbung und Gehäusegröße recht variabel. Verwechslungen sind mit den anderen großen Heideschneckenarten möglich. Eine kleine Form mit verdrehtem Liebespfeil, *Helicella* cf. *ericetella* (JOUSSEAUME 1878) wurde unter anderem in Baden-Württemberg nachgewiesen, ihre Stellung ist unklar.

Lebensraum: *H. itala* lebt auf Trockenrasen und bevorzugt Kalkstandorte.

Gefährdung (RL-D 2012): 3 – Gefährdet.

Verbreitung im Gebiet: In Deutschland lebt *H. itala* vor allem im Westen, im Osten und Norden ist sie selten. Insgesamt gehen die Bestände zurück. (VT: westeuropäisch).

Weiterführende Literatur: Anatomie GITTENBERGER et al. 1984, SCHILEYKO 2005, div. Weichtier des Jahres 2019, FALKNER & ROSENBAUER 2021

Helicella bolenensis (LOCARD 1882)
Kugelige Heideschnecke

Andere Namen: *Helicella bolli* (STEUSLOFF 1908)

Merkmale: Das Gehäuse von *Helicella bolenensis* ist kugeliger als das der anderen heimischen Heideschnecken. Die 5½ gewölbten Umgänge sind an der Peripherie schwach geschultert, das Gewinde ist konisch. Der Nabel ist mit ca. ⅙ der Gehäusebreite relativ eng, die Mündung rundelliptisch und ihr Mundsaum durch eine kräftige weiße Lippe verstärkt. Die Gehäuseoberfläche ist deutlich gestreift, jedoch nicht so kräftig gerippt wie bei Tieren der Gattung *Candidula*. Das Gehäuse ist weiß oder mit einem schwachen bräunlichen Spiralband an bzw. unterhalb der Peripherie gezeichnet.
Maße: 6,5–11 × 8–14 mm.
Formen im Gebiet und ähnliche Arten: Die Art ist recht wenig variabel.
Lebensraum: *H. bolenensis* lebt auf Trockenrasen.
Gefährdung (RL-D 2012): 1 – Vom Aussterben bedroht.
Verbreitung im Gebiet: Vorkommen von *H. bolenensis* in Deutschland sind seit langem bekannt. Die Art wurde jedoch weiterhin nur sporadisch gefunden und hat sich nicht so erfolgreich ausgebreitet wie einige andere eingeschleppte Heideschnecken. Die sehr vereinzelten etablierten Vorkommen liegen vor allem im Nordosten und Südwesten. (VT: südosteuropäisch).
Weiterführende Literatur: KERNEY et al. 1983, Anatomie STEUSLOFF 1908

Xeropicta derbentina (KRYNICKI 1836)
Steppen-Heideschnecke

Andere Namen: *Helicella derbentina*

Merkmale: Das Gehäuse von *Xeropicta derbentina* ist flach und weiß mit bräunlicher Fleckung, seltener auch einfarbig weiß. Es ist für Heideschnecken verhältnismäßig dickschalig und glänzend. Das Gewinde ist niedrig, das Gehäuse insgesamt gedrückt, die Umgänge sind durch eine recht tiefe Naht getrennt. Der letzte Umgang ist gerundet, der etwas asymmetrische Nabel nimmt etwa ⅕ der Gehäusebreite ein. Die Endwindung und der Mündungsbereich sind ein wenig herabgezogen. Ein innenliegender weißer verdickter Mündungskallus verstärkt die Mündung vor dem dünnen Mündungsrand. Meist vorhandene braune Spiralbänder sind teilweise zu Punktreihen aufgelöst, das Band oberhalb der Peripherie ist das stärkste und durchgehendste. Manchmal sind drei oder mehr schmale Spiralbänder auf der Basis vorhanden und charakteristisch ist ein zu Flecken aufgelöstes Band direkt unterhalb der Naht.

Maße: 7–12 × 12–20 mm.

Formen im Gebiet und ähnliche Arten: Die Art ist in Färbung und Gehäusegröße variabel. Verwechslungen mit den anderen großen Heideschneckenarten sind möglich. Wie bei den meisten Heideschnecken ist die anatomische oder molekulargenetische Bestimmung nötig bzw. wünschenswert.

Lebensraum: *X. derbentina* lebt auf trockenen Ruderalstandorten, sie wurde in Deutschland sehr vereinzelt in Mecklenburg-Vorpommern und Sachsen-Anhalt nachgewiesen.

Gefährdung (RL-D 2012): nicht genannt. (Als Neozoon unter nb – Nicht bewertet zu führen).

Verbreitung im Gebiet: In Deutschland wurde *X. derbentina* bisher nur vereinzelt eingeschleppt. (VT: ursprünglich vermutlich kaukasisch).

Weiterführende Literatur: Menzel-Harloff 2023

Xerolenta obvia (Menke 1828)
Weiße Heideschnecke

Andere Namen: *Helicella obvia, Helicella candicans* (L. Pfeiffer 1841)

Merkmale: Das Gehäuse von *Xerolenta obvia* ist weiß und sehr flach mit großem Nabel (ca. ¼ der Gehäusebreite). Gelbliche oder rötliche Töne, die bei *H. itala* recht häufig sind, fehlen *X. obvia*. Die Streifung des Gehäuses ist so fein, dass es fast glatt wirkt. Die Mündung ist rundlich, die Lippe nicht erweitert und kaum verdickt. Die Endwindung ist zur Mündung hin kaum abgesenkt. Die dunkelbraune Spiralbänderung des weißen Gehäuses ist meist schmaler als bei *H. itala*, insgesamt ist die Zeichnung oft kontrastreicher und mit weniger weichen Farbübergängen.
Maße: 7–10 × 14–20 mm.
Formen im Gebiet und ähnliche Arten: Die Art ist in Gehäusegröße und Bänderung etwas variabel. Verwechslungen sind mit den anderen großen Heideschneckenarten möglich.
Lebensraum: *X. obvia* lebt auf kalkreichen Trockenrasen. Sie überdauert Trockenphasen sehr gerne hoch an Pflanzen, auch an Kräutern.
Gefährdung (RL-D 2012): 3 – Gefährdet.
Verbreitung im Gebiet: *X. obvia* ist in den östlichen Gebieten verbreitet, strahlt aber nur sporadisch nach Westen aus oder wurde dort punktuell eingeschleppt. (VT: südosteuropäisch).
Weiterführende Literatur: Anatomie Wiktor 2004, Schileyko 2005

Xerocrassa geyeri (Soós 1926)
Zwerg-Heideschnecke

Andere Namen: *Trochoidea geyeri*

Merkmale: *Xerocrassa geyeri* ist eine kleine Heideschneckenart mit weißem bzw. weißbraun gebändertem Gehäuse, dessen kugelige Form und grobe Rippung als hauptsächliche Merkmale gelten. Die dunkelbraune Bänderung ist meist unterbrochen. Die Mündung ist rundlich, die Lippe nur schwach verstärkt. Die grobe und unregelmäßige Rippung unterscheidet die Art von *Candidula unifasciata*, dieses Merkmal ist allerdings keineswegs so konstant, wie es in manchen Publikationen dargestellt wird. Für eine sichere Bestimmung an Orten, an denen die Art noch nicht nachgewiesen wurde, ist anatomische Untersuchung nötig.

Maße: 3,5–5 × 5–8 mm.

Formen im Gebiet und ähnliche Arten: Die Art ist vor allem in der Zeichnung variabel. Sie ähnelt hohen Exemplaren von *Candidula unifasciata* und kleinen Tieren von *Helicopsis striata*.

Lebensraum: *X. geyeri* lebt auf Kalktrockenrasen.

Gefährdung (RL-D 2012): 1 – Vom Aussterben bedroht.

Verbreitung im Gebiet: *X. geyeri* kommt in Deutschland nur sehr vereinzelt vor, im Norden fehlt sie. (VT: west-mitteleuropäisch).

Weiterführende Literatur: Anatomie Kerney et al. 1983

Helicopsis striata (O. F. Müller 1774)
Gestreifte Heideschnecke

Andere Namen: *Helicella striata*, als Unterarten auch *H. s. austriaca* und *H. s. hungarica*

Merkmale: *H. striata* ist eine kleine Heideschneckenart mit recht kugeligem und grob geripptem Gehäuse. Die Färbung kann von weiß bis violettbraun variieren, am häufigsten sind weiße Gehäuse mit brauner, oft unterbrochener Bänderung. Die Mündung ist rundlich, die Lippe meist kräftig verstärkt, jedoch basal weniger verdickt als bei *Candidula unifasciata*. Alle Merkmale sind nicht so konstant, wie es in manchen Publikationen dargestellt wird. Für eine sichere Bestimmung an Orten, an denen die Art noch nicht nachgewiesen wurde, ist anatomische Untersuchung nötig.

Maße: 4,5–6,5 × 6–9 mm.

Formen im Gebiet und ähnliche Arten: Die Art ist im Bearbeitungsgebiet vor allem in der Zeichnung variabel. Verwechslungsmöglichkeiten bestehen z. B. mit *Candidula unifasciata* und *Xerocrassa geyeri*.

Lebensraum: *H. striata* lebt auf Trockenrasen mit Kalkgrund.

Gefährdung (RL-D 2012): 1 – Vom Aussterben bedroht.

Verbreitung im Gebiet: *H. striata* kommt in Deutschland nur sehr vereinzelt vor. (VT: mittel-osteuropäisch).

Weiterführende Literatur: Anatomie Grossu 1983, Kerney et al. 1983, Schileyko 2005

Familie Hygromiidae
Laubschnecken

1. *Perforatella bidentata*, 2. *Perforatella incarnata*, 3. *Perforatella vicina*, 4. *Urticicola umbrosus*, 5. *Pseudotrichia rubiginosa*, 6. *Hygromia cinctella*, 7. *Trochulus hispidus*, 8. *Tro-*

chulus alpicola, 9. *"Trochulus sericeus"*, 10. *Trochulus villosus*, 11. *Trochulus clandestinus*, 12. *Trochulus graminicola*, 13. *Trochulus coelomphala*, 14. *Trochulus striolatus*, 15. *Plicuteria lubomirskii*, 16. *Petasina unidentata*, 17. *Petasina edentula*, 18. *Euomphalia strigella*, 19. *Monacha cartusiana* und *Monacha claustralis*, 20. *Monacha cantiana*

Zur Familie der Hygromiidae wurden früher auch die Heideschnecken gerechnet, die jetzt als Familie Geomitridae abgetrennt werden. Hygromiidae leben von Europa und Nordafrika bis nach Zentralasien. Die Familie umfasst mehrere hundert Arten, bei denen in vielen Fällen anatomische Untersuchungen zur sicheren Bestimmung nötig sind. In dieser Familie sind typische Oberflächenstrukturen des Gehäuses und Haare auf dem Periostracum recht verbreitet. Die Gehäuse sind überwiegend einfarbig und teilweise transparent, so dass kontrastreich gezeichnete Mantelmuster des Weichkörpers durch die Schale scheinen. Neben Ubiquisten kommen auch in Mitteleuropa endemische Arten vor. Einige Gruppen (z. B. die Haarschnecken) sind noch nicht vollständig erforscht.
Manche der Arten klettern an Felsen, Mauern, Bäumen, Kräutern oder aufrecht stehenden Gegenständen, andere halten sich überwiegend verborgen unter Laub, liegendem Holz oder Felsen auf.

Monacha cantiana

Perforatella bidentata (Gmelin 1791)
Zweizähnige Laubschnecke

Andere Namen: *P. bidens* (Chemnitz 1786)

Merkmale: *P. bidentata* ist durch die konvex-konische Gehäuseoberseite mit 7–8 etwas gewölbten engen Umgängen gekennzeichnet. In der Mündungsansicht machen die beiden großen basalen Zähne der hellen stark verdickten Lippe die Art im Bearbeitungsgebiet unverwechselbar. Der äußere Mündungsrand ist nach einer Einschnürung kräftig krempenartig umgeschlagen. Der letzte Umgang ist oberhalb der Peripherie leicht geschultert, die Basis ist etwas abgeflacht. Der sehr enge Nabel ist durch den etwas umgebogenen Mündungsrand fast bedeckt. Das hornfarbene Gehäuse ist opak bis transparent, an der Peripherie und direkt unterhalb der Naht ist ein weißliches Spiralband vorhanden. Die Fleckung des Weichkörpers scheint meist durch das Gehäuse hindurch.
Maße: 5–7 × 6,5–8,5 mm.
Formen im Gebiet und ähnliche Arten: Die Art ist wenig variabel.
Lebensraum: *P. bidentata* lebt in feuchten bis nassen Wäldern, seltener in offenen Ried- oder Hochstaudenflächen. Sie kann am Boden oder kletternd in der Vegetation gefunden werden.
Gefährdung (RL-D 2012): 3 – Gefährdet.
Verbreitung im Gebiet: *P. bidentata* fehlt in Deutschland im westlichsten Bereich, ihr Vorkommen ist teilweise unzusammenhängend, ihre Bestände gehen vielerorts zurück. (VT: osteuropäisch).
Weiterführende Literatur: Anatomie Grossu 1983, Schileyko 2005

Perforatella incarnata (O. F. Müller 1774)

Rötliche Laubschnecke

Andere Namen: *Monacha incarnata, Monachoides incarnatus*

Merkmale: Das Gehäuse von *Perforatella incarnata* ist hornfarben, gelblich oder hell rötlich-braun. Die Gehäuseform ist gedrückt kugelig, die Lippe ist krempenartig umgeschlagen und meist (nicht immer) vom Rest des Gehäuses farblich abgesetzt und oft rötlich. Der Nabel ist eng (1/10 der Gehäusebreite) und vom umgeschlagenen Mundsaum fast bedeckt. Das einfarbige Gehäuse ist schwach und unregelmäßig gestreift. Es ist transparent, so dass beim lebenden Tier der kräftig dunkel gemusterte Tierkörper hindurchscheint und die Schnecke gefleckt erscheinen lässt. Unverwechselbar ist eine charakteristische Feinstruktur von sehr dicht angeordneten, spindelförmigen, winzigen Schüppchen.

Maße: 9–11 × 13–16 mm.

Formen im Gebiet und ähnliche Arten: *P. incarnata* ist wenig variabel. Ähnlich sind z. B. *Monacha cantiana* (ihr fehlt die Feinskulptur) oder die ungenabelte Art *Perforatella vicina*.

Lebensraum: *P. incarnata* lebt an meist gehölzbestandenen feuchten Standorten.

Gefährdung (RL-D 2012): * – Ungefährdet.

Verbreitung im Gebiet: *P. incarnata* ist weit verbreitet und meist häufig. Die Art bevorzugt reichere Böden, auf ärmeren Standorten ist sie seltener. (VT: mitteleuropäisch).

Weiterführende Literatur: Anatomie Grossu 1983, Gittenberger et al. 1984, Schileyko 2005

Perforatella vicina (Rossmässler 1842)
Südöstliche Laubschnecke

Andere Namen: *Monacha vicina, Monachoides vicinus*

Merkmale: *Perforatella vicina* ist *P. incarnata* sehr ähnlich, von dieser aber durch den geschlossenen Nabel und die etwas gröbere Feinskulptur, deren Schüppchen breiter und eckiger sind, zu unterscheiden. Das kugelige Gehäuse mit konvex-konischer Oberseite ist durchscheinend hornfarben und fein gestreift, die Peripherie etwas opaker. Die Lippe ist meist heller gefärbt, oft weißlich.

Maße: 8,5–11,5 × 12–15,5 mm.

Formen im Gebiet und ähnliche Arten: Die Art ist wenig variabel. *P. incarnata* ist mit ihr zu verwechseln, Feinskulptur und Nabel sind charakteristisch.

Lebensraum: *P. vicina* lebt in feuchten Wäldern auf Kalkgrund.

Gefährdung (RL-D 2012): R – Extrem selten.

Verbreitung im Gebiet: *P. vicina* ist im Bearbeitungsgebiet auf eine kleine Region in der fränkischen Schweiz beschränkt. (VT: karpatisch).

Weiterführende Literatur: Anatomie Grossu 1983

Urticicola umbrosus (C. Pfeiffer 1828)
Schatten-Laubschnecke

Andere Namen: *Perforatella umbrosa, Zenobiella umbrosa*

Merkmale: Das Gehäuse von *Urticicola umbrosus* ist deutlich gedrückt, das Gewinde mehr oder weniger abgeflacht. Der letzte Umgang ist kräftig geschultert, an der Basis etwas gewölbt und bildet einen breiten perspektivischen Nabel, der ungefähr ¼ der Gehäusebreite umfasst. Die Feinskulptur besteht aus Knötchen, die perlschnurartig aneinandergereiht sind. Der Mündungsrand ist zerbrechlich und dünn, nicht kallös und etwas krempenartig umgeschlagen.
Maße: 5,5–7 × 10–13 mm.
Formen im Gebiet und ähnliche Arten: Die Art ist wenig variabel. Ähnlichen *Trochulus*-Arten fehlt die Feinskulptur.

Lebensraum: *U. umbrosus* bewohnt Feuchtbiotope im Gebirge und Hügelland.
Gefährdung (RL-D 2012): V – Vorwarnliste.
Verbreitung im Gebiet: *U. umbrosus* ist in Deutschland auf die südöstlichen Regionen beschränkt. (VT: karpatisch-ostalpin).
Weiterführende Literatur: Anatomie Grossu 1983, Schileyko 2005

Pseudotrichia rubiginosa (Rossmässler 1838)
Ufer-Laubschnecke

Andere Namen: *Perforatella rubiginosa*

Merkmale: *Pseudotrichia rubiginosa* besitzt ein kugeliges braunes Gehäuse mit charakteristischen feinen gebogenen Haaren. Diese sind allerdings bei erwachsenen Tieren oder Leergehäusen nicht immer erhalten. Das Gehäuse ist seidig glänzend, durchscheinend und weist nur einen engen Nabel auf. Der Mündungsrand ist scharf, eine verdickte Lippe ist nicht ausgebildet.

Maße: 4,5–5 × 6–8 mm.

Formen im Gebiet und ähnliche Arten: Die Art ist wenig variabel, aber merkmalsarm, so dass Verwechslungen mit *Trochulus*-Arten oder sogar Jungtieren größerer Arten, wie *Arianta arbustorum*, vorkommen könnten. Im Vergleich zu den größeren Verwandten ist das Embryonalgewinde bei *P. rubiginosa* kleiner.

Lebensraum: *P. rubiginosa* lebt vor allem in verschiedenen Feucht- und Nassbiotopen der Flussauen, gerne direkt am Boden in Gewässernähe.

Gefährdung (RL-D 2012): 2 – Stark gefährdet.

Verbreitung im Gebiet: *P. rubiginosa* ist in Deutschland vor allem entlang der großen Flüsse verbreitet und oft nicht häufig. (VT: osteuropäisch-sibirisch).

Weiterführende Literatur: Anatomie Grossu 1983, Gittenberger et al. 1984, Schileyko 2005

Hygromia cinctella (DRAPARNAUD 1801)
Kantige Laubschnecke

Merkmale: *H. cinctella* besitzt ein grünlich-gelblich hornfarbenes Gehäuse, dessen Peripherie heller, opak und kräftig gekielt ist. Die Oberseite des kugeligen Gehäuses ist konisch, die Umgänge sind nur wenig gewölbt, die Nähte flach. Der Nabel ist sehr eng und fast geschlossen, der Mündungsrand nicht kallös verdickt und nur an der Spindel etwas umgeschlagen. Maße: 6–7 × 10–12 mm.

Formen im Gebiet und ähnliche Arten: Die Art ist in der Ausprägung des peripheren Kiels etwas variabel.

Lebensraum: *H. cinctella* ist im Gebiet vorwiegend synanthrop verbreitet, ursprünglich lebt sie auch in Wäldern und Hecken.

Gefährdung (RL-D 2012): nb – Nicht bewertet.

Verbreitung im Gebiet: *H. cinctella* ist in Deutschland vereinzelt eingeschleppt worden und breitet sich inzwischen stark aus, anfangs vor allem in Baden-Württemberg, Bayern, Nordrhein-Westfalen und Niedersachsen, inzwischen in fast allen Bundesländern. Teilweise ersetzt sie ehemals ubiquiste und häufige *Trochulus*. (VT: mediterran).

Weiterführende Literatur: Anatomie SCHILEYKO 2005, div. BECKMANN & KOBIALKA 2008, NEIBER & HAACK 2019

Trochulus hispidus (LINNAEUS 1758)
Gemeine Haarschnecke

Andere Namen: *Trichia hispida*

Merkmale: *T. hispidus* besitzt ein gedrücktes bis kugeliges, braunes bis hell hornfarbenes Gehäuse mit 6–7 Umgängen, bei denen die Peripherie oberhalb der Mitte liegt und meist eine leichte Schulterung aufweist. Die Unterseite ist wenig gewölbt bis flach, der Nabel umfasst bei typischen Tieren etwa ⅕ der Gehäusebreite, es kommen enggenabelte (⅛ der Breite) bis weitgenabelte (¼ der Breite) Populationen vor. Die etwas elliptische Mündung ist unten dem letzten Umgang entsprechend etwas abgeflacht, der Mündungsrand ist leicht krempenartig umgebogen. Die insgesamt recht schwach ausgeprägte Lippe ist im unteren Bereich kallös verstärkt und bildet einen charakteristischen weißlichen Wulst. Die unregelmäßig gestreifte Gehäuseoberfläche ist meist auch bei den erwachsenen Tieren mit Haaren des Periostracums besetzt. Wenn die Behaarung abgenutzt ist, sind im Nabelbereich meist Haare erhalten. Maße: 5–6 × 5–12 mm.

Formen im Gebiet und ähnliche Arten: Die Art ist sehr variabel und kann mit anderen Arten der Gattung verwechselt werden. Die Abgrenzung einiger ihr ähnlicher Formen ist noch nicht geklärt, selbst die Trennung von „*T. sericeus*" wird von einigen Wissenschaftlern diskutiert. Vermutlich verbergen sich unter den zur Zeit als *T. hispidus* bezeichneten Tieren mehrere kryptische Arten.

Lebensraum: *T. hispidus* lebt in den verschiedensten mäßig trockenen bis feuchten Lebensräumen, teilweise am Boden, aber auch sehr gerne kletternd in der Vegetation.

Gefährdung (RL-D 2012): * – Ungefährdet.

Verbreitung im Gebiet: *T. hispidus* ist in Deutschland überall verbreitet und meist häufig, im Gebirge wird die Art teilweise durch Verwandte ersetzt. (VT: europäisch).

Weiterführende Literatur: Anatomie GROSSU 1983, GITTENBERGER et al. 1984, WIKTOR 2004, SCHILEYKO 2005, PROĆKÓW 2009

Trochulus alpicola (EDER 1921)
Alpen-Haarschnecke

Andere Namen: *Trichia villosa alpicola*

Merkmale: *T. alpicola* besitzt ein niedrig konisches Gewinde mit gerundetem letzten Umgang (nicht leicht geschultert wie der meist flachere *T. villosus*). Die Nähte sind recht tief, der Nabel ist weit und perspektivisch. Die Lippe ist nur wenig verdickt und leicht krempenartig umgebogen. Wie bei *T. villosus* weist das Periostracum eine charakteristische wellige Mikro-Spiralskulptur auf. Die Haare des Periostracums sind kürzer als bei *T. villosus* (0,17–0,47 mm statt 0,6–1,5 mm).
Maße: 3,5–5 × 6,8–10 mm.
Formen im Gebiet und ähnliche Arten: Die Schnecken sind in Größe und Behaarung etwas variabel, sie wurden früher als Unterart oder Form zu *T. villosus* gestellt, ihr Status wird von einigen Autoren noch diskutiert.
Lebensraum: *T. alpicola* lebt in hochalpinen Rasen- und Felsbiotopen.
Gefährdung (RL-D 2012): R – Extrem selten.
Verbreitung im Gebiet: Die genaue Verbreitung von *T. alpicola* ist aufgrund ungenügender Kenntnis und Abgrenzung der alpinen Formen untereinander noch nicht geklärt, bisher wurden die Tiere im Bearbeitungsgebiet nur vereinzelt hochalpin nachgewiesen. (VT: alpin).
Weiterführende Literatur: GITTENBERGER & NEUTEBOOM 1991

„*Trochulus sericeus* (DRAPARNAUD 1801)“
Seiden-Haarschnecke

Andere Namen: *Trichia sericea*, *Trichia plebeia* auctt. non DRAPARNAUD 1805

Merkmale: „*T. sericeus*“ ist durch ein kugeliges braunes Gehäuse mit dichten, langen, gekrümmten Haaren und mit einem engen Nabel gekennzeichnet. Die im Vergleich zu *T. hispidus* rundlichere Mündung hat eine schwächer ausgeprägte Lippe, der basale kallöse Wulst fehlt.
Maße: 5–7 × 7–10 mm.
Formen im Gebiet und ähnliche Arten: Der Name wird hier provisorisch verwendet, die Abgrenzung der Art und die Revalidisierung des Namens sind weiterhin ungeklärt, selbst die Trennung von *T. hispidus* wird diskutiert. *T. plebeius* (DRAPARNAUD 1805) ist eine westalpine Art, die in Deutschland nicht vorkommt.
Lebensraum: „*T. sericeus*“ lebt in sehr unterschiedlichen Biotopen und bevorzugt feuchte bis nasse Standorte.
Gefährdung (RL-D 2012): * – Ungefährdet.
Verbreitung im Gebiet: Die Vorkommen sind aufgrund der Definitionsprobleme unklar, nach jetzigem Verständnis lebt „*T. sericeus*“ im Süden und in der Mitte Deutschlands und fehlt im Norden. (VT: alpin-mitteleuropäisch).
Weiterführende Literatur: Arbeitsgruppe Mollusken BW 2008, Anatomie GROSSU 1983, WIKTOR 2004

Trochulus villosus (Draparnaud, 1805)
Zottige Haarschnecke

Andere Namen: *Trichia villosa*

Merkmale: *T. villosus* besitzt ein niedriges Gewinde, der letzte Umgang ist meist leicht geschultert. Die Nähte sind tief, die Umgänge konvex, der Nabel ist weit und perspektivisch. Die Mündung ist elliptisch und höher als bei den anderen Arten der Gattung, jedoch oben und unten etwas abgeflacht. Eine leicht kallös verdickte Lippe liegt 1 mm vom Mündungsrand entfernt, dieser ist krempenartig umgebogen. Die Haare des Periostracums sind lang (meist zwischen 0,6–1,5 mm) und gebogen. Das Periostracum weist eine charakteristische wellige Mikro-Spiralskulptur auf. Das Gehäuse ist insgesamt unregelmäßig gestreift und seine Färbung ist zumeist hellbraun unter einem dunkelbraunen Periostracum. Maße: 6–8 × 10–14 mm.
Formen im Gebiet und ähnliche Arten: Die Schnecken sind in Größe und Behaarung etwas variabel, früher wurde *T. alpicola* als Unterart bezeichnet, er ist vermutlich als Art abzutrennen (s. unter *T. alpicola*). Große Exemplare von *T. striolatus* sind unbehaart, *U. umbrosus* weist eine abweichende Mikroskulptur auf.
Lebensraum: *T. villosus* lebt im Hügelland oder Gebirge in feuchten und schattigen Lebensräumen.
Gefährdung (RL-D 2012): V – Vorwarnliste.
Verbreitung im Gebiet: Die genaue Verbreitung von *T. villosus* ist aufgrund der noch nicht geklärten Abgrenzung zu *T. alpicola* im montanen Bereich noch nicht gesichert, insgesamt kommt *T. villosus* in Süddeutschland vor. Einzelne Vorkommen von eingeschleppten und etablierten Populationen sind aus anderen Bundesländern bekannt (z. B. in Mecklenburg-Vorpommern). (VT: nordwestalpin).
Weiterführende Literatur: Gittenberger & Neuteboom (1991), Anatomie Proćków 2009

Trochulus clandestinus (HARTMANN 1821)
Aufgeblasene Haarschnecke

Andere Namen: *Trichia clandestina*

Merkmale: *T. clandestinus* ist durch ein etwas konisch-konvexes Gehäuse mit recht schnell anwachsenden Umgängen gekennzeichnet, die letzte Windung ist auffällig aufgeblasen. Der Nabel ist vergleichsweise eng, nur die letzte Windung weitet ihn charakteristisch. Die Gehäusefärbung ist gelbgrau bis grünlichbraun, das Gehäuse ist schwächer gestreift. Die Lippe ist weniger ausgeprägt und weniger kallös als bei den genannten Arten, die Mündung ist wie die Peripherie des letzten Umganges rundlich.
Maße: 6–7 × 10–11 mm.
Formen im Gebiet und ähnliche Arten: Die Art ist offensichtlich wenig variabel, sie ist *T. striolatus* und dem in der benachbarten Schweiz häufigen *T. montanus* (STUDER 1820) sehr ähnlich. Der Nabel ist enger als bei typischen *T. striolatus* und *T. montanus*, die Lippe kallöser und die Mündung weniger rundlich. Die Art ist aber recht variabel. Eine sichere Unterscheidung ist anatomisch möglich.
Lebensraum: *T. clandestinus* lebt im Hauptverbreitungsgebiet in Bergwäldern, auch zahlreiche synanthrope Standorte sind bekannt, zum Beispiel in Gärten oder entlang von Verkehrswegen. Die Art bewohnt die Krautschicht, sie lebt teilweise auch an trockeneren Standorten.
Gefährdung (RL-D 2012): R – Extrem selten.

Verbreitung im Gebiet: Die Hauptvorkommen liegen in der Schweiz, Einzelfunde sind aus dem südwestlichsten Deutschland bekannt. (VT: nordalpin).
Weiterführende Literatur: Arbeitsgruppe Mollusken BW 2008, Anatomie PROĆKÓW 2009

Trochulus graminicola (Falkner 1973)
Halden-Haarschnecke

Andere Namen: *Trichia graminicola, Trochulus graminicolus*

Merkmale: *T. graminicola* ist durch ein sehr abgeflachtes, fast ebenes Gewinde gekennzeichnet. Der Nabel ist weit und perspektivisch, an der Mündung ist eine nur wenig verdickte und wenig umgeschlagene Lippe ausgebildet, in der Mündung ist an der Basis ein schwellenartiger Kallus deutlich. Die Gehäuseoberfläche ist recht deutlich gestreift. Die Mündung ist eckiger als bei den anderen Arten der Gattung.
Maße: 4,5–5,5 × 9,3–11 mm.
Formen im Gebiet und ähnliche Arten: Die Art ist offensichtlich nur in der Höhe des Gewindes ein wenig variabel und kann mit sehr flachen Exemplaren von *T. striolatus* verwechselt werden.
Lebensraum: *T. graminicola* lebt auf Waldlichtungen in der Krautvegetation von Hängen, sowohl auf Magerrasen als auch in frischeren Standorten mit höherer Vegetation.
Gefährdung (RL-D 2012): R – Extrem selten.
Verbreitung im Gebiet: Die Art ist in Baden-Württemberg an einzelnen Fundorten nachgewiesen worden. (VT: mitteleuropäisch).
Weiterführende Literatur: Falkner 1973, Fechter & Falkner 1989, Arbeitsgruppe Mollusken BW 2008

Trochulus coelomphala (LOCARD 1888)
Auen-Haarschnecke

Andere Namen: *Trichia coelomphala, Trochulus coelomphalus*

Merkmale: *T. coelomphala* ist durch ein sehr abgeflachtes Gewinde gekennzeichnet. Der Nabel ist weit und perspektivisch (¼ der Gehäusebreite), die Mündung mit einer nur wenig verdickten und wenig umgeschlagenen Lippe ausgebildet. Die Gehäuseoberfläche ist fein gestreift bis glatt und glänzend, das Gehäuse ist bräunlich oder gelblich gefärbt, der dunkle Tierkörper scheint am lebenden Tier hindurch. Jungtiere sind behaart, erwachsene Gehäuse mehr oder weniger haarlos.
Maße: 5 × 9–11 mm.
Formen im Gebiet und ähnliche Arten: Die Art wurde früher nicht von *T. hispidus* unterschieden oder diesem als Varietät zugeordnet, der Artstatus ist nicht vollständig geklärt.

Lebensraum: *T. coelomphala* lebt im Überschwemmungsbereich der Flüsse im Donaugebiet und bewohnt dort Feuchtbiotope, teilweise mit Gehölzbestand.

Gefährdung (RL-D 2012): R – Extrem selten.

Verbreitung im Gebiet: Die Art ist entlang der Donau recht verbreitet. (VT: alpin?).

Weiterführende Literatur: Arbeitsgruppe Mollusken BW 2008, FECHTER & FALKNER 1989, FALKNER & FALKNER 2008

Trochulus striolatus (C. Pfeiffer 1828)
Gestreifte Haarschnecke

Andere Namen: *Trichia striolata, Trichia rufescens* "Da Costa 1778"

Merkmale: Das Gehäuse von *T. striolatus* hat ein kegelig-konvexes bis fast abgeflachtes Gewinde mit 6 Umgängen, die Oberfläche ist unregelmäßig gestreift. Der letzte Umgang ist an der geschulterten Peripherie meist weniger durchscheinend und weist dadurch ein helleres Spiralband auf. Insgesamt ist das Gehäuse gelblich bis bräunlich und teilweise etwas transparent. Jungtiere sind behaart, erwachsene in aller Regel unbehaart. Die Mündung ist elliptisch, unten etwas abgeflacht, eine kallöse (meist weißliche) Lippe ist mit etwas Abstand vom leicht umgeschlagenen Mündungsrand ausgebildet, der Kallus scheint nach außen durch das Gehäuse. Der Nabel macht zwischen ⅛ und ⅕ der Gehäusebreite aus.
Maße: 6,5–9 × 11–14 mm.
Formen im Gebiet und ähnliche Arten: Die Art ist in Größe, Behaarung, Höhe des Gewindes und Weite des Nabels variabel, vermutlich kommt einigen der Formen Unterart- oder Artrang zu.
Lebensraum: *T. striolatus* lebt oft in naturnahen Biotopen, teilweise auch synanthrop. Er besiedelt verschiedene Lebensräume, wie Wälder, Hochstaudenflächen und Gebüsche und bevorzugt feuchte Standorte.
Gefährdung (RL-D 2012): * – Ungefährdet.
Verbreitung im Gebiet: Die Art ist im mittleren und südlichen Deutschland verbreitet und zum Teil häufig. (VT: nordwesteuropäisch-alpin).
Weiterführende Literatur: Arbeitsgruppe Mollusken BW 2008, div. Fechter & Falkner 1989

Plicuteria lubomirskii (Ślósarski 1881)

Böhmische Haarschnecke

Andere Namen: *Trichia lubomirskii, Trochulus lubomirskii*

Merkmale: Das Gehäuse von *P. lubomirskii* ist gelblichweiß und fein gestreift. Die 0,1 mm lange Behaarung ist bei den adulten Tieren schwach oder fehlt, es sind undeutliche dichte Haarnarben vorhanden. Das Gewinde ist kegelig erhoben, der Nabel sehr eng. Die Peripherie der etwa 5 Umgänge ist gerundet, die ebenfalls rundliche Mündung weist nur eine schwach ausgebildete oder fehlende Lippe auf.

Maße: 5,5–7 × 7–9 mm.

Formen im Gebiet und ähnliche Arten: Die Art ist im Bearbeitungsgebiet wenig variabel.

Lebensraum: *P. lubomirskii* lebt an feuchten Waldstandorten mit reichem Pflanzenwuchs.

Gefährdung (RL-D 2012): R – Extrem selten.

Verbreitung im Gebiet: Die Art strahlt aus ihrem östlichen Verbreitungsgebiet sehr vereinzelt nach Sachsen ein. (VT: karpatisch).

Weiterführende Literatur: Anatomie Grossu 1983, Schileyko 2005, div. Fechter & Falkner 1989, Proćków 2009

Petasina unidentata (DRAPARNAUD 1805)
Einzähnige Haarschnecke

Andere Namen: *Trichia unidentata, Trochulus unidentatus, Petasina monodon* (A. FÉRUSSAC 1807)

Merkmale: Das Gehäuse von *P. unidentata* besitzt ein konisch-konvexes Gewinde aus 6–7 Umgängen, deren Nähte nicht sehr tief eingeschnitten sind. Die Gehäusefärbung ist meist gelblichbraun bis rötlichbraun, recht häufig kommen albine Gehäuse vor. Die Peripherie des letzten Umgangs ist gerundet. Die Basis ist abgeflacht, der Nabel erreicht nur ⅛–⅒ des Gehäusedurchmessers. Die Lippe ist meist kallös verstärkt, gelblichweiß und basal ist ein deutlicher Zahn bzw. Höcker ausgebildet. Auch bei nicht ganz erwachsenen Tieren, bei denen die Lippe nur schwach verstärkt ist, ist der Zahn bereits kallös. Die Behaarung des Gehäuses ist bei den Jungtieren besonders dicht, bei erwachsenen Schnecken fehlen die Haare zum Teil, Haarnarben sind dann vorhanden.

Maße: 5–6 × 6–8 mm.

Formen im Gebiet und ähnliche Arten: Die Art ist etwas variabel, es wurden mehrere geographische Unterarten beschrieben. *P. edentula* ist durch engeren Nabel, gekantete Peripherie und fehlenden Zahn an der Mündungsschwelle unterschieden.

Nomenklatorische Probleme sollen hier nicht diskutiert werden, vorerst wird der etablierte Name weiterverwendet.

Lebensraum: *P. unidentata* bewohnt feuchte Bergwälder.

Gefährdung (RL-D 2012): 2 – Stark gefährdet.

Verbreitung im Gebiet: Die Art kommt in den Voralpen und Alpen, isoliert an wenigen Mittelgebirgsstandorten und vereinzelt in Sachsen vor. (VT: ostalpin-westkarpatisch).

Weiterführende Literatur: Anatomie GROSSU 1983, SCHILEYKO 2005, div. FECHTER & FALKNER 1989, PROĆKÓW 2009, Nomenklatur HAUSDORF 2021

Petasina edentula (DRAPARNAUD 1805)
Zahnlose Haarschnecke

Andere Namen: *Trichia edentula*, *Trochulus edentulus*

Merkmale: *P. edentula* ist in der Familie vergleichsweise klein. Ihr Gehäuse ist recht hoch mit konisch-konvexem Gewinde, dessen 7–8 Umgänge noch enger gewunden sind als bei *P. unidentata*. Die Basis ist flach, der fast geschlossene Nabel (östliche Tiere offener, westliche geschlossener) ist von einer ein wenig umgeschlagenen Lippe mehr oder weniger bedeckt. Die Mündung ist schlank-queroval, die deutliche, basal verstärkte Lippe bildet in der äußeren Hälfte der Mündung eine kallöse Verdickung. Ein deutlicher Mündungszahn (vgl. *P. unidentata*) ist nicht ausgebildet. Jungtiere sind schwach bis kräftig behaart, erwachsene Tiere können unbehaart sein.

Maße: 4,5–5,5 × 6–7 mm.

Formen im Gebiet und ähnliche Arten: Im Gebiet und in den Alpen wurden mehrere geographische Unterarten beschrieben. *P. unidentata* hat einen weiteren Nabel, eine gerundete Peripherie und den ausgeprägten basalen Mündungszahn.

Lebensraum: *P. edentula* bewohnt feuchte Bergwälder.

Gefährdung (RL-D 2012): 3 – Gefährdet.

Verbreitung im Gebiet: Die Art lebt in den Alpen, im Bayerischen Wald und seltener im Alpenvorland. (VT: ostalpin-westkarpatisch).
Weiterführende Literatur: Anatomie GROSSU 1983, div. FECHTER & FALKNER 1989

Euomphalia strigella (DRAPARNAUD 1801)
Große Laubschnecke

Merkmale: Das gedrückt-kugelige Gehäuse von *E. strigella* weist eine kräftige, unregelmäßige Streifung der Oberfläche auf. Die Färbung ist gelblich bis bräunlich, meist mit einem etwas helleren Spiralstreifen kurz oberhalb der Peripherie. Der weite Nabel (⅕ der Gehäusebreite) ist etwas exzentrisch. Die ovale Mündung ist unbezahnt, der Mündungsrand etwas umgeschlagen und eine weiße kallöse Lippe ist recht kräftig ausgebildet. Der letzte Umgang steigt zur Mündung deutlich herab. Maße: 10–12 × 12–18 mm.
Formen im Gebiet und ähnliche Arten: Die Art ist in Gehäusegröße und Höhe des Gewindes etwas variabel. *Monacha cantiana* hat einen kleineren Nabel, *Fruticicola fruticum* ebenfalls, diese ist außerdem meist kugeliger.
Lebensraum: *E. strigella* lebt an unterschiedlichen Standorten, gerne in Biotopen mit lichtem Gehölzbestand, auch in felsigen Regionen und auf Trockenrasen.
Gefährdung (RL-D 2012): G – Gefährdung unbekannten Ausmaßes.
Verbreitung im Gebiet: *E. strigella* ist in Deutschland weit verbreitet, im Süden recht häufig, im mittleren und nördlichen Bereich kommt sie nur lokal bis sporadisch vor. (VT: ost-mitteleuropäisch).
Weiterführende Literatur: Anatomie GROSSU 1983, SCHILEYKO 2005

Monacha cartusiana (O. F. Müller 1774)
Kartäuserschnecke

Merkmale: Das Gehäuse von *M. cartusiana* weist ein fast abgeflachtes bzw. flachkonisches Gewinde auf, von oben gesehen ist es rundlich. Der Mündungsrand ist meist rötlich oder rotbraun, daran schließt sich nach innen eine kräftige kallöse weiße Lippe an, die durch das Gehäuse nach außen hindurchschimmert. Der Mündungsrand ist kaum nach außen umgeschlagen. Der Nabel ist klein und stichförmig, manchmal fast vom umgeschlagenen Spindelrand bedeckt. Unterhalb der Naht ist das Gehäuse meistens weißlich und weniger transparent als der Rest des Umganges. Die Umgänge sind an der Peripherie gerundet, insgesamt ist das Gehäuse weißlichgelb bis hell rosabräunlich gefärbt, auf kalkreichem Boden und in trockenen Habitaten dickschaliger, heller und weniger transparent. Sehr kleine Jungtiere sind behaart. Auf der Mündungsseite des letzten Umgangs scheint in der Gattung *Monacha* außer der dunklen Mantelzeichnung auch die sehr große und sehr helle Niere auffällig durch das transparente Gehäuse. Maße: 6–10 × 9–17 mm.

Formen im Gebiet und ähnliche Arten: Die Art ist in der Größe sehr, in der Schalendicke und damit verbunden der Transparenz des Gehäuses etwas variabel. Anatomische Untersuchung zur Unterscheidung von *M. claustralis* ist nötig.

Lebensraum: *M. cartusiana* lebt an eher offenen Standorten, aber auch in Gebüschen und Gärten, im Norden des Verbreitungsgebietes häufig synanthrop oder auf Trockenstandorten. Die Art kommt meist nicht in Wäldern vor.

Gefährdung (RL-D 2012): * – Ungefährdet.

Verbreitung im Gebiet: *M. cartusiana* breitet sich stark aus und wird von Menschen leicht verschleppt. Im Westen ist die Art schon verbreitet, es gibt in fast allen Bundesländern durch Einschleppung entstandene Populationen. (VT: mediterran-südosteuropäisch).

Weiterführende Literatur: Anatomie Grossu 1983, Gittenberger et al. 1984, Schileyko 2005

Monacha claustralis (Rossmässler 1834)
Östliche Kartäuserschnecke

Merkmale: Das Gehäuse von *M. claustralis* ist morphologisch nicht von *M. cartusiana* zu unterscheiden (siehe dort).
Maße: 6–11 × 9–18 mm.
Formen im Gebiet und ähnliche Arten: Die Art ist variabel, sowohl in der Größe als auch in der Schalendicke und der damit verbundenenen Transparenz des Gehäuses. Anatomische Untersuchung ist zur Unterscheidung von *M. cartusiana* nötig.
Lebensraum: *M. claustralis* lebt an offenen Standorten oder in Staudenfluren. Auch Gebüsche und Gärten werden besiedelt, im Norden des Verbreitungsgebietes kommt sie häufig synanthrop oder auf Trockenstandorten vor. Die Art lebt meist nicht in Wäldern.
Gefährdung (RL-D 2012): Nicht genannt.
Verbreitung im Gebiet: *M. claustralis* breitet sich aus und wird von Menschen leicht verschleppt. Die Art ist in Deutschland an mehreren Fundorten nachgewiesen worden. Vermutlich beziehen sich viele der *Monacha*-Vorkommen in Deutschland auf diese Art. (VT: ostmediterran).
Weiterführende Literatur: Anatomie und div. Hutchinson et al. 2019

Monacha cantiana (MONTAGU 1803)
Große Kartäuserschnecke

Andere Namen: *Theba cantiana*

Merkmale: *M. cantiana* hat ein gelblichbräunliches Gehäuse, das etwas weniger glatt und glänzend ist als das von *M. cartusiana*. Die Umgänge sind etwas erhoben, das Gehäuse ist weniger kugelig als *Fruticicola fruticum* und höher als *M. cartusiana*. Die Lippe ist scharfrandig und etwas krempenartig umgeschlagen, auch am recht kleinen offenen Nabel. Der Mundsaum und eine schwache innere Verdickung sind insgesamt rötlich. Durch das transparente Gehäuse scheint die dunkle Zeichnung des Mantels und die große und helle Niere hindurch. Jungtiere sind behaart.

Maße: 11–14 × 16–20 mm.

Formen im Gebiet und ähnliche Arten: Die Art ist wenig variabel. Sie kann mit *M. cartusiana* (diese mit kleinerem Nabel und gedrückter), *Fruticicola fruticum* (diese kugeliger, andere Skulptur, nicht geschultert) und *Euomphalia strigella* (diese mit größerem Nabel und flacher) verwechselt werden. *Perforatella incarnata* hat einen kleineren Nabel und eine typische Feinskulptur.

Lebensraum: *M. cantiana* besiedelt halboffene Standorte, in Deutschland an Sekundärstandorten wie Deichen oder entlang von Verkehrswegen. Sie lebt nicht in Wäldern.

Gefährdung (RL-D 2012): R – Extrem selten.

Verbreitung im Gebiet: *M. cantiana* besiedelt seit langer Zeit vereinzelte Flächen am Jadebusen in Niedersachsen. Zur Zeit wird sie entlang von Verkehrswegen (meist bei Bau- oder Pflanzarbeiten) regelmäßig verschleppt und ist an isolierten Fundorten in mehreren Bundesländern nachgewiesen worden. Eine weitere Ausbreitung ist zu erwarten. (VT: west-mediterran-westeuropäisch).

Weiterführende Literatur: Anatomie GITTENBERGER et al. 1984

Familie Helicidae

Schnirkelschnecken

Familie Helicidae: 1. *Arianta arbustorum*, 2. *Helicigona lapicida*, 3. *Faustina illyrica*, 4. *Chilostoma achates*, 5. *Chilostoma cingulatum*, 6. *Drobacia banatica*, 7. *Isognomostoma isognomostomos*, 8. *Causa holosericea*, 9. *Theba pisana*, 10. *Caucasotachea vindobonensis*, 11. *Macularia sylvatica*, 12. *Cepaea nemoralis*, 13. *Cepaea hortensis*, 14. *Eobania vermiculata*, 15. *Cornu aspersum*, 16. *Helix pomatia*, 17. *Helix lucorum*

Die Helicidae umfassen die größten heimischen Gehäuseschnecken. Das Periostracum der fast ausschließlich kugeligen oder flach-kugeligen Gehäuse ist meist recht dick, es kann glatt und glänzend wie bei der Gattung *Cepaea* sein oder in Ausnahmefällen auch behaart wie z. B. bei der Gattung *Isognomostoma*. Die Tiere kommen vom Flachland bis ins Hochgebirge vor. Aufgrund ihrer großen Gehäuse bevorzugen die meisten Arten Gebiete mit kalkhaltigem Boden, der ihnen ausreichend Substanz zum Gehäuseaufbau zur Verfügung stellt. Viele der Arten haben eindrucksvolle Paarungsrituale. Besonders bekannt ist der Einsatz von kalkigen Liebespfeilen zur Stimulation. Diese Pfeile sind allerdings nicht auf die Familie beschränkt, sondern kommen auch bei einigen anderen Familien der Helicoidea vor. Die sehr artenreiche Familie lebt ursprünglich in Europa, Nordafrika und im westlichen Asien, einige Arten sind weltweit verschleppt worden und teilweise eingebürgert.

Cepaea sylvatica

Arianta arbustorum (LINNAEUS 1758)
Gefleckte Schnirkelschnecke

Merkmale: Das kugelige Gehäuse von *A. arbustorum* ist bräunlich bis dunkelbraun, manchmal auch gelblich, und weist eine mehr oder weniger dichte gelbe Fleckung auf. An oder kurz oberhalb der Peripherie ist bei vielen Exemplaren ein dunkleres Spiralband vorhanden. Bei adulten Tieren ist die rundliche Mündung kräftig kallös verdickt und weiß. Bei dieser Art sieht man auffällig häufig Jungtiere mit dünner zerbrechlicher Mündung ohne verdickte Lippe, allerdings sind nur sehr kleine Jungtiere mit anderen Arten zu verwechseln. Der Tierkörper kann sehr unterschiedlich gefärbt sein. Typisch sind bei Tieren im Tiefland schwarze Körper, selten kommen auch graubraune oder gelbliche Exemplare vor. In höheren Lagen sind die Tiere meist hell.
Maße: 10–22 × 14–28 mm.
Formen im Gebiet und ähnliche Arten: Die Art ist in Gehäusegröße, Höhe des Gewindes und Färbung von Gehäuse und Tierkörper recht variabel, oft sind Tiere höherer Regionen kleiner und gelblicher als solche aus dem Tiefland.
Lebensraum: *A. arbustorum* lebt an sehr unterschiedlichen Standorten, vom Tiefland bis ins Hochgebirge, vom feuchten Auwald bis zum kurzgrasigen Wiesengelände. Sie toleriert auch trockenere Standorte, bevorzugt aber feuchte Biotope. Im Flachland besiedelt sie überwiegend mit Gehölzen oder mit Hochstauden bewachsene Flächen.
Gefährdung (RL-D 2012): * – Ungefährdet.
Verbreitung im Gebiet: *A. arbustorum* ist in Deutschland fast überall verbreitet. (VT: west-mitteleuropäisch).
Weiterführende Literatur: Anatomie GROSSU 1983, GITTENBERGER et al. 1984, SCHILEYKO 2006, div. FECHTER & FALKNER 1989

Helicigona lapicida (LINNAEUS 1758)
Steinpicker

Merkmale: Das Gehäuse von *H. lapicida* ist linsenförmig mit einer scharf gekielten Peripherie und einer flachen Naht. Der Nabel ist weit und tief, die herabsteigende Mündung mit einer weißen, etwas krempenartig umgebogenen Lippe erweitert. Die Gehäusefärbung ist hellbraun bis kräftig schwarzbraun, meist mehr oder weniger einfarbig, deutlich gefleckte Exemplare kommen vor. Die mit Anwachsstreifen versehene Gehäuseoberfläche weist eine typische grobkörnige Feinskulptur auf.

Maße: 7–9 × 12–20 mm.

Formen im Gebiet und ähnliche Arten: Die Art ist in der Färbung etwas variabel, jedoch in der Form sehr charakteristisch.

Lebensraum: *H. lapicida* lebt im größten Teil seines Verbreitungsgebietes an Kalkfelsen und sekundär an alten Mauern. Im Norden kommt sie in ursprünglichen Buchenwäldern in Gewässernähe vor. Die Tiere sind bei Regen aktiv, bei Trockenheit oft schwer zu finden.

Gefährdung (RL-D 2012): * – Ungefährdet.

Verbreitung im Gebiet: *H. lapicida* ist in Deutschland recht verbreitet, kommt im nördlichsten Teil jedoch nur zerstreut bis sporadisch vor. (VT: west-mitteleuropäisch).

Weiterführende Literatur: Anatomie GITTENBERGER et al. 1984, SCHILEYKO 2006, div. FECHTER & FALKNER 1989

Faustina illyrica (STABILE 1864)
Flache Felsenschnecke

Andere Namen: *Chilostoma planospirum illyrica, Campylaea illyrica*

Merkmale: *F. illyrica* ist durch ihr sehr großes braunes Gehäuse mit wenig erhobenem bis flachem Gewinde gekennzeichnet. Der Nabel ist weit, die Peripherie des Gehäuses gerundet. Die Mündung ist etwas erweitert, krempenartig umgebogen und der obere Mündungsrand ist nicht tiefer als die Peripherie des letzten Umganges herabgezogen. Das rötlichbraune Gehäuse weist an oder oberhalb der Mitte des Umganges ein breites helles und darüber ein schmales dunkler-braunes Spiralband auf. Oft befindet sich oberhalb des dunklen Bandes ein weiteres helles. Die Basis ist meist etwas aufgehellt.
Maße: 12–13,5 × 26–27 mm.
Formen im Gebiet und ähnliche Arten: Die Art ist wenig variabel. *Chilostoma achates* ist ähnlich.
Lebensraum: *F. illyrica* lebt in ihrer Heimat an schattigen Kalkfelsen, im Bearbeitungsgebiet an alten Mauern.
Gefährdung (RL-D 2012): nb – nicht bewertet.
Verbreitung im Gebiet: *F. illyrica* stammt ursprünglich aus den Südostalpen, in Deutschland wurde sie vor langer Zeit eingeschleppt und ist an einigen Orten eingebürgert. (VT: alpin?).
Weiterführende Literatur: Anatomie (für „*C. planospirum*") GROSSU 1983, SCHILEYKO 2006, div. FECHTER & FALKNER 1989

Chilostoma achates (Rossmässler 1835)
Fischäugige Felsenschnecke

Andere Namen: *Chilostoma a. ichthyomma* (Held 1837)

Merkmale: *C. achates* hat ein großes braunes Gehäuse mit wenig erhobenem Gewinde. Die Peripherie ist etwas geschultert, der Nabel weit und im letzten Umgang exzentrisch, die Nähte sind mäßig tief. Das glänzende Gehäuse ist rötlichbraun mit einem hellen breiten Spiralband an der Peripherie. Darüber verläuft meist mit einem kleinen Abstand ein dünneres dunkelbraunes Spiralband. Die Mündung ist sehr schief gestellt und der obere Mündungsrand ist deutlich unter die Peripherie des letzten Umganges herabgezogen, der etwas verdickte weiße Mündungsrand ist krempenartig umgeschlagen.
Maße: 7–12 × 17–29 mm.
Formen im Gebiet und ähnliche Arten: Die Art ist recht variabel, im Alpengebiet kommen ähnliche Arten und weitere Unterarten vor.
Lebensraum: *C. achates* lebt an schattigen Kalkfelsen.
Gefährdung (RL-D 2012): R – Extrem selten.
Verbreitung im Gebiet: *C. achates* erreicht Deutschland nur in den Alpen in der Umgebung von Berchtesgaden. (VT: ostalpin).
Weiterführende Literatur: Anatomie Schileyko 2006, div. Fechter & Falkner 1989

Chilostoma cingulatum (STUDER 1820)
Große Felsenschnecke

Andere Namen: *Chilostoma c. baldense* (ROSSMÄSSLER 1839), *C. c. peregrini* FALKNER 1998

Merkmale: *C. cingulatum* ist im Gebiet durch das große, weiße bis cremefarbene Gehäuse mit braunem Spiralband oberhalb der Peripherie, das meist oben und unten weiß eingefasst ist, unverwechselbar. Der obere Mündungsrand steigt deutlich herab, dadurch ist die Mündung sehr schief gestellt. Der Mündungsrand ist etwas verdickt und krempenartig nach außen umgebogen. Der weite Nabel ist etwas exzentrisch. Das seidig glänzende Gehäuse ist recht glatt mit zahlreichen Anwachsstreifen. Südlich der Alpen gibt es kräftig gerippte Formen und Unterarten. Maße: 10–12 × 20–27 mm.
Formen im Gebiet und ähnliche Arten: *C. cingulatum* ist sehr variabel, im Bearbeitungsgebiet kommt in den Alpen eine einheimische Unterart mit flacherem Gehäuse und an isolierten Fundorten eine eingeschleppte Unterart mit höherem Gehäuse vor. Die Abgrenzung der Unterarten wird aktuell untersucht.
Lebensraum: *C. cingulatum* lebt an Kalkfelsen und Mauern, an kahlen Flächen bevorzugt in schattigen feuchten Biotopen mit überhängenden Felsen oder Spalten als Versteckmöglichkeit.
Gefährdung (RL-D 2012): R – Extrem selten.
Verbreitung im Gebiet: *C. cingulatum* ist als einheimische Art in Deutschland nur in den Alpen zu finden. Es gibt außerdem mehrere eingeschleppte und etablierte Populationen, zumeist an Burgruinen im Hügelland. (VT: alpin).
Weiterführende Literatur: Anatomie SCHILEYKO 2006, div. FECHTER & FALKNER 1989

Drobacia banatica (Rossmässler 1838)
Banat-Felsenschnecke

Andere Namen: *Chilostoma banaticum*

Merkmale: *D. banatica* ist im Gebiet durch das sehr große und an der Peripherie gekielte Gehäuse unverwechselbar. Das Gewinde ist konvex flachkegelig, der Nabel ist offen, bis etwa zur Hälfte kann er vom krempenartig umgeschlagenen Mündungsrand bedeckt sein. Der obere Mündungsrand steigt etwas herab, die Mündung ist entsprechend schief. Der letzte Umgang ist direkt hinter dem umgeschlagenen Mündungsrand etwas eingeschnürt. Das Gehäuse ist gelbbräunlich, manchmal mit einem rotbraunen Spiralstreifen nahe der Peripherie. Eine kräftige Streifung und dichte Spirallinien sind vorhanden.

Maße: 14–18 × 25–30 mm.

Formen im Gebiet und ähnliche Arten: Die Art ist im Gebiet wenig variabel.

Lebensraum: *D. banatica* bewohnt im Ursprungsland frische bis feuchte Wälder auf Kalkgrund.

Gefährdung (RL-D 2012): nb – Nicht bewertet.

Verbreitung im Gebiet: *D. banatica* stammt ursprünglich aus dem Karpatengebiet. Sie wurde nach Deutschland eingeschleppt, am und im Harz gibt es sehr vereinzelte Vorkommen. (VT: ost-südkarpatisch).

Weiterführende Literatur: Anatomie Grossu 1983, Schileyko 2006

Isognomostoma isognomostomos (SCHRÖTER 1784)
Maskenschnecke

Andere Namen: *I. personatum* (LAMARCK 1792)

Merkmale: *I. isognomostomos* ist durch das gedrückt-kugelige Gehäuse mit der sehr starken Mündungsarmatur im Gebiet unverwechselbar. Jungtiere sind stark behaart, meist haben auch die erwachsenen Gehäuse noch ein dicht mit langen gekrümmten Haaren besetztes Periostracum. Der Nabel ist schlitzförmig und oft durch den umgeschlagenen Mündungsrand bedeckt. Ein breiter weißer Parietalkallus und die stark verdickte Lippe, die basal und palatal je einen kräftigen, hellen Zahn aufweist, verengen die Mündung. Der Mundsaum ist deutlich krempenartig umgeschlagen, die Mündung etwas schief und kurz vor der Lippe etwas herabsteigend.
Maße: 4–7 × 7–11 mm.
Formen im Gebiet und ähnliche Arten: Die Art ist wenig variabel.
Lebensraum: *I. isognomostomos* lebt in Bergwäldern, meist in der Bodenstreu, unter Holz und Rinde oder unter Steinen und bevorzugt kalkhaltigen Boden.
Gefährdung (RL-D 2012): * – Ungefährdet.
Verbreitung im Gebiet: *I. isognomostomos* lebt im Hügelland und in den Gebirgen im mittleren und südlichen Deutschland (nördlich bis ins Harzvorland). (VT: karpatisch-alpin).
Weiterführende Literatur: Anatomie GROSSU 1983, SCHILEYKO 2006, div. FECHTER & FALKNER 1989, Weichtier des Jahres 2007.

Causa holosericea (STUDER 1820)
Genabelte Maskenschnecke

Andere Namen: *C. holosericum*, *Isognomostoma holosericum*

Merkmale: Das Gehäuse von *C. holosericea* ist in einer Ebene aufgewunden, oberseits fast oder ganz flach und weist 4½–5 Umgänge auf. Es ist zumeist braun bis dunkelbraun gefärbt, fein gestreift und die Behaarung, die auch bei erwachsenen Tieren noch vorhanden sein kann, ist kurz. Die Peripherie des letzten Umganges ist geschultert, die Schulter liegt direkt unterhalb der Gehäuseoberseite. Vom weiten Nabel ist nur ein sehr kleiner Teil vom etwas umgeschlagenen Mündungsrand bedeckt. Die Lippe der eckigen Mündung ist stark kallös verdickt, die Mündung mit nicht herabsteigendem Oberrand ist durch ein bis zwei basale und einen spitzen palatalen Zahn verengt.

Maße: 5–6 × 9–12 mm.

Formen im Gebiet und ähnliche Arten: Die Art ist in der Bezahnung etwas variabel. *Helicodonta obvoluta* ist nicht geschultert und weist eine viel schwächere Mündungsarmatur auf.

Lebensraum: *C. holosericea* bewohnt Bergwälder, gerne auch Nadelwälder. Sie lebt recht verborgen in der Bodenstreu oder unter loser Borke und Holz und kommt auch auf kalkarmen Böden vor.

Gefährdung (RL-D 2012): 3 – Gefährdet.

Verbreitung im Gebiet: *C. holosericea* lebt zerstreut bis selten in den Gebirgen Süd- und Ostdeutschlands. (VT: karpatisch-alpin).

Weiterführende Literatur: Anatomie SCHILEYKO 2006, div. FECHTER & FALKNER 1989

Theba pisana (O. F. MÜLLER 1774)
Mittelmeer-Sandschnecke

Merkmale: *T. pisana* hat ein rundliches Gehäuse mit gerundeter Peripherie, das im gesamten Verbreitungsgebiet extrem variabel ist. Weiß- oder rosalippige, weiße, gelbe oder rosafarbene Gehäuse kommen vor, eine Bänderzeichnung von hell- bis dunkelbraunen spiralig angeordneten Stricheln oder Flecken kann vorhanden sein, teilweise sind die Strichelbänder zu Gruppen zusammengefasst, deren Untergrund farblich abgesetzt ist (z. B. hell orangebräunlich). Bei Jungtieren ist die oberhalb der Mitte liegende Peripherie kräftig gekielt. Typische Exemplare der nördlichen Populationen sind weißlich mit Spiralzeichnung und rosafarbener Lippe. Maße: 9–20 × 12–25 mm, meist um 15 mm. Formen im Gebiet und ähnliche Arten: Die Art ist in Zeichnung, Gehäusegröße, Färbung und Gehäusehöhe sehr variabel.
Lebensraum: *T. pisana* lebt auf trockenen Sandböden, gerne auf Dünen in Küstennähe. Die Tiere sitzen oft massenhaft in der Trockenstarre emporgeklettert an Kräutern oder niedrigen Sträuchern.
Gefährdung (RL-D 2012): Nicht genannt. (Als Neozoon mit „nb = Nicht bewertet“ einzustufen.)
Verbreitung im Gebiet: *T. pisana* wurde in Deutschland bisher eingeschleppt auf Helgoland nachgewiesen. (VT: mediterran).

Weiterführende Literatur: Anatomie SCHILEYKO 2006, div. FECHTER & FALKNER 1989

Caucasotachea vindobonensis (C. PFEIFFER 1828)
Gerippte Schnirkelschnecke (Gerippte Bänderschnecke)

Andere Namen: *Cepaea vindobonensis*

Merkmale: *C. vindobonensis* ähnelt den allbekannten Bänderschnecken, ihre Gehäusegrundfarbe ist allerdings insgesamt blasser als die der häufigen Arten. Das Gehäuse ist weißlich oder blassgelb und fast gleichmäßig fein gestreift bis gerippt. Der Mundsaum ist im oberen Bereich blassbräunlich, basal dunkler werdend und den Nabel kallös bedeckend, die Mündung ist sehr schief. Die lippige Verdickung des Mundsaumes ist meistens heller abgesetzt, so dass der Mundsaum zweifarbig erscheint. Der Tierkörper ist oft gelblicher als bei den Arten der Gattung *Cepaea*.
Maße: 17–21 × 20–25 mm.
Formen im Gebiet und ähnliche Arten: Die Art ist in der Gehäusefärbung meist weniger variabel als die anderen Arten der Gattung. *C. nemoralis* ist kontrastreicher gefärbt, ihre Lippe ist einfarbig dunkel und die Rippung des Gehäuses fehlt.
Lebensraum: *C. vindobonensis* ist wärmeliebend und lebt auf gebüsch- oder staudenbewachsenen lichten Flächen.
Gefährdung (RL-D 2012): R – Extrem selten.
Verbreitung im Gebiet: *C. vindobonensis* ist in Deutschland sehr selten. Sie strahlt von Südosten ins obere Elbetal ein und erreichte früher auch Passau. Sie ist außerdem sehr lokal bei Regensburg eingeschleppt. (VT: südosteuropäisch).
Weiterführende Literatur: Anatomie GROSSU 1983, SCHILEYKO 2006, div. Nordsieck 2014

Macularia sylvatica (DRAPARNAUD 1801)
Wald-Schnirkelschnecke

Andere Namen: *Cepaea sylvatica, C. silvatica*

Merkmale: Das relativ kugelige Gehäuse von *M. sylvatica* ähnelt den bekannten Bänderschnecken, der Nabel ist vom Mundsaum überdeckt. Die Grundfarbe ist weißlich bis gelblich, das Gehäuse glänzt und weist Anwachsstreifen auf. Es hat meist 5 Spiralbänder, von denen fast immer mindestens die beiden oberen, zum Teil auch alle, in Fleckenreihen aufgelöst sind. Die Spiralbänder können auch ganz oder teilweise fehlen, sie sind hellbraun bis schwarzbraun gefärbt. Die Lippe ist rosabraun bis weißlich, im Nabelbereich dunkler als am Rest der Mündung. Der Mündungsrand ist etwas krempenartig umgeschlagen und leicht kallös. Basal ist er nahe der Spindel mit einem dickeren Kallus verstärkt.
Maße: 12–16 × 18–25 mm.
Formen im Gebiet und ähnliche Arten: Die Art ist etwas variabel, die deutschen Funde gehören zumeist zur sehr hellen Form, die vor allem im Oberrheingebiet gefunden wird.

Lebensraum: *M. sylvatica* ist kalkliebend und lebt in Bergwäldern, dabei bevorzugt sie schuttreiche und meist lichte Flächen. Oberhalb der Waldgrenze besiedelt sie auch felsige Bergwiesen.

Gefährdung (RL-D 2012): 0 – Ausgestorben oder verschollen (nicht mehr aktuell: wiedergefunden).

Verbreitung im Gebiet: *M. sylvatica* erreicht Deutschland aus ihrem Verbreitungsgebiet in der Schweiz nur im äußersten Südwesten. Entlang des Rheins wurde die Art möglicherweise verdriftet, historische Nachweise liegen bis Karlsruhe vor. (VT: westalpin).

Weiterführende Literatur: FECHTER & FALKNER 1989, TURNER et al. 1998, NORDSIECK 2014

Cepaea nemoralis (LINNAEUS 1758)
Hain-Schnirkelschnecke (Schwarzmündige Bänderschnecke)

Merkmale: *C. nemoralis* ist die größere der allbekannten Bänderschnecken. Das Gehäuse ist gedrückt rundlich, der sehr enge Nabel normalerweise vollständig vom Mundsaum bedeckt. Bei erwachsenen Tieren sind Lippe und Mündungsrand meist schwarz oder schwarzbraun gefärbt, sehr selten rosafarben oder weiß. Bei Jungtieren ist die dunkle Mundsaumfärbung noch nicht ausgeprägt. Der Mündungsrand ist krempenartig nach außen gebogen und bildet mit der verdickten Lippe einen breiten flächigen Rand. Dieser verläuft an der Basis von der Spindel bis zum basalen Richtungswechsel der Lippe nach oben in einem leichten Bogen konkav-konvex. Die Gehäusegrundfarbe ist weißlich, leuchtendgelb, rosafarben, orange, leuchtendrot oder rötlichbraun und das Gehäuse ist entweder ungebändert oder mit bis zu 5 schwarzbraunen Spiralbändern versehen. Selten können die Bänder auch transparent sein. Die Bänderung ist insgesamt variabel, häufige Varianten sind zum Beispiel 0 Bänder, 1 Band (das mittlere an der Peripherie) oder 5 Bänder. Die Bänder können auch zu breiten dunklen Flächen verschmolzen sein.
Maße: 12-22 × 18-25 mm.
Formen im Gebiet und ähnliche Arten: Die Gehäuseform ist einheitlich, Färbung und Bänderung sind äußerst variabel. Typisch sind dunkelmündige Exemplare. Selten kommen auch weißmündige vor, die dann anhand der Gehäuseform (und

natürlich anatomisch) zu erkennen sind. In Ostseenähe (vor allem in Schleswig-Holstein) lebt eine gelbliche Form mit unterbrochenen Bändern, die allerdings inzwischen durch Vermischung mit verschleppten bunten „Gartenexemplaren" ihre Identität verliert.

Lebensraum: *C. nemoralis* lebt fast überall, sie ist sehr charakteristisch für Gärten oder ähnliche anthropogen beeinflusste Standorte, kommt aber auch in naturnahen Biotopen vor, auch sympatrisch mit *C. hortensis*.

Gefährdung (RL-D 2012): * – Ungefährdet.

Verbreitung im Gebiet: *C. nemoralis* lebt in ganz Deutschland, in den Alpen jedoch nicht in größeren Höhen. (VT: westeuropäisch).

Weiterführende Literatur: Anatomie GITTENBERGER et al. 1984, Anatomie SCHILEYKO 2006, div. FECHTER & FALKNER 1989, SCHILDER 1953, SCHILDER 1957

Cepaea hortensis (O. F. MÜLLER 1774)
Garten-Schnirkelschnecke (Weißmündige Bänderschnecke)

Merkmale: *C. hortensis* ist die kleinere der häufigen Bänderschnecken. Ihr Mundsaum ist schmaler und bildet zwischen Spindel und basalem Richtungswechsel der Lippe nach oben eine mehr oder weniger gerade Linie. Das rundliche Gehäuse hat nur einen sehr engen Nabel, der vollständig vom Mundsaum bedeckt ist. Bei erwachsenen Tieren sind Lippe und Mündungsrand weiß, seltener kommen rosa-gelippte oder braunlippige Formen vor. In feuchten ursprünglichen Biotopen gibt es eine charakteristisch rotbraune Variante mit hell-rosabraunem Mün-

dungsrand. Die Grundfarbe des Gehäuses ist weißlich, zitronengelb, leuchtend orange oder braunrötlich. Ungebänderte Gehäuse sind sehr häufig, außerdem kommen zahlreiche Bändervarianten mit meist zwischen 0 und 5 schwarzen Spiralbändern vor. Häufig sind zum Beispiel alle 5 Bänder, recht regelmäßig auch 3 Bänder (das erste, dritte und fünfte) vorhanden. Einzelne oder alle Bänder können zu dunklen Flächen verschmolzen sein. Es kommen auch Tiere mit farblosen transparenten Bändern vor.
Maße: 10–17 × 14–22 mm.
Formen im Gebiet und ähnliche Arten: Die Gehäuseform ist einheitlich, Färbung und Bänderung sind äußerst variabel. Typisch sind weißmündige Exemplare, allerdings kommen auch Tiere mit rosafarbener oder hell rotbrauner, selten sogar dunkelbrauner Mündung vor.
Lebensraum: *C. hortensis* lebt fast überall, sie ist typischer für naturnahe oder ruderale Standorte und weniger charakteristisch für Gärten, kommt aber auch häufig synanthrop vor. Sie lebt regelmäßig zusammen mit *C. nemoralis*.
Gefährdung (RL-D 2012): * – Ungefährdet.
Verbreitung im Gebiet: *C. hortensis* kommt in ganz Deutschland vor, in den Alpen jedoch nicht im größeren Höhen. (VT: westeuropäisch).
Weiterführende Literatur: Anatomie GITTENBERGER et al. 1984, div. FECHTER & FALKNER 1989, SCHILDER 1953, SCHILDER 1957

Eobania vermiculata (O. F. MÜLLER 1774)
Divertikelschnecke

Andere Namen: *Massilaea vermiculata*

Merkmale: *E. vermiculata* hat entfernte Ähnlichkeit mit einer vergrößerten Bänderschnecke. Das Gehäuse ist gedrückt kugelig, die 5-6 Umgänge sind durch eine flache Naht getrennt. Der bei Jungtieren noch schlitzförmig offene Nabel ist bei erwachsenen Gehäusen durch den umgeschlagenen Mundsaum verschlossen. Die Mündung ist etwas abgeflacht, der letzte Umgang zur Mündung hin abrupt herabsteigend, dadurch steht die Mündung sehr schräg. Der Mundsaum ist weiß und kräftig verdickt, die Lippe weit krempenartig umgeschlagen. Die Gehäuseoberfläche ist unregelmäßig gestreift, die Grundfarbe weißlich, darauf eine rötlich- bis dunkelbraune spiralige Bänderzeichnung, die auch undeutlich oder aufgelöst sein kann. Oft sind wolkige feine helle Zeichnungselemente vorhanden. Die Spiralbänder sind zur Basis hin meist kontrastreicher und scharf abgesetzt.
Maße: 14–27 × 22–30 mm.
Formen im Gebiet und ähnliche Arten: Die Gehäuseform ist relativ einheitlich, Färbung und Zeichnung sind sehr variabel.
Lebensraum: *E. vermiculata* ist in den Ursprungsländern in verschiedenen offenen Lebensräumen häufig. Sie lebt gerne auch in Küstennähe und besiedelt naturnahe ebenso wie menschlich beeinflusste Biotope. Die Art ist wärmeliebend und recht tolerant gegen Trockenheit. In Deutschland kommt sie bisher nur synanthrop vor.

Gefährdung (RL-D 2012): Nicht genannt (würde als Neozoon mit nb – Nicht bewertet eingestuft).

Verbreitung im Gebiet: *E. vermiculata* wurde nach Deutschland immer wieder eingeschleppt, meist waren es Einzeltiere mit Gemüse oder Früchten. Etablierte Populationen sind bisher nur sehr vereinzelt nachgewiesen, zum Beispiel aus Köln und in der Nähe von Oldenburg/Oldenburg. (VT: mediterran).

Weiterführende Literatur: Anatomie SCHILEYKO 2006, div. FECHTER & FALKNER 1989, BOUAZIZ-YAHIATENE, H. et al. 2017, HOLYOAK et al. 2020

Cornu aspersum

Cornu aspersum (O. F. Müller 1774)
Gefleckte Weinbergschnecke

Andere Namen: *Helix aspersa, Cryptomphalus aspersus*

Merkmale: *C. aspersum* hat ein kugeliges Gehäuse, der umgeschlagene Mündungsrand bedeckt den Nabel. Die 4½–5 Umgänge nehmen rasch zu, die Mündung ist groß und ihr Rand mit einer kallösen weißen Lippe verstärkt. Die Gehäuseoberfläche ist charakteristisch gerunzelt, die Grundfarbe ist hell bräunlich oder gelblich mit mehreren dunkelbraunen Spiralbändern, die durch Reihen weißlicher Strichel in Flecken aufgelöst sind. Tiere im Norden Deutschlands sind meist dunkler gefärbt und dünnschaliger.
Maße: Meist 25-30 × 25-40 mm.
Formen im Gebiet und ähnliche Arten: Die Art ist in Gehäusegröße und Intensität der dunklen Zeichnung recht variabel.
Lebensraum: *C. aspersum* lebt gerne synanthrop in Gärten oder entlang von Verkehrswegen. Die Art bevorzugt offene Lebensräume mit Gehölzbestand.
Gefährdung (RL-D 2012): nb – Nicht bewertet.
Verbreitung im Gebiet: *C. aspersum* lebt im westlichsten und südwestlichen Deutschland und sporadisch in anderen Regionen, z. B. an wenigen Orten an der Nord- und Ostsee. Sie wurde und wird weltweit verschleppt, auch mit Gemüse, und breitet sich in Deutschland zur Zeit aus. (VT: mediterran-westeuropäisch).
Weiterführende Literatur: Anatomie Gittenberger et al. 1984, Schileyko 2006, div. Fechter & Falkner 1989

Helix pomatia LINNAEUS 1758
Weinbergschnecke

Merkmale: Als größte heimische Gehäuseschnecke ist *Helix pomatia* kaum zu verwechseln. Auch sehr dünnschalige kleine Jungtiere sind an den wenigen großen Windungen (im Vergleich zu kleineren Arten) zu erkennen. Das kugelige Gehäuse ist mit erhaltenem Periostracum gelbbraun und weist meistens mehrere dunklere Spiralbänder auf. Die Windungen haben zahlreiche Anwachsstreifen, der hell rosabraune bis weißliche Mündungsrand ist kallös verdickt, etwas umgeschlagen und bedeckt nur einen Teil des schlitzförmigen Nabels. Das Periostracum ist bei vielen Gehäusen erodiert, die dann kalkige Gehäuseoberfläche ist weiß oder weißgrau, die Bänderung kann dann violett-bräunlich aussehen. Erwachsene Gehäuse sind dickschalig.

Maße: Meist 30–50 × 32–50 mm.

Formen im Gebiet und ähnliche Arten: Die Art ist in Größe und Bänderung etwas variabel. Besonders große Exemplare sind oft durch Parasitenbefall kastriert.

Lebensraum: *Helix pomatia* lebt auf kalkhaltigem Boden in Wäldern, an Hängen, in Weinbergen und in Gärten und Parks. Sie bevorzugt Lebensräume mit Gehölzen oder Hochstauden.

Gefährdung (RL-D 2012): * – Ungefährdet.

Verbreitung im Gebiet: *Helix pomatia* fehlt in Regionen mit kalkarmen Sandböden, ansonsten ist sie in Deutschland weit verbreitet und meist häufig. Im Süden ist die Art häufiger als im Norden. Weinbergschnecken werden für den Verzehr auch gezüchtet. (VT: südost-mitteleuropäisch).

Weiterführende Literatur: Anatomie GROSSU 1983, SCHILEYKO 2006, div. FECHTER & FALKNER 1989

Helix lucorum LINNAEUS 1758
Gestreifte Weinbergschnecke

Merkmale: Das kugelige Gehäuse ist dem der heimischen Weinbergschnecke ähnlich, die Mündung ist niedriger und wirkt etwas gedrückt. Auf gelblicher Grundfärbung ist meist eine kräftige, dunkel-braunrote Spiralbänderung vorhanden, typisch ist ein helles schmales Spiralband an der Peripherie. Häufig ist auch eine radiäre dunkle Bänderung oder Flammenzeichnung vorhanden, die auch vorherrschen kann. Die Gehäuseoberfläche weist deutliche Anwachsstreifen auf und die etwas herabsteigende Mündung ist schräger gestellt als bei *Helix pomatia*.
Maße: 30-60 × 41-55 mm.
Formen im Gebiet und ähnliche Arten: Die Art ist der heimischen Weinbergschnecke ähnlich. Im Ursprungsgebiet sind die Tiere variabel, dabei kommen auch große regionale Unterschiede in Größe, Form und Zeichnung vor.
Lebensraum: *Helix lucorum* lebt in ihrer Heimat in Wäldern, Gebüschen und anthropogen beeinflussten Biotopen, in Deutschland bisher nur in Gärten oder Parks. Die Tiere vergraben sich zur Trockenstarre.
Gefährdung (RL-D 2012): Nicht genannt. (Als Neozoon einzustufen mit: nb – Nicht bewertet.)
Verbreitung im Gebiet: *Helix lucorum* kommt ursprünglich in Süd- und Südosteuropa bzw. in Südwestasien vor. In Deutschland gibt es nur vereinzelte Nachweise eingeschleppter Tiere, eine Population am nordöstlichen Harzrand (ursprünglich aus der Kaukasusregion) ist seit etwa 50 Jahren bekannt. (VT: südosteuropäisch-pontisch).
Weiterführende Literatur: Anatomie LIKHAREV & RAMMELMEIER 1952, GROSSU 1983

12. Danksagung

Ein herzlicher Dank gilt Dr. Dr. Jürgen H. Jungbluth, der dieses Buchprojekt vor längerer Zeit initiierte und seit mehr als 30 Jahren meine Arbeit mit Binnenmollusken unterstützt und begleitet.

Zahlreiche Kolleginnen und Kollegen haben mit ihrem Wissen, nicht zuletzt auf Tagungen und Kongressen, aber auch auf gemeinsamen Exkursionen, zum Gelingen des Buches beigetragen, ihnen allen sei für die gute Zusammenarbeit und für viele Diskussionen gedankt: Ich hoffe auf eine gemeinsame Fortsetzung des Projekts in einem größeren Autorenkreis. Ebenso haben sehr zahlreiche Malakozoologinnen und Malakozoologen mit Fundorthinweisen und mit geliehenem oder großzügig überlassenem Material dafür gesorgt, dass die Fotos in dieser Vollständigkeit erstellt werden konnten. Stellvertretend seien einige genannt, die für die erste oder zweite Auflage seinerzeit unpublizierte Nachweise mitgeteilt und Material dazu zur Verfügung gestellt haben: Für *Theba pisana* bedanke ich mich bei Verena Rösch, für die Gattung *Alopia* bei Walter Wimmer, für *Micropontica caucasica* bei Michael Unruh, Dr. Andreas Stark, Prof. Dr. Bernhard Hausdorf und Frank Walther.

Dr. Heike Kappes und Holger Menzel-Harloff haben dankenswerterweise viele interessante Funde mitgeteilt und diskutiert. Dr. Heike Reise und Dr. John C. Hutchinson haben jederzeit ihre Spezialkenntnisse geteilt, insbesondere bei den Nacktschnecken, sie hatten immer ein offenes Ohr für meine Fragen.

Viele Freunde haben das Haus der Natur – Cismar mit alter und neuer Literatur unterstützt, an erster Stelle nenne ich hier Dr. Bernd Sahlmann (†) aus Oldenburg. Jahrzehntelanger Literaturförderer ist auch der Verlag ConchBooks in Harxheim, die beste Quelle für neue und alte Molluskenliteratur.

Haupt- und ehrenamtliche Mitarbeiterinnen und Mitarbeiter im Haus der Natur – Cismar sind mir bei technischen und praktischen Aufgaben mit Mollusken zur Hand gegangen. Ihre Arbeit ist sehr wichtig und ich möchte dies hier dankbar ausdrücken, auch wenn die Hilfe nicht immer direkt im Buch sichtbar ist.

Den im Abbildungsnachweis im Detail genannten externen Bildautoren danke ich herzlich für die Erlaubnis, ihre Fotos verwenden zu dürfen.

Ein sehr großer Dank gilt meiner Freundin und Kollegin Dr. Ira Richling, Stuttgart. Sie hat in den vergangenen 30 Jahren bei zahllosen Projekten mit mir zusammengearbeitet und insbesondere gemeinsam mit mir sehr viele der Fotos erstellt (zumeist im Haus der Natur – Cismar), die hier abgedruckt werden konnten. Auch einige Fotos aus ihrem eigenen Bestand hat sie großzügig und unbürokratisch zur Verfügung gestellt, insbesondere zur Vervollständigung des Materials. Als Kuratorin im Staatlichen Museum für Naturkunde in Stuttgart hat sie die Fotos des Lectotypus von *Vallonia alamannica* aus der von ihr betreuten Museumssammlung angefertigt. Leider erlauben ihr dienstliche Verpflichtungen nicht mehr so viel Zeit für gemeinsame Projekte wie früher, ich nutze die Gelegenheit, noch einmal herzlich für die langjährige Kooperation zu danken und den Wunsch auszudrücken, dass die Zusammenarbeit, die sich noch realisieren lässt, weiterhin so problemlos und effektiv wie bisher bleibt.

Mein Freund CHRISTOPH GUTKNECHT, Neustadt/Holst., hat mich und das Haus der Natur – Cismar bei sehr vielen praktischen und technischen Problemen intensiv unterstützt. Satz und Layout hat er auch für die dritte Auflage dieses Buches in der bewährten Weise wieder erstellt. Schon für die ersten Auflagen hatte er, unter der Verwendung von Layout-Ideen von ROLF HEISLER vom Verlag Quelle und Meyer, Satz und Layout gestaltet und sehr viele Arbeitsschritte in vielen Stunden gemeinsamer Arbeit mit mir diskutiert. Ich bedanke mich an dieser Stelle noch einmal sehr herzlich bei ihm.
Das Manuskript gelesen und korrigiert hat meine Frau GYDE, außerdem MICHAEL KLINK als Lektor und Projektbetreuer im Verlag. Ihnen vielen Dank für die Korrekturen und die sehr hilfreichen Hinweise. Nichtsdestotrotz spreche ich freundliche Helfer und Hinweisgeber von der Verantwortung für eventuelle Fehler meinerseits frei, denn naturgemäß erfolgen bei solch einem Projekt immer wieder kleine Änderungen auch in der letzten Phase der Fertigstellung, bei der nicht in jedem Fall eine Rückfrage und Diskussion mit allen Beratern erfolgt, und auch in der Schlussphase sind Irrtümer nicht ausgeschlossen.

Ein besonderer Dank gilt der Museumsfamilie im Haus der Natur – Cismar, insbesondere GYDE, STELLA, SIMON und LEVKE, für die immerwährende Unterstützung und perfekte Zusammenarbeit.

Nicht zuletzt ein herzlicher Dank an den Verlag Quelle und Meyer, insbesondere an den Verleger, Herrn GERHARD STAHL, für die sehr gute Zusammenarbeit.

Abbildungsnachweis:

Soweit nicht anders angegeben, stammen die mehreren hundert Fotos in diesem Band vom Autor, viele wurden zusammen mit Dr. IRA RICHLING, Stuttgart, angefertigt. Dies gilt sowohl für die Gehäuseaufnahmen als auch für die Lebendbilder. Aus dem Fundus von Dr. IRA RICHLING stammen außerdem folgende Lebendfotos: *Milax gagates, Tandonia budapestensis, Malacolimax tenellus, Deroceras reticulatum, Boettgerilla pallens, Arion ater rufus, Arion fuscus, Arion subfuscus, Arion fasciatus, „Arion circumscriptus", „Arion silvaticus", Arion hortensis, Arion intermedius.*

Die vier Gehäuseansichten von *Vallonia alamannica* stammen aus dem Staatlichen Museum für Naturkunde in Stuttgart (Foto Dr. IRA RICHLING).

Dr. DIETRICH VON KNORRE aus Jena hat das Foto von *Krynickillus melanocephalus* erstellt. GIANBATTISTA NARDI aus Nuvolera, Italien, stellte die Fotos von *Milax nigricans, Tandonia ehrmanni* und *Lehmannia rupicola* zur Verfügung, MANFRED COLLING das Bild von *Lehmannia janetscheki*, Dr. JOZEF GREGO aus Banska Bystrica, Slowakische Republik, das Foto von *Lehmannia carpatica* und Dr. KATRIN SCHNIEBS das Bild von *Deroceras praecox*.

13. Literatur

Im Folgenden sind übergreifende Arbeiten und die im Text zitierten Quellen (z. B. „Weiterführende Literatur") aufgeführt. Bei Spezialfragen wird empfohlen, in den Bibliographien und Molluskenatlanten der Bundesländer zu recherchieren (s. u., eine Übersicht wird z. B. in *www.mollusca.de* regelmäßig aktualisiert) und auch die Literaturverzeichnisse der hier angegebenen Quellen zu prüfen. Der Autor des vorliegenden Bandes vermittelt bei Bedarf auch Kontakte zu entsprechenden Spezialisten.

Umfangreiche Internet-Präsentationen geben Auskünfte über Landschnecken. Systematische Zuordnungen, Namen und Unterarten findet man in der Fauna Europaea-Datenbank, die allerdings zur Zeit nicht online ist. Der aktuelle nomenklatorische Stand ist zumeist in *www.molluscabase.org* findbar.

Zahlreiche Informationen und Abbildungen sind zusammen mit vielen alten Originalquellen nachschlagbar in *www.animalbase.org*

Bibliographien und Atlanten der Bundesländer

(genaue Zitate im alphabetischen Literaturverzeichnis)
Baden-Württemberg: Bürk & Jungbluth 1982, Jungbluth 1984
Bayern: Bibliographie und Atlas noch nicht publiziert
Berlin: Jungbluth, Willecke & Haldeman 1981, Atlas noch nicht publiziert
Brandenburg: Haldemann & Siering 1998, Atlas noch nicht publiziert
Bremen/Bremerhaven: Jungbluth, Hey & Vogt 1991, Atlas siehe Niedersachsen
Hamburg: Atlas Süßwasser Glöer & Diercking 2010, Atlas Landschnecken Dembinski, Haack & Bahlk 1997
Hessen: Jungbluth 1976 mit Jungbluth & Bürk 1985, Jungbluth 1978
Mecklenburg-Vorpommern: Seemann 1987, Seemann 1995, Zettler, Jueg, Menzel-Harloff, Göllnitz, Petrick, Weber & Seemann 2006
Niedersachsen: Jungbluth, Hey & Vogt 1991, Jungbluth, Vogt & Wirth 1989
Nordrhein-Westfalen: Jungbluth, Ant & Stangier 1990, Beckmann & Kobialka 2002, Atlas noch nicht publiziert
Rheinland-Pfalz: Jungbluth, Vogt & Hey 1991, Vogt, Hey-Reidt & Groh 1994
Saarland: Jungbluth, Spang, Wagner, Hey-Reidt & Vogt 1995, Atlas noch nicht publiziert
Sachsen: Schniebs 1999, Atlas noch nicht publiziert
Sachsen-Anhalt: Körnig, Bössneck & Krause 2007, Körnig, Hartenauer, Unruh, Schnitter & Stark (Bearb.) 2013
Schleswig-Holstein: Jungbluth & Wiese 1989, Wiese 1991
Thüringen: Bössneck & Knorre 1997, Atlas noch nicht publiziert

Literaturverzeichnis

Arbeitsgruppe Mollusken BW (2008): Rote Liste und Artenverzeichnis der Schnecken und Muscheln Baden-Württembergs, zweite, neu bearbeitete Fassung. – 185 pp., Stuttgart (LUBW).

Armbruster, G. (1994): The taxonomically relevant parts of the male genitalia of *Cochlicopa*: seasonal variability within two field populations and observations under laboratory conditions (Gastropoda: Pulmonata: Cochlicopidae). – Malakologische Abhandlungen, 17 (3): 47-56, Dresden.

Armbruster, G. (1995): Univariate and multivariate analyses of shell variables within the genus *Cochlicopa* (Gastropoda: Pulmonata: Cochlicopidae). – Journal of Molluscan Studies, 61 (2): 225-235, Oxford.

Armbruster, G. (1997): Evaluations of RAPD markers and allozyme patterns: evidence for morphological convergence in the morphotype of *Cochlicopa lubricella* (Gastropoda: Pulmonata: Cochlicopidae). – Journal of Molluscan Studies, 63 (3): 379-388, Oxford.

Audibert, C. & Bertrand, A. (2015): Guide des mollusques terrestres. Escargots et limaces. – 232 S., Paris (Éditions Belin).

Backeljau, T. (1989): The original diagnoses of *Arion simrothi* Künkel and *A. magnus* Torres Minguez (Mollusca, Pulmonata). – Annales de la Société Royale Zoologique de Belgique, 119: 199-211, Bruxelles.

Baker, H. B. (1928): Minute American Zonitidae. – Proceedings of The Academy of Natural Sciences of Philadelphia, 80: 1-44, Philadelphia.

Baur, B. (1989): Growth and reproduction of the minute land snail *Punctum pygmaeum* (Draparnaud). – Journal of Molluscan Studies, 55 (3): 383-387, Oxford.

Beckmann, K.-H. & Kobialka, H. (2002): Bibliographie der Arbeiten über die Mollusken in Nordrhein-Westfalen mit Artenindex - Nachtrag. Kartierung zum Schutz der Mollusken in Nordrhein-Westfalen. – Loensia, 4 (1): 1-63, Ascheberg-Herbern.

Beckmann, K.-H. & Kobialka, H. (2008): *Hygromia cinctella* (Draparnaud, 1801) auf dem Eroberungszug durch Deutschland (Gastropoda: Hygromiidae). – Club Conchylia Informationen, 39 (1-2): 34-41, Ludwigsburg.

Benthem Jutting, T. van (1933): Mollusca (1). A. Gastropoda Prosobranchia et Pulmonata. – Fauna van Nederland, 7: 1-387, Leiden.

Boeters, H. D., Gittenberger, E. & Subai, P. (1989): Die Aciculidae (Mollusca: Gastropoda Prosobranchia). – Zoologische Verhandelingen, 252: 1-234, Leiden.

Bössneck, U. (2009): Ein Vorkommen von *Pupilla bigranata* sensu Geyer 1910 in Ostsdeutschland (Gastropoda: Pupillidae). – Mollusca, 27 (2): 173-177, Dresden.

Bössneck, U. & Knorre, D. von (1997): Bibliographie der Arbeiten über die Binnenmollusken Thüringens mit Artenindex und biographischen Notizen. Malakozoologische Landesbibliographien: XI. – 156 S., Jena.

Boschi, C. (2011): Die Schneckenfauna der Schweiz. Ein umfassendes Bild- und Bestimmungsbuch. – 624 S., Bern/Stuttgart/Wien (Haupt).

Bouaziz-Yahiatene, H., Pfarrer, B., Medjdoub-Bensaad, F. & Neubert, E. (2017): Revision of *Massylaea* Möllendorff, 1898 (Stylommatophora, Helicidae). – ZooKeys, 694: 109–133. https://doi.org/10.3897/zookeys.694.15001

Bouchet, P. & Rocroi, J.-P. (2005): Classification and nomenclator of gastropod families. – Malacologia, 47 (1-2): 1-397, Haddonfield.

Bruyne, R. H. de, Perk, F. A., Dekker, H. & Lente, I. van (2015): Pluimdragers en Slijkgapers: Nederlandse namen voor onze weekdieren. Herziene systematische naamlijst, met etymologie. – 192 S., Leiden & Lisse (Nederl. Malac. Ver. & Stichting Anemoon).

Bürk, R. & Jungbluth, J. H. (1982): Prodromus zu einem Atlas der Mollusken von Baden-Württemberg. – Fundortkataster der Bundesrepublik Deutschland: Regionalkataster des Landes Baden-Württemberg, Teil 14: 291 S. Saarbrücken & Heidelberg.

Clerx, J. P. M. & Gittenberger, E. (1977): Einiges über *Cernuella* (Pulmonata, Helicidae). – Zoologische Mededelingen, 52 (4): 27-56, 2 Taf., Leiden.

Clessin, S. (1884): Deutsche Excursions-Mollusken-Fauna. – 2. Aufl., 5 + 663 S., Nürnberg (Bauer & Raspe).

COLLING, M. & KARLE-FENDT, A. (2016): Erstbeschreibung der Allgäuer Zylinderwindelschnecke *Truncatellina algoviana* n. sp. (Gastropoda: Vertiginidae). – Mitteilungen der Deutschen Malakozoologischen Gesellschaft, 95: 11-18, Frankfurt a. M.

DEMBINSKI, M., HAACK, A. & BAHLK, B. (1997): Artenhilfsprogramm und Rote Liste der Binnenmollusken - Schnecken und Muscheln - in Hamburg. – Naturschutz und Landschaftspflege in Hamburg. Schriftenreihe der Umweltbehörde, 47: 208 S., Hamburg.

DE WINTER, A. J. (1984): The *Arion hortensis* complex (Pulmonata: Arionidae): Designation of types, descriptions, and distributional patterns, with special reference to the Netherlands. – Zoologische Mededelingen, 59 (1): 1-17, Leiden.

DREIJERS, E., REISE, H. & HUTCHINSON, J. M. C. (2013): Mating of the slugs *Arion lusitanicus* auct. non MABILLE and *A. rufus* (L.): different genitalia and mating behaviours are incomplete barriers to sperm exchange. – Journal of Molluscan Studies, 79: 51-63, Oxford.

DVOŘÁK, L. BACKELJAU, T., REISCHÜTZ, P. L., HORSÁK, M., BREUGELMANS, K. & JORDAENS, K. (2006): *Arion alpinus* POLLONERA, 1887 in the Czech Republic. – Malacologia Bohemoslovaca, 5: 51-55.

EHRMANN, P. (1933): Kreis: Weichtiere, Mollusca. – In: BROHMER, P., EHRMANN, P. & ULMER, G. (Hrsg.): Die Tierwelt Mitteleuropas, 2 (1): 2 + 264 S., 13 Taf., Leipzig (Quelle & Meyer).

ETA, K. & HAUSDORF, B. (2019): *Limacus maculatus* (KALENICZENKO 1851) in Hamburg (Gastropoda: Limacidae). – Mitteilungen der Deutschen Malakozoologischen Gesellschaft, 102: 49-52, Frankfurt a. M.

FALKNER, G. (1973): Studien über *Trichia* HARTMANN. I. *Trichia (Trichia) graminicola* n. sp. aus Südbaden (Gastropoda: Helicidae). – Archiv für Molluskenkunde, 103: 209-227, Frankfurt a. M.

FALKNER, G. (1990 [= 1991]): Vorschlag für eine Neufassung der Roten Liste der in Bayern vorkommenden Mollusken (Weichtiere) mit einem revidierten systematischen Verzeichnis der in Bayern nachgewiesenen Molluskenarten. – Schriftenreihe Bayerisches Landesamt für Umweltschutz, 97 (1990): 61-112, München.

FALKNER, G., BANK, R. A. & PROSCHWITZ, T. (2001): Check-list of the non-marine molluscan species-group taxa of the states of northern, Atlantic and central Europe. – Heldia, 4 (1-2): 1-76, München.

FALKNER, G., COLLING, M., KITTEL, K. & STRÄTZ, C. (2003): Rote Liste gefährdeter Schnecken und Muscheln (Mollusca) Bayerns. – Schriftenreihe Bayerisches Landesamt für Umweltschutz, 166: 337-347.

FALKNER, G. & FALKNER, M. (2008): Beiträge zur Nomenklatur der europäischen Binnenmollusken, XXIII. *Trochulus coelomphalus* oder *Trochulus coelomphala*? (Gastropoda: Hygromiidae). – Heldia, 5 (4/5): 143-144, München.

FALKNER, G., OBRDLÍK, P., CASTELLA, E. & SPEIGHT, M. C. D. (2001): Shelled Gastropoda of Western Europe. – 367 S., München (Friedrich-Held-Gesellschaft).

FALKNER, G., RIPKEN, T. E. J. & FALKNER, M. (2002): Mollusques continentaux de France. Liste de Référence annotée et Bibliographie. – Patrimoines naturels, 52: 1-350, Paris.

FALKNER, G. & ROSENBAUER, A. (2021): Ergebnisse der Herbstexkursion der Arbeitsgemeinschaft Mollusken BW auf die östliche Schwäbische Alb im September 2019 mit Anmerkungen zu kritischen Arten. – Mitteilungen der Deutschen Malakozoologischen Gesellschaft, 105: 27-50, Frankfurt a. M.

FAUER, W. (1985): *Medora almissana almissana* (KÜSTER 1847) in Bayern (Gastropoda: Clausiliidae). – Heldia, 1 (2): 71-72, München.

FECHTER, R. & FALKNER, G. (1989): Weichtiere. – In: STEINBACH, G. (Hrsg.): Steinbachs Naturführer. – 287 pp., München (Mosaik) [mit anderem Titelbild, aber identischem Inhalt, auch im Bertelsmann-Verlag].

FORCART, L. (1928): *Truncatellina strobeli* GREDLER. Eine nomenclatorische Berichtigung. – Archiv für Molluskenkunde, 60 (3-4): 188-193, Frankfurt a. M.

FORCART, L. (1944): Monographie der schweizerischen Vitrinidae (Moll. Pulm.). – Revue Suisse de Zoologie, 51 (29): 629-678, Taf. 2, Genève.

FORCART, L. (1950): Wiederbeschreibung von *Pagodulina pagodula* (DES MOULINS) aus dem Dep. Dordogne und Bemerkungen zur rassenmäßigen Gliederung der Gattung *Pagodulina*. – Archiv für Molluskenkunde, 79 (4-6): 167-174, Frankfurt a. M.

FORCART, L. (1957): Taxionomische Revision paläarktischer Zonitinae, I. – Archiv für Molluskenkunde, 86 (4-6): 101-136, Frankfurt a. M.

FORCART, L. (1959): Taxionomische Revision paläarktischer Zonitinae, II. Anatomisch untersuchte Arten des Genus *Aegopinella* LINDHOLM. – Archiv für Molluskenkunde, 88 (1-3): 7-34, Frankfurt a. M.

FORCART, L. (1966): Alpine und nordische Arten der Gattung *Lehmannia* HEYNEMANN (Limacidae). – Archiv für Molluskenkunde, 95 (5-6): 225-236, Frankfurt a. M.

GEENEN, S., JORDAENS, K. & BACKELJAU, T. (2006): Molecular systematics of the *Carinarion* complex (Mollusca: Gastropoda: Pulmonata): a taxonomic riddle caused by a mixed breeding system. – Biological Journal of the Linnean Society, 89 (4): 589-604.

GERBER, J. (1996): Revision der Gattung *Vallonia* RISSO 1826 (Mollusca: Gastropoda: Valloniidae). – Schriften zur Malakozoologie, 8: 1-227, Cismar.

GEYER, D. (1909): Unsere Land- und Süsswasser-Mollusken. Einführung in die Molluskenfauna Deutschlands. Mit über 500 lithographischen Abbildungen auf 18 Tafeln und Textillustrationen. Nebst einem Anhang über das Sammeln von Mollusken. – 2. vollständig neu bearbeitete Aufl., 8 + 155 S., 18 Taf., Stuttgart (Lutz).

GEYER, D. (1910): Die deutschen *Pupilla*-Arten. – Nachrichtsblatt der Deutschen Malakozoologischen Gesellschaft, 42: 12-18, Frankfurt a. M.

GEYER, D. (1927): Unsere Land- und Süsswasser-Mollusken. Einführung in die Molluskenfauna Deutschlands. – Dritte, vollständig neubearbeitete Aufl., 224 S., 33 Taf., Stuttgart (Lutz).

GITTENBERGER, E. (1973): Beiträge zur Kenntnis der Pupillacea III. Chondrininae. – Zoologische Verhandelingen, 127: 1-267, 7 Taf., Leiden.

GITTENBERGER, E., BACKHUYS, W. & RIPKEN, T. E. J. (1984): De Landslakken van Nederland. – Bibliotheek van de Koninklijke Nederlandse Natuurhistorische Vereniging, 37: 2. Aufl., 184 S., Amsterdam.

GITTENBERGER, E. & BANK, R. A. (1996): A new start in *Pyramidula* (Gastropoda Pulmonata: Pyramidulidae). – Basteria, 60: 71-78, Leiden.

GITTENBERGER, E. & NEUTEBOOM, W. H. (1991): On *Trichia alpicola* (EDER, 1921) from Switzerland (Mollusca: Gastropoda Pulmonata: Hygromiidae) and the spiral sculpture on its shell. – Zoologische Mededelingen 65 (17): 247-250, Leiden.

GIUSTI, F. & MANGANELLI, G. (1997): How to distinguish *Oxychilus cellarius* (MÜLLER, 1774) easily from *Oxychilus draparnaudi* (BECK, 1837) (Gastropoda, Stylommatophora, Zonitidae). – Basteria, 61: 43-56, Leiden.

GLÖER, P. (2002): Mollusca I. Süßwassergastropoden Nord- und Mitteleuropas. Bestimmungsschlüssel, Lebensweise, Verbreitung. – Die Tierwelt Deutschlands, 73: 2. Aufl., 327 S., Hackenheim (Conchbooks).

GLÖER, P. & DIERCKING, R. (2010): Atlas der Süßwassermollusken. Rote Liste, Verbreitung, Ökologie, Bestand und Schutz. Hamburg. – 180 S., Hamburg (Behörde für Stadtentwicklung und Umwelt).

GÖTTING, K. J. (2014): Malakozoologie. Weichtierkunde in Stichworten. – 292 S., Stuttgart (Schweizerbart).

GRAHAM, (1988): Molluscs: Prosobranch and pyramidellid gastropods. Keys and notes for the identification of the species. – Synopses of the British Fauna (New Series), 2: 2 + 662 S., Leiden (...), (Brill & Backhuys).

GROH, K. (2014): Ein neues Schneckenbuch. Buchbesprechung mit kritischen Anmerkungen zu VOLLRATH WIESES (2014) 'Die Landschnecken Deutschlands'. – Mitteilungen der Deutschen Malakozoologischen Gesellschaft, 92: 61-66, Frankfurt a. M.

GROH, K., RÄHLE, W., KITTEL, K., HEMMEN, J. & BANK, R. A. (2009): Corrections and additions to MARY B. SEDDON's „The landsnails of Madeira. An illustrated compendium of the landsnails and slugs of the Madeiran archipelago" (2008). – Conchylia, 40 (3-4): 2-25, Ludwigsburg.

GROSSU, A. V. (1972): Fünf neue Arten der Gattung *Deroceras* von der Balkanhalbinsel in der Sammlung des Naturhistorischen Museums in Wien (Gastropoda, Limacidae). – Annalen des Naturhistorischen Museums in Wien, 76: 639-648, Wien.

GROSSU, A. V. (1981): Gastropoda Romaniae. 3. Ordo Stylommatophora. Suprafamiliile Clausiliacea si Achatinacea. – 269 S., Bucuresti (Editura Litera).

GROSSU, A. V. (1983): Gastropoda Romaniae. 4. Ordo Stylommatophora. Suprafam.: Arionacea, Zonitacea, Ariophantacea si Helicacea. – 563 S., Bucuresti (Editura Litera).

GROSSU, A. V. (1986): Gastropoda Romaniae. 1. I. Caracterele generale, istoricul si biologia gasteropodelor. II. Subclasa Prosobranchia si Opisthobranchia. – 524 S., Bucuresti (Editura Litera).

GROSSU, A. V. (1987): Gastropoda Romaniae. 2. Subclasa Pulmonata. I Ordo Basommatophora. II Ordo Stylommatophora. Suprafamiliile: Succinacea, Cochlicopacea, Pupillacea. – 443 S., Bucuresti (Editura Litera).

GÜMÜS, G. A. & NEUBERT, E. (2012): New taxa of terrestrial molluscs from Turkey (Gastropoda, Pristilomatidae, Enidae, Hygromiidae, Helicidae). – ZooKeys, 171: 17-37. (doi: 10.3897/zookeys.171.2273)

HALDEMANN, R. & SIERING, G. (1998): Bibliographie der Arbeiten über die Mollusken in Brandenburg mit Artenindex und biographischen Notizen. Malakozoologische Landesbibliographien XII. – Malakologische Abhandlungen, 19 (16): 155-202. Dresden.

HAUSDORF, B. (2021): Case 3839 – *Helix unidentata* DRAPARNAUD, 1805 (currently *Petasina unidentata*; Gastropoda, Hygromiidae): proposed conservation of the specific name and proposed fixation of the type species of the genus-group name *Petasina* BECK, 1847. – Bulletin of Zoological Nomenclature, 78: 175-183.

HOLYOAK, D. T., HOLYOAK, G. A., GÓMEZ MOLINER, B. J. & CHUECA, L. J. (2020): Phylogeny, species-limits and taxonomic revision of Otalini (Helicidae) from north-west Africa. – Journal of Conchology. 43 (6): 551–611

HORSÁK, M., JUŘIČKOVÁ, L. & PICKA, J. (2013): Měkkýši České a Slovenské republiky. Molluscs of the Czech and Slovak Republics. – 264 S., Zlin (Kabourek).

HORSÁK, M., LÍZNAROVÁ, E., COUFAL, R., NEKOLA, J. C. & HORSÁKOVÁ, V. (2022): Unravelling morphological overlap of the rock-dwelling snails *Pyramidula saxatilis* (HARTMANN, 1842) and *P. pusilla* (VALLOT, 1801). – Journal of Molluscan Studies, 88 (3): 1-8, Oxford.

HORSÁK, M., ŠTEFFEK, J., ČEJKA, T., LOŽEK, V. & JUŘIČKOVÁ, L. (2009): Occurrence of *Lucilla scintilla* (R. T. LOWE, 1952) and *Lucilla singleyana* (PILSBRY, 1880) in the Czech and Slovak Republics – with remarks how to distinguish these two non-native minute snails. – Malacologia Bohemoslovaca, 8: 24-27.

HORSÁKOVÁ, V., LÍZNAROVÁ, E., RAZKIN, O., NEKOLA, J. C. & HORSÁK, M. (2022): Deciphering "cryptic" nature of European rock-dwelling *Pyramidula* snails (Gastropoda: Stylommatophora). – Contributions to Zoology, 91: 233-260.

HORSÁKOVÁ, V., NEKOLA, J. C. & HORSÁK, M. (2019): When is a "cryptic" species not a cryptic species: A consideration from the Holarctic micro-landsnail genus *Euconulus* (Gastropoda: Stylommatophora). – Molecular Phylogenetics and Evolution, 132: 307-320 (doi: 10.1016/j.ympev.2018.12.004).

HORSÁKOVÁ, V., NEKOLA, J. C. & HORSÁK, M. (2020): Integrative taxonomic consideration of the Holarctic *Euconulus fulvus* group of land snails (Gastropoda: Stylommatophora). – Systematics and Biodiversity, 18 (2): 142-160 (doi: 10.1080/14772000.2020.1725172)

HUTCHINSON, J. M. C. & REISE, H. (2009): Mating behaviour clarifies the taxonomy of slug species defined by genital anatomy: the *Deroceras rodnae* complex in the Sächsische Schweiz and elsewhere. – Mollusca, 27: 183-200, Dresden.

HUTCHINSON, J. M. C. & REISE, H. (2013): A persisting population of an introduced slug, *Milax nigricans*, in Dunkirk, France. – Mitteilungen der Deutschen Malakozoologischen Gesellschaft, 89: 35-38, Frankfurt a. M.

HUTCHINSON, J. M. C., REISE, H. & SCHLITT, B. (2020): Mating behaviour and genital anatomy of *Deroceras cecconii* (POLLONERA, 1896), a widespread but overlooked slug from Italy, now introduced to eastern Germany. – Archiv für Molluskenkunde, 149 (2): 221-236, Frankfurt a. M.

HUTCHINSON, J. M. C., REISE, H. & SCHLITT, B. (2022): Will the real *Limax nyctelius* please step forward: *Lehmannia*, *Ambigolimax*, or *Malacolimax*? No, *Letourneuxia*! – Archiv für Molluskenkunde, 151 (1): 19-41, Frankfurt a. M.

HUTCHINSON, J. M. C., SCHLITT, B. & REISE, H. (2019): *Monacha claustralis* (ROSSMÄSSLER 1834), a hygromiid snail new to Germany. – Mitteilungen der Deutschen Malakozoologischen Gesellschaft, 100: 17-22, Frankfurt a. M.

Internationale Kommission für Zoologische Nomenklatur (2000): Internationale Regeln für die Zoologische Nomenklatur. Vierte Auflage. Angenommen von International Union of Biological Sciences. Offizieller Deutscher Text. – Abhandlungen des Natuwissenschaftlichen Vereins in Hamburg, NF, 34: 1-232, Keltern-Weiler.

JAECKEL, S. G. A. (1962): 2. Ergänzungen und Berichtigungen zum rezenten und quartären Vorkommen der mitteleuropäischen Mollusken. – In: BROHMER, P., EHRMANN, P. & ULMER, G. (Hrsg.): Die Tierwelt Mitteleuropas, 2 (Lfg. 1, Ergänzung): 25-269, Taf. I-IX, Leipzig (Quelle & Meyer).

JANSEN, B. (2015): Veldgids. Slakken en mossels. – 272 S., Zeist (KNNV).

JORDAENS, K., PINCEEL, J., KRIECKEMANS, H. & BACKELJAU, T. (2006): Accurate identification of cryptic slug taxa of the *A. subfuscus/fuscus* complex by PCR-RFLP (Gastropoda, Pulmonata, Arionidae). – The Journal of Molluscan Studies, 72: 323-325.

JUEG, U. (1997): *Pupilla muscorum* (LINNAEUS 1758) im NSG "Klädener Plage" (Mecklenburg-Vorpommern, Landkreis Parchim) – ein Beitrag zur Ökologie, Gehäusemorphologie und Systematik der Art (Gastropoda: Stylommatophora: Pupillidae). – Malakologische Abhandlungen, 18: 277-285, Dresden.

JUEG, U. (2004): Die Verbreitung und Ökologie von *Vertigo moulinsiana* (DUPUY, 1849) in Mecklenburg-Vorpommern (Gastropoda: Stylommatophora: Vertiginidae). – Malakologische Abhandlungen, 22: 87-124, Dresden.

JUNGBLUTH, J. H. (1976): Bibliographie der Arbeiten über die hessischen Mollusken einschließlich Artenindex. [Malakozoologische Landesbibliographien: I.]. – Philippia 3: 122-155. 1976. Kassel.

JUNGBLUTH, J. H. (1978): Prodromus zu einem Atlas der Mollusken von Hessen. – In: Müller, P. (Hrsg.): Erfassung der westpaläarktischen Tiergruppen. Fundortkataster der Bundesrepublik Deutschland, 5: 4 + 165 S., Saarbrücken.

JUNGBLUTH, J. H. (1984): Bibliographie der Arbeiten über die Mollusken in Baden-Württemberg mit Artenindex und biographischen Notizen. Malakozoologische Landesbibliographien: II. – Jahreshefte der Gesellschaft für Naturkunde in Württemberg, 139: 217-276, Stuttgart.

JUNGBLUTH, J. H., ANT, H. & STANGIER, U. (1990): Bibliographie der Arbeiten über die Mollusken in Nordrhein-Westfalen mit Artenindex und biographischen Notizen. – Malakozoologische Landesbibliographien: IV. – Decheniana 143: 232-306. Bonn.

JUNGBLUTH, J. H. & BÜRK, R. (1985): Bibliographie der Arbeiten über die Mollusken in Hessen mit Artenindex und biographischen Notizen. I. Nachtrag. – Philippia 5: 265-293. 1985. II Taf. Kassel.

JUNGBLUTH, J. H., HEY, P. & VOGT, D. (1991): Bibliographie der Arbeiten über die Binnenmollusken in Niedersachsen und Bremen mit Artenindex und biographischen Notizen. Malakozoologische Landesbibliographien: V. – Ber. naturhist. Ges. Hannover 133: 37-98. Hannover.

JUNGBLUTH, J. H. & KNORRE, D. VON (2008): Trivialnamen der Land- und Süßwassermollusken Deutschlands (Gastropoda et Bivalvia). – Mollusca, 26 (1): 105-156, Dresden.

JUNGBLUTH, J. H. & KNORRE, D. VON, unter Mitarbeit von BÖSSNECK, U., GROH, K., HACKENBERG, E., KOBIALKA, H., KÖRNIG, G., MENZEL-HARLOFF, H., NIEDERHÖFER, H.-J., PETRICK, S., SCHNIEBS, K., WIESE, V., WIMMER, W., & ZETTLER, M. L. (2009): Rote Liste der Binnenmollusken [Schnecken (Gastropoda) und Muscheln (Bivalvia)] in Deutschland. 5. revidierte und erweiterte Fassung 2008. – Mitteilungen der Deutschen Malakozoologischen Gesellschaft, 81: 1-28, Frankfurt a. M.

JUNGBLUTH, J. H. & KNORRE, D. VON, unter Mitarbeit von BÖSSNECK, U., GROH, K., HACKENBERG, E., KOBIALKA, H., KÖRNIG, G., MENZEL-HARLOFF, H., NIEDERHÖFER, H.-J., PETRICK, S., SCHNIEBS, K., WIESE, V., WIMMER, W. & ZETTLER, M. L. (2012 [non 2011]): Rote Liste der Binnenmollusken (Schnecken und Muscheln; Gastropoda et Bivalvia) Deutschlands. 6. überarbeitete Fassung. Stand Februar 2010. – Naturschutz und Biologische Vielfalt, 70 (3): 547-708, Bonn-Bad Godesberg.

JUNGBLUTH, J. H., KNORRE, D. V., GOSSELCK, F. & DARR, A. (2019): Mollusca - Weichtiere. – In: KLAUSNITZER, B. & JUNGBLUTH, J. H.: STRESEMANN. Exkursionsfauna von Deutschland. Band 1. Wirbellose (ohne Insekten). – 9. Aufl., 14 + 737 S., Berlin (Springer).

JUNGBLUTH, J. H., SPANG, W. D., WAGNER, W., HEY-REIDT, P. & VOGT, D. (1995): Bibliographie der Arbeiten über die Mollusken im Saarland mit Artenindex und biographischen Notizen. Malakozoologische Landesbibliographien: VIII. – Faunistisch-floristische Notizen aus dem Saarland 27: 441-514, Saarbrücken.

JUNGBLUTH, J. H., VOGT, D. & HEY, P. (1991): Bibliographie der Arbeiten über die Mollusken in Rheinland-Pfalz mit Artenindex und biographischen Notizen. Malakozoologische Landesbibliographien: VII. – Mitteilungen der Pollichia, 80: 255-345, Bad Dürkheim.

JUNGBLUTH, J. H., VOGT, D. & WIRTH, U. (1989): Regionalkataster des Landes Niedersachsen. Prodromus zu einem Atlas der Binnenmollusken von Niedersachsen. – 261 S., Neckarsteinach (Projektgruppe Molluskenkartierung).

JUNGBLUTH, J. H. & WIESE, V. (1989): Bibliographie der Arbeiten über die Binnenmollusken in Schleswig-Holstein mit Artenindex und biographischen Notizen. Malakozoologische Landesbibliographien: VI. -- Schriften zur Malakozoologie, 1: 1-64, Cismar.

JUNGBLUTH, J. H., WILLECKE, S. & HALDEMANN, R. (1991): Bibliographie der Arbeiten über die Mollusken in Berlin mit Artenindex und biographischen Notizen. Malakozoologische Landesbibliographien: IX. – Sitzungsberichte der Gesellschaft Naturforschender Freunde zu Berlin (N.F.) 31: 147-192, Berlin.

KERNEY, M. P., CAMERON, R. A. D. & JUNGBLUTH, J. H. (1983): Die Landschnecken Nord- und Mitteleuropas. Ein Bestimmungsbuch für Biologen und Naturfreunde. – 384 S., Hamburg & Berlin (Paul Parey).

KIRCHNER, S., HARL, J., KRUCKENHAUSER, L., DUDA, M., SATTMANN, H. & HARING, E. (2015): Phylogeography and systematics of *Pyramidula* (Pulmonata: Pyramidulidae) in the eastern Alps: still a taxonomic challenge. – Journal of Molluscan Studies, 82 [2016] (1): 110-121 + Electronic Supplement, Oxford [Advance Access publication date: 22 September 2015].

KLEMM, W. (1939): Zur rassenmäßigen Gliederung des Genus *Pagodulina* CLESSIN. – Archiv für Naturgeschichte (Neue Folge), 8 (2), 198-262, Leipzig.

KLEMM, W. (1951): Ökologische und biologische Beobachtungen an Schnecken, besonders an Felsenschnecken. – Archiv für Molluskenkunde, 80 (1-3): 49-56, Frankfurt a. M.

KLEMM, W. (1967): Über ostalpine Orculae. – Archiv für Molluskenkunde, 96: 101-111, Frankfurt a. M.

KLEMM, W. (1974): Die Verbreitung der rezenten Land-Gehäuse-Schnecken in Österreich. – Denkschriften der Österreichischen Akademie der Wissenschaften (=Supplement 1 des Catalogus Faunae Austriae), 117: 1-503, Wien/New York.

KILIAN, E. F. (1951): Untersuchungen zur Biologie von *Pomatias elegans* (MÜLLER) und ihrer „Konkrementdrüse“. – Archiv für Molluskenkunde, 80 (1-3): 1-16, Frankfurt a. M.

KOBIALKA, H. & KAPPES, H. (2008): Verbreitung und Habitatpräferenzen der Braunen Wegschnecken in W-Deutschland (Gastropoda: Arionidae: *Arion subfuscus* s.l.). – Natur und Heimat. Floristische, faunistische und ökologische Berichte, 68 (2): 33-52.

KÖRNIG, G. (1966): Die Molluskengesellschaften des mitteldeutschen Hügellandes. – Malakologische Abhandlungen, 2 (1): 1-112, Dresden.

KÖRNIG, G., BÖSSNECK, U. & KRAUSE, B. (2007): Bibliografie der Arbeiten über die Binnenmollusken Sachsen-Anhalts mit Artenindex und biografischen Notizen. Malakozoologische Landesbibliographien: XIV. -- Mollusca, 25 (1): 51-107, Dresden.

KÖRNIG, G., HARTENAUER, K., UNRUH, M., SCHNITTER, P. & STARK, A. (Bearb.) (2013): Die Weichtiere (Mollusca) des Landes Sachsen-Anhalt unter besonderer Berücksichtigung der Arten der Anhänge zur Fauna-Flora-Habitat-Richtlinie sowie der kennzeichnenden Arten der Fauna-Flora-Habitat-Lebensraumtypen. – Berichte des Landesamtes für Umweltschutz Sachsen-Anhalt, 2013 (12): 1-336, Halle.

KOIVUNEN, A., MALINEN, P., ORMIU, H., TERHIVUO, J. & VALOVIRTA, I. (2014): Suomen kotilot ja etanat. Opas maanilviäisten maailmaan. – 375 S, Helsinki (Tibiale).

KÜNKEL, K. (1908): Vermehrung und Lebensdauer der Nacktschnecken. – Verhandlungen der Deutschen Zoologischen Gesellschaft, 1908: 153-161, Leipzig.

LIKHAREV, I. M. & RAMMELMEIER, E. S. (1952): Terrestrial Mollusk Fauna of the USSR. – Fauna der USSR, 43: 1-512, Moskva & Leningrad (Akademia Nauk) [in russischer Sprache].

LIKHAREV, I. M. & WIKTOR, A. (1980): The fauna of slugs of the USDSR and adjacent countries (Gastropoda terrestria nuda). -- Fauna SSSR III/5/Nr. 122, 437 S., 576 Abb.; Leningrad [in russischer Sprache].

LOŽEK, V. (1964): Quartärmollusken der Tschechoslowakei. – 375 S., 32 Taf., Praha (Verlag der Tschechoslowakischen Akademie der Wissenschaften).

LUBW Landesanstalt für Umwelt, Messungen und Naturschutz Baden-Württemberg (Hrsg.) (2008): Rote Liste und Artenverzeichnis der Schnecken und Muscheln Baden-Württembergs, zweite, neu bearbeitete Fassung. – 185 S., Stuttgart (LUBW).

MANGANELLI, G., BODON, M. & GIUSTI, F. (2010): The status of *Arion alpinus* POLLONERA 1887, and re-description of *Arion obesoductus* REISCHÜTZ 1973 (Gastropoda, Arionidae). – Journal of Conchology, 40: 269-276, London.

MANGANELLI, G. & GIUSTI, F. (1998): *Oxychilus mortilleti* (PFEIFFER, 1859): a redescription (Pulmonata, Zonitidae). – Basteria, 61: 123-143, Leiden.

MARTINÉZ-ORTÍ, A., GÓMEZ-MOLINER, B. J. & PRIETO, C. E. (2007): El género *Pyramidula* FITZINGER 1833 (Gastropoda, Pulmonata) en la Península Ibérica. The genus *Pyramidula* FITZINGER 1833 (Gastropoda, Pulmonata) in the Iberian Peninsula. – Iberus, 25: 77-87.

MENG, S. & BÖSSNECK, U. (1999): *Krynickillus melanocephalus* KALENICZENKO, 1851 in Deutschland eingeschleppt (Gastropoda: Stylommatophora: Agriolimacidae). – Malakologische Abhandlungen, 19 (2): 303-309, Dresden.

MENZEL-HARLOFF, H. (2010): Neue Erkenntnisse zur Verbreitung und Ökologie von *Vertigo alpestris* ALDER 1838 in Mecklenburg-Vorpommern und Erstnachweis für das Bundesland Brandenburg (Gastropoda: Vertiginidae). – Mitteilungen der Deutschen Malakozoologischen Gesellschaft, 83: 1-24, Frankfurt a. M.

MENZEL-HARLOFF, H. (2013): Zur Verbreitung und Ökologie des Bienenkörbchens (*Spermodea lamellata*) in Deutschland unter besonderer Berücksichtigung der Vorkommen in Mecklenburg-Vorpommern (Gastropoda: Valloniidae). – Mitteilungen der Deutschen Malakozoologischen Gesellschaft, 88: 9-28, Frankfurt a. M.

MEYER, K.-O. (1955): Naturgeschichte der Strandschnecke Ovatella myosotis (Draparnaud). – Archiv für Molluskenkunde, 84 (1-3): 1-43, Frankfurt a. M.

NARDI, G. (2011): Nuove segnalazioni di limacce per la malacofauna bresciana (Gastropoda: Arionidae, Milacidae, Limacidae, Agriolimacidae). – Bolletino Malacologico, 47: 9-22, Napoli.

NEIBER, M. T. & HAACK, A. (2019): Nachweise der eingeschleppten Gekanteten Laubschnecke, *Hygromia cinctella* (DRAPARNAUD 1801), in Hamburg mit einem kurzen Überblick zur Ausbreitung der Art in Deutschland. – Mitteilungen der Deutschen Malakozoologischen Gesellschaft, 100: 43-47, Frankfurt a. M.

NEKOLA, J. C., COLES, B. F. & HORSÁK, M. (2015): Species assignment in *Pupilla* (Gastropoda: Pulmonata: Pupillidae): integration of DNA-sequence data and conchology. – Journal of Molluscan Studies, 81: 196-216, Oxford.

NEKOLA, J. C., CHIBA, S., COLES, B. F., DROST, C. A., PROSCHWITZ, T. VON & HORSÁK, M. (2018): A phylogenetic overview of the genus *Vertigo* O. F. MÜLLER, 1773 (Gastropoda: Pulmonata: Pupillidae: Vertigininae). – Malacologia, 62, 21–161. doi:10.4002/040.062.0104

NORDSIECK, H. (1963): Zur Anatomie und Systematik der Clausilien, I. – Archiv für Molluskenkunde, 92 (3-4): 81-115, Frankfurt a. M.

NORDSIECK, H. (1969): Zur Anatomie und Systematik der Clausilien, V. Genitalsystem und Systematik des Genus *Cochlodina*. – Archiv für Molluskenkunde, 99 (3-4): 107-132, Frankfurt a. M.

NORDSIECK, H. (1970): Zur Anatomie und Systematik der Clausilien, VIII. Dinarische Clausiliidae, II: Das Genus *Medora*. – Archiv für Molluskenkunde, 100 (1-2): 23-75, Frankfurt a. M.

NORDSIECK, H. (1973): Zur Anatomie und Systematik der Clausilien, XIII. Neue Balkan-Formen der Mentissoideinae und Baleinae (mit taxonomischer Revision der zugehörigen Gruppen). – Archiv für Molluskenkunde, 103 (4-6): 179-208, Frankfurt a. M.

NORDSIECK, H. (2006): Systematics of the genera *Macrogastra* HARTMANN 1841 und *Julica* NORDSIECK 1963, with the description of new taxa (Gastropoda: Stylommatophora: Clausiliidae). – Archiv für Molluskenkunde, 135 (1): 49-71, Frankfurt a. M.

NORDSIECK, H. (2007): Worldwide Door Snails (Clausiliidae), recent and fossil. – 214 S., Hackenheim (Conchbooks).

NORDSIECK, H. (2014): Zur Systematik der Gattung *Cepaea* HELD 1838 (Gastropoda: Stylommatophora, Helicidae). – Mitteilungen der Deutschen Malakozoologischen Gesellschaft, 91: 43-52, Frankfurt a. M.

NORDSIECK, H. (2015): Was ist *Clausilia livida* MENKE 1828 (Gastropoda, Pulmonata, Clausiliidae). – Mitteilungen der Deutschen Malakozoologischen Gesellschaft, 94: 27-32, Frankfurt a. M.

PINCEEL, J., JORDAENS, K., VAN HOUTTE, N., DE WINTER, A. J. & BACKELJAU, T. (2004): Molecular and morphological data reveal cryptic taxonomic diversity in the terrestrial slug complex *Arion subfuscus/fuscus* (Mollusca, Pulmonata, Arionidae) in continental north-west Europe. – Biological Journal of the Linnean Society, 83: 23-38, London.

PINTÉR, L. (1972): Die Gattung *Vitrea* FITZINGER, 1833 in den Balkanländern (Gastropoda: Zonitidae). – Annales Zoologici, 29 (8): 209-315, Warszawa.

PLATE, L. H. (1891): Studien über opisthopneumone Lungenschnecken. I. Die Anatomie der Gattungen *Daudebardia* und *Testacella*. – Zoologische Jahrbücher. Abtheilung für Anatomie und Ontogenie der Thiere, 4: 505-630, Taf. 32-37, Leipzig.

POKRYSZKO, B. (1990): The Vertiginidae of Poland (Gastropoda: Pulmonata: Pupilloidea) – a systematic monograph. – Annales Zoologici, 43 (8): 133-257, Warszawa.

POKRYSZKO, B. (1990): Life history and population dynamics of *Vertigo pusilla* O. F. MÜLLER, 1774 (Gastropoda: Pulmonata: Vertiginidae), with some notes on shell and genital variability. – Annales Zoologici, 43 (21): 407-432, Warszawa.

POKRYSZKO, B. (2003): *Vertigo* of continental Europe – autecology, threats and conservation status (Gastropoda, Pulmonata: Vertiginidae). – Heldia, 5 (Sonderheft 7): 13-25, München.

PRINCE, G. VON (1967): Über Lebensweise, Fortpflanzung und Genitalorgane des terrestrischen Prosobranchiers *Cochlostoma septemspirale*. – Archiv für Molluskenkunde, 96 (1-2): 1-18, Frankfurt a. M.

PROĆKÓW, M. (2009): The genus *Trochulus* CHEMNITZ, 1786 (Gastropoda: Pulmonata: Hygromiidae) – a taxonomic revision. – Folia Malacologica, 17 (3): 101-176, Poznań.

PROSCHWITZ, T. VON (1993): Habitat selection and distribution of ten vertiginid species in the province of Dalsland (SW Sweden). – Malakologische Abhandlungen, 16: 177-212, Dresden.

Proschwitz, T. von (2003): A review of the distribution, habitat selection and conservation status of the species of the genus *Vertigo* in Scandinavia (Denmark, Norway and Sweden). – Heldia, 5 (Sonderheft 7): 27-50, München.

PROSCHWITZ, T. VON (2010): Three land-snail species new to the Norwegian fauna: *Pupilla pratensis* (CLESSIN, 1871), *Vertigo ultimathule* VON PROSCHWITZ, 2007 and *Balea sarsii* PHILIPPI, 1847 (= *Balea heydeni* VON MALTZAN, 1881). – Fauna norvegica, 30: 13-19, Trondheim.

PROSCHWITZ, T. VON, SCHANDER, C., JUEG, U. & THORKILDSEN, S. (2009): Morphology, ecology and DNA-barcoding distinguish *Pupilla pratensis* (CLESSIN, 1871) from *Pupilla muscorum* (LINNAEUS, 1758) (Pulmonata, Pupillidae). – Journal of Molluscan Studies, 75: 315-322, Oxford.

RÄHLE, W. (2011): Bemerkenswerte Vallonien-Funde im Naturschutzgebiet „Wertwiesen“ bei Horb am Neckar (Landkreis Freudenstadt, Baden-Württemberg). – Mitteilungen der Deutschen Malakozoologischen Gesellschaft, 86: 1-5, Frankfurt a. M.

REGTEREN ALTENA, C. O. VAN (1958): Die anatomischen Merkmale von *Succinea dunkeri* L. PFEIFFER. – Archiv für Molluskenkunde, 87 (1-3): 33-36, Frankfurt a. M.

REICHHOLF, J. H. & STEINBACH, G. (Hrsg.) (1992): Die große Bertelsmann Lexikothek. Naturenzyklopädie Europas. Band 6. Mollusken und andere Wirbellose. Wirbellose, Mollusken, Einzeller, Kleinstorganismen. – 360 S., München (Mosaik).

REISCHÜTZ, P. L. (1973): *Arion (Microarion) obesoductus* n. sp., eine neue Nacktschnecke aus Niederösterreich. – Archiv für Molluskenkunde, 103: 229-230, Frankfurt a. M.

REISCHÜTZ, P. L. (1999): Sektion und Bestimmung von Nacktschnecken . – Heldia, 2 (Sonderheft 3): 17-32, München.

REISE, K. (1995): Mating behaviour of *Deroceras rodnae* GROSSU & LUPU, 1965 and *D. praecox* WIKTOR, 1966 (Pulmonata: Agriolimacidae). – Journal of Molluscan Studies, 61 (3): 325-330.

REISE, H. (2013): Wie seziert man Nacktschnecken? – Mitteilungen der Deutschen Malakozoologischen Gesellschaft, 88: 29-32, Frankfurt a. M.

REISE, H., HUTCHINSON, J. M. C., SCHUNACK, S. & SCHLITT, B. (2011): *Deroceras panormitanum* and congeners from Malta and Sicily with a redescription of the widespread pest slug as *Deroceras invadens* n. sp. – Folia Malacologica, 19 (4): 201-223, Poznán.

REISE, H., SCHWARZER, A.-K., HUTCHINSON, J. M. C. & SCHLITT, B. (2020): Genital morphology differentiates three subspecies of the terrestrial slug *Arion ater* (LINNAEUS, 1758) s. l. and reveals a continuum of intermediates with the invasive *A. vulgaris* MOQUIN-TANDON, 1855. – Folia Malacologica, 28 (1): 1 - 34.

RENKER, C. (2007): Genetic break in *Lauria cylindracea* (DA COSTA 1778) (Gastropoda: Stylommatophora: Lauriidae). – Archiv für Molluskenkunde, 136 (1): 1-7, Frankfurt a. M.

RIEDEL, A. (1969): Die Untergattungen *Morlina* A. J. WAGNER und *Riedelius* HUDEC der Gattung *Oxychilus* FITZINGER (Gastropoda, Zonitidae). – Annales Zoologici, 27: 91-131, Warszawa.

RIEDEL, A. (1972): Zur Kenntnis der Zonitidae (Gastropoda) Spaniens. – Annales Zoologici, 29 (5): 115-146, Warszawa.

RIEDEL, A. (1980): Genera Zonitidarum. Diagnosen supraspezifischer Taxa der Familie Zonitidae (Gastropoda, Stylommatophora). – 197 S., Rotterdam (Backhuys).

ROSENBAUER, A. (2011): Vorkommen südeuropäischer Schneckenarten in Steinmetzbetrieben. – Mitteilungen der Deutschen Malakozoologischen Gesellschaft, 85: 27-34, Frankfurt a. M.

ROSSMÄSSLER, E. A. (1835): Iconographie der Land- und Süsswassermollusken mit vorzüglicher Berücksichtigung der europäischen noch nicht abgebildeten Arten. 1 (1): 6 + 132 (+2) S., Taf. 1-5, Dresden, Leipzig (Arnold).

ROSSMÄSSLER, E. A. (1836): Iconographie der Land- und Süsswassermollusken mit vorzüglicher Berücksichtigung der europäischen noch nicht abgebildeten Arten. 1 (3): 4 + 33 S., Taf. 11-15, Dresden, Leipzig (Arnold).

ROSSMÄSSLER, E. A. (1859): Iconographie der Land- und Süsswasser-Mollusken Europa's, mit vorzüglicher Berücksichtigung kritischer und noch nicht abgebildeter Arten. III. Band. 5. und 6. Heft oder 17tes und 18tes Heft (Neue Folge). – I-VIII, 81-140 + 2 S., Taf. 81-90, Leipzig (Costenoble)

ROWSON, B., TURNER, J., ANDERSON, R. & SYMONDSON, B. (2014): Slugs of Britain and Ireland: identification, understanding and control. – 4 + 136 S., Telford (Field Studies Council).

SALVADOR, R. B., RAVALO, L. G. O. & WINTER, A. J. DE (2023): Phylogenetic position of *Canaridiscus* and reestablishment of *Gonyodiscus* (Gastropoda: Discidae). – Archiv für Molluskenkunde, 152 (2): 159-166, Frankfurt a. M.

SANDER, K. (1950): Beobachtungen zur Fortpflanzung von *Assiminea grayana* (LEACH). – Archiv für Molluskenkunde, 79: 147-149, Frankfurt a. M.

SANDER, K. (1952): Beobachtungen zur Fortpflanzung von *Assiminea grayana* (LEACH) (2). – Archiv für Molluskenkunde, 81: 133-134, Frankfurt a. M.

SCHILDER, F. A. & SCHILDER, M. (1953): Die Bänderschnecken. Eine Studie zur Evolution der Tiere. – 3 + 92 S., Jena (Gustav Fischer).

SCHILDER, F. A. & SCHILDER, M. (1957): Die Bänderschnecken. Eine Studie zur Evolution der Tiere. Schluß: Die Bänderschnecken Europas. – 93-206, Jena (Gustav Fischer).

SCHILEYKO, A. A. (1998): Treatise on Recent Terrestrial Pulmonate Molluscs. Part 1. Achatinellidae, Amastridae, Orculidae, Strobilopsidae, Spelaeodiscidae, Valloniidae, Cochlicopidae, Pupillidae, Chondrinidae, Pyramidulidae. – Ruthenica, Supplement, 2 (1): 1-127, Moscow.

SCHILEYKO, A. A. (1998): Treatise on Recent Terrestrial Pulmonate Molluscs. Part 2. Gastrocoptidae, Hypselostomatidae, Vertiginidae, Truncatellinidae, Pachnodidae, Enidae, Sagdidae. – Ruthenica, Supplement, 2 (2): 2 S. + 129-261, Moscow.

SCHILEYKO, A. A. (1999): Treatise on Recent Terrestrial Pulmonate Molluscs. Part 4. Draparnaudiidae, Caryodidae, Macrocyclidae, Acavidae, Clavatoridae, Dorcasiidae, Sculptariidae, Corillidae, Plectopylidae, Megalobulimidae, Strophocheilidae, Cerionidae, Achatinidae, Subulinidae, Glessulidae, Micractaeonidae, Ferrussaciidae. – Ruthenica, Supplement, 2 (4): 2 S. + 437-564, Moscow.

SCHILEYKO, A. A. (2000): Treatise on Recent Terrestrial Pulmonate Molluscs. Part 5. Clausilliidae. [sic] – Ruthenica, Supplement, 2 (5): 563-729, Moscow.

SCHILEYKO, A. A. (2000): Treatise on Recent Terrestrial Pulmonate Molluscs. Part 6. Rhytididae, Chlamydephoridae, Systrophiidae, Haplotrematidae, Streptaxidae, Spiraxidae, Oleacinidae, Testacellidae – Ruthenica, Supplement, 2 (6): 1 S. + 730-880, Moscow.

SCHILEYKO, A. A. (2002): Treatise on Recent Terrestrial Pulmonate Molluscs. Part 8. Punctidae, Helicodiscidae, Discidae, Cystopeltidae, Euconulidae, Trochomorphidae. – Ruthenica, Supplement, 2 (8): 2 S. + 1035-1166, Moscow.

SCHILEYKO, A. A. (2003): Treatise on Recent Terrestrial Pulmonate Molluscs. Part 10. Ariophantidae, Ostracolethidae, Ryssotidae, Milacidae, Dyakiidae, Staffordiidae, Gastrodontidae, Zonitidae, Daudebardiidae, Parmacellidae. – Ruthenica, Supplement, 2 (10): 1 S. + 1308-1466, Moscow.

SCHILEYKO, A. A. (2003): Treatise on Recent Terrestrial Pulmonate Molluscs. Part 11. Trigonochlamydidae, Papillodermidae, Vitrinidae, Limacidae, Bielziidae, Agriolimacidae, Boettgerillidae, Camaenidae. – Ruthenica, Supplement, 2 (11): 2 S. + 1467-1626, Moscow.

SCHILEYKO, A. A. (2004): Treatise on Recent Terrestrial Pulmonate Molluscs. Part 12. Bradybaenidae, Monadeniidae, Xanthonychidae, Epiphragmophoridae, Helminthoglyptidae, Elonidae, Humboldtianidae, Sphincterochilidae, Cochlicellidae. – Ruthenica, Supplement, 2 (12): 2 S. + 1627-1763, Moscow.

SCHILEYKO, A. A. (2006): Treatise on Recent Terrestrial Pulmonate Molluscs. Part 13. Helicidae, Pleurodontidae, Polygyridae, Ammonitellidae, Oreohelicidae, Thysophoridae. – Ruthenica, Supplement, 2 (13): 2 S. + 1765-1906, Moscow.

SCHILEYKO, A. A. (2005 [= 2006]): Treatise on Recent Terrestrial Pulmonate Molluscs. Part 14. Helicodontidae, Ciliellidae, Hygromiidae. – Ruthenica, Supplement, 2 (14): 2 S. + 1765-1906, Moscow.

SCHILEYKO, A. A. (2007): Treatise on Recent Terrestrial Pulmonate Molluscs. Part 15. Oopeltidae, Anadenidae, Arionidae, Philomycidae, Succineidae, Athoracophoridae. – Ruthenica, Supplement, 2 (15): 2 S. + 2049-2210, Moscow.

SCHMID, G. (1997): 'Malakologische Zuckungen'. Momentaufnahmen zur Molluskenfauna Baden-Württembergs. – Veröffentlichungen für Naturschutz und Landschaftspflege in Baden-Württemberg, 71-72 (2): 719-858, Karlsruhe.

SCHMID, G. (2002): Der Bambus-Tick oder *Paralaoma servilis*, die Gerippte Punktschnecke, in SW-Deutschland. – In: FALKNER, M., GROH, K. & SPEIGHT, M. C. D.: Collectanea Malacologica. Festschrift für GERHARD FALKNER. – 377-403, Hackenheim (ConchBooks).

SCHNIEBS, K. (1999): Bibliographie der Arbeiten über die Mollusken in Sachsen (ab 1850) mit Artenindex, Synonymliste und biographischen Notizen. Malakozoologische Landesbibliographien: XIII. – Malakologische Abhandlungen. Staatliches Museum für Tierkunde in Dresden, 19 (35): 349-397, Dresden.

SEDDON, M. B. (2008): The Landsnails of Madeira. An illustrated compendium of the landsnails and slugs of the Madeiran archipelago. – 8 + 196 S., Cardiff (The National Museum of Wales).

SEEMANN, R. (1987): Bibliographie der malakologischen Literatur Mecklenburgs. – Malakologische Abhandlungen. Staatliches Museum für Tierkunde Dresden, 12 (13): 139-144, Dresden.

SEEMANN, R. (1995): Bibliographie der Arbeiten über die Binnenmollusken von Mecklenburg-Vorpommern. –Archiv der Freunde der Naturgeschichte in Mecklenburg, 34: 5-69, Rostock.

STARK, A. & UNRUH, M. (2015): Nachweis einer für die Fauna Deutschlands neuen Schließmundschneckenart (Gastropoda, Pulmonata: Clausiliidae) in Sachsen-Anhalt. – Schriften zur Malakozoologie, 28: 1-6, Cismar.

STEUSLOFF, U. (1908): Die deutschen bisher als *Helix intersecta* POIRET = *caperata* MONTAGU zusammengefassten Heliceen. – Archiv des Vereins der Freunde der Naturgeschichte in Mecklenburg, 62 (2): 143-152, Taf. 7, Güstrow.

STRESEMANN, E. (Begr.), HANNEMANN, H.-J., KLAUSNITZER, B. & SENGLAUB, K. (Hrsg.) (1992): Exkursionsfauna von Deutschland. Band 1. Wirbellose (ohne Insekten). – 637 S., Berlin (Volk und Wissen).

SYSOEV, A. & SCHILEYKO, A. (2009): Land Snails and Slugs of Russia and Adjacent Countries. – 313 S., 148 TAF., SOFIA & MOSCOW (PENSOFT).

TURNER, H., KUIPER, J. G. J., THEW, N., BERNASCONI, R., RÜETSCHI, J., WÜTHRICH, M. & GOSTELI, M. (1998): Atlas der Mollusken der Schweiz und Liechtensteins. – Fauna Helvetica, 2: 1-527, Neuchatel.

VILVENS, C., MARÉE, B., MEULEMAN, E., ALEXANDRE, M., WAIENGNIER, E. & VALTAT, S. (2012): Mollusques terrestres et dulcicoles de Belgique. Tome I: Gastéropodes terrestres à coquille (1ère partie). – 2. Aufl., 60 S., Oupeye (Societé Belge de Malacologie).

VILVENS, C., MARÉE, B., MEULEMAN, E., ALEXANDRE, M., WAIENGNIER, E. & VALTAT, S. (2012): Mollusques terrestres et dulcicoles de Belgique. Tome II: Gastéropodes terrestres à coquille (2ème partie). – 2. Aufl., 52 S., Oupeye (Societé Belge de Malacologie).

VILVENS, C., MARÉE, B., MEULEMAN, E., ALEXANDRE, M. & WAIENGNIER, E.. (2012): Mollusques terrestres et dulcicoles de Belgique. Tome III: Gastéropodes terrestres sans coquille (limaces). – 2. Aufl., 39 S., Oupeye (Societé Belge de Malacologie).

VOGT, D., HEY-REIDT, P. & GROH, K. (1994): Regionalkataster des Landes Rheinland-Pfalz: Prodromus zu einem Atlas der Mollusken von Rheinland-Pfalz. – In: MÜLLER, P. (Hrsg.): Erfassung der westpaläarktischen Tiergruppen. Fundortkataster der Bundesrepublik Deutschland, 20: 3 + 253 + 25 S., Saarbrücken und Heidelberg.

WAGNER, H. (1952): Die Raublungenschnecken - Gattungen *Daudebardia*, *Testacella* und *Poiretia*. Eine systematische, zoogeographische, ökologische und entwicklungsgeschichtliche Studie. – 259 S., 2 Taf., Budapest (Akadémiai Kiadó).

WALDÉN, H. W. (1966): Einige Bemerkungen zum Ergänzungsband zu EHRMANN's „Mollusca" in „Die Tierwelt Mitteleuropas". – Archiv für Molluskenkunde, 95 (1-2): 49-68, Frankfurt a. M.

WALTHER, F. & NEIBER, M. T. (2012): Über die Gattung *Alopia* (Gastropoda: Clausiliidae) in Deutschland: eine Klarstellung. – Mitteilungen der Deutschen Malakozoologischen Gesellschaft, 87: 1-6, Frankfurt a. M.

WEIGAND, A. M., JOCHUM, A., PFENNINGER, M., STEINKE, D. & KLUSSMANN-KOLB, A. (2011). A new approach to an old conundrum – DNA barcoding sheds new light on phenotypic plasticity and morphological stasis in microsnails (Gastropoda, Pulmonata, Carychiidae). – Molecular Ecology Resources, 11: 255–265.

WELTER-SCHULTES, F. W. (2012): European non-marine molluscs, a guide for species identification. Bestimmungsbuch für europäische Land- und Süßwassermollusken. – 679 + 78 S., Göttingen (Planet Poster Editions).

WIESE, V. (1991): Atlas der Land- und Süßwassermollusken in Schleswig-Holstein. – 251 S., Kiel (Landesamt für Naturschutz und Landschaftspflege Schleswig-Holstein).

WIESE, V. (2016): Die Landschnecken Deutschlands. Finden – Erkennen – Bestimmen. – 2. Aufl., 252 S., Wiebelsheim (Quelle & Meyer) [1. Auflage 2014].

WIESE, V. (2021): *Krynickillus melanocephalus* im Westen willkommen und andere kuriose Neozoen-Nachweise. – Mitteilungen der Deutschen Malakozoologischen Gesellschaft, 105: 61-63, Frankfurt a. M.

WIESE, V. & GLASOW, M. VON (2013): Blauschnegel *Bielzia coerulans* (M. BIELZ 1851) in Deutschland (Gastropoda: Limacidae). – Mitteilungen der Deutschen Malakozoologischen Gesellschaft, 89: 35-38, Frankfurt a. M.

WIESE, V. & HAACK, A. (2019): *Myosotella denticulata* (MONTAGU 1803), das Bezahnte Mäuseöhrchen, eine für Deutschland neue Küstenschnecke (Gastropoda: Ellobiidae). – Mitteilungen der Deutschen Malakozoologischen Gesellschaft, 101: 63-68, Frankfurt a. M.

WIESE, V. & JANKE, K. (2021 [= 2020]): Die Meeresschnecken und -muscheln Deutschlands. Finden - Erkennen - Bestimmen. – 608 S., Wiebelsheim (Quelle & Meyer).

WIESE, V. & RICHLING, I. (2008): Das Mäuseöhrchen *Myosotella myosotis* (DRAPARNAUD, 1801). Weichtier des Jahres 2008. – Club Conchylia Informationen, 39 (3-4): 2-6, Ludwigsburg.

WIKTOR, A. (1987): Milacidae (Gastropoda, Pulmonata) – systematic monograph. – Annales Zoologici, 41 (3): 153-319, Warszawa.

WIKTOR, A. (1996): The slugs of the former Yugoslavia (Gastropoda terrestria nuda – Arionidae, Milacidae, Limacidae, Agriolimacidae). – Annales Zoolgici, 46: 1-110, Warszawa.

WIKTOR, A. (2000): Agriolimacidae (Gastropoda, Pulmonata) – systematic monograph. – Annales Zoologici, 49: 347-590, Warszawa.

WIKTOR, A. (2004): Ślimaki lądowe Polski. – 302 pp., Olsztyn (Mantis).

ZETTLER, M. L., JUEG, U., MENZEL-HARLOFF, H., GÖLLNITZ, U., PETRICK, S., WEBER, E. & SEEMANN, R. (2006): Die Land- und Süßwassermollusken Mecklenburg-Vorpommerns. – 318 pp., Schwerin (Obotritendruck).

ZILCH, A. (1962): Die Weichtiere (Mollusca) Mitteleuropas. 1. Ergänzungen und Berichtigungen zur Nomenklatur und Systematik in P. Ehrmann's Bearbeitung. – In: BROHMER, P., EHRMANN, P. & ULMER, G. (Hrsg.): Die Tierwelt Mitteleuropas, 2 (Lfg. 1, Ergänzung): 1-23, Leipzig (Quelle & Meyer).

Register der deutschen und wissenschaftlichen Namen

A

B

C

D

E

F

G

H

I

J

K

L

M

N

O

P

Q

R

S

T

U

V

W

X

Z

Über den Autor

Dr. Vollrath Wiese, Jg. 1962, ist Museumsleiter, Lehrer, Biologe und Umweltpädagoge. Er studierte an der Christian-Albrechts-Universität zu Kiel und der Pädagogischen Hochschule Kiel. Seit 1974 befasst er sich mit Schnecken und Muscheln. Als Inhaber des 1979 gegründeten Molluskenmuseums *Haus der Natur – Cismar* (www.hausdernatur.de) ist er international angesehener Experte für Mollusken. Er hat zahlreiche Publikationen verfasst und ist Herausgeber mehrerer Schriftenreihen. Seit mehr als dreißig Jahren ist er Sachverständiger im Sinne der Bundesartenschutzverordnung und des Washingtoner Artenschutzübereinkommens und Vorsitzender der Deutschen Malakozoologischen Gesellschaft.